Deutsche Waschmittelfabrikation

Übersicht und Bewertung
der gebräuchlichen Waschmittel

Unter Mitwirkung von

Dr. J. Davidsohn, F. Eichbaum und Max Warkus

herausgegeben von

Dr. C. Deite

Mit 21 Textfiguren

Springer-Verlag Berlin Heidelberg GmbH
1920

Alle Rechte, insbesondere das der Übersetzung
in fremde Sprachen, vorbehalten.

ISBN 978-3-642-89191-5   ISBN 978-3-642-91047-0 (eBook)
DOI 10.1007/978-3-642-91047-0

Copyright 1920 by Springer-Verlag Berlin Heidelberg
Ursprünglich erschienen bei Julius Springer in Berlin 1920
Softcover reprint of the hardcover 1st edition 1920

Vorwort.

Der Umstand, daß in keinem der in den letzten Jahren erschienenen Bücher über Seifenfabrikation die durch den Krieg in diesem so wichtigen Industriezweig herbeigeführten Verhältnisse berücksichtigt sind, und die sichere Aussicht, daß die heimische Seifenindustrie noch auf Jahre hinaus unter dem Mangel an guten Fetten leiden wird und infolgedessen die Abfallfette hervorragend zur Seifenfabrikation herangezogen werden müssen, sowie daß bei der durch die Knappheit an Fett bedingten Knappheit an Seife die fettlosen Waschmittel eine große Rolle spielen werden, hatten mich veranlaßt, die „Kriegswaschmittel", also die K.-A.-Seife, das K.-A.-Seifenpulver und die fettlosen Waschmittel, zu bearbeiten. Diese Arbeit hat insofern eine wesentliche Erweiterung erfahren, als ich es für zweckmäßig gefunden habe, alle Neuerungen und Veränderungen, die in den letzten fünf Jahren auf dem Gebiete der Waschmittelindustrie in die Erscheinung getreten sind, mit in den Kreis meiner Betrachtung zu ziehen. Ich hoffe, mit meiner Arbeit einesteils eine zeitgemäße Ergänzung zu den vorhandenen Büchern über Seifenfabrikation geliefert, anderenteils einen Einblick in die Industrie der fettlosen Waschmittel gegeben zu haben. Ich habe mich bemüht, recht viele Vorschriften für solche Waschmittel herbeizuschaffen, da man an ihrer Hand nach meinem Erachten am besten beurteilen kann, was diese junge Industrie bisher geleistet hat, und da muß man sagen, daß das Urteil, das Stiepel im Seifenindustriekalender für 1917 gefällt hat, noch immer zu Recht besteht, daß der Erfindungsgeist auf diesem Gebiete bisher wesentlich versagt hat, und leider muß man dem hinzufügen, daß auf dem Gebiete der fettlosen Waschmittel noch immer ein schamloser Schwindel sich breitmacht, wie dies die diesjährige Leipziger Frühjahrsmustermesse wieder aufs deutlichste gezeigt hat. Diesem Schwindel mit aller Macht entgegenzutreten, müßte sich die Vereinigung der Fabrikanten fettloser Waschmittel zur Hauptaufgabe machen, um so ihre Industrie in einen besseren Ruf zu bringen.

Die Patentliteratur habe ich bei meiner Arbeit ausgiebig verwertet. Es sind in den letzten Jahren in Deutschland viele Patente auf Waschmittel erteilt; aber ein großer Teil davon ist vollkommen wertlos. Die

Patente, die mir aus irgendeinem Grunde bemerkenswert erschienen, habe ich aufgenommen; diejenigen, die kein Interesse boten oder gar vollständige Nichtigkeiten sind, habe ich unberücksichtigt gelassen.

Bei meiner Arbeit hatte ich mich der Unterstützung einiger Mitarbeiter zu erfreuen; ihnen spreche ich auch an dieser Stelle meinen Dank aus.

Bei dem Abschnitt: „Die Untersuchung der Waschmittel", den Herr Dr. Davidsohn die Freundlichkeit hatte zu bearbeiten, war er sowohl wie ich selbst der Ansicht, daß man ihn so leicht verständlich wie möglich halten müsse, um auch diejenigen, die nicht Chemiker von Fach sind, in den Stand zu setzen, die von ihnen hergestellten oder von ihnen vertriebenen Produkte zu prüfen.

Es würde mich freuen, wenn das kleine Buch dasselbe Interesse finden würde, das ich bei seiner Bearbeitung an dem Gegenstand gehabt habe.

Berlin-Schöneberg, im September 1919.

Deite.

Inhalt.

	Seite
Die Lage der deutschen Waschmittelindustrie	1
Die Seifenindustrie	1
Die Industrie der fettlosen Waschmittel	10
Die Rohstoffe für die Waschmittelfabrikation	15
Fette, Fettsäuren und Harz	15
Knochenfett	18
Wollfett	23
Tran und Tranfettsäuren	26
Gehärtete Fette	28
Abfallende Kokos- und Palmkernöle	30
Sulfuröl	31
Maisöl	33
Satzöle	33
Abfallfette	34

Kadaverfett 35. — Leimfett 36. — Hautfett 38. — Gerberfett 38. — Lederfett 38. — Walkfett 40. — Fette aus Raffinationsrückständen 41. — Abwässerfett 41.

Die Untersuchung der Abfallfette	44
Harz	51
Die Alkalien	52
Einige Hilfsrohstoffe	54

Schwefelsaures Natrium 54. — Steinsalz 55. — Ammoniak und Ammoniumsalze 55. — Ätzkalk 55. — Chlormagnesium 55. — Alaun und Aluminiumsalze 56.

Wasserglas	56
Ton und Speckstein	60

Ton 60. — Speckstein 62.

Schaum- und schleimbildende Stoffe	63
Fettlösungsmittel	64
Bleichmittel	65

Superoxyde 66. — Persalze 66.

Maschinen und Apparate für die Waschmittelfabrikation	72
Maschinen und Apparate für die Seifenpulverfabrikation	72

Kessel mit Rührwerk 72. — Mischapparate 73. — Vorrichtungen zum Abkühlen der Seifenpulvermasse 77. — Die Vorbrecher 81. — Die Mühlen 82. — Abfüllmaschinen 87.

Einrichtungen zur Fabrikation der Bleichsoda und ähnlicher Waschpulver	88
Maschinen und Apparate zur Fabrikation der K.-A.-Seife	89

Die Mischmaschinen 89. — Der Kollergang 89. — Die Strangpresse 91. — Die Pressen 92.

Inhalt.

	Seite
Die Fabrikation der Waschmittel	95
Seife und seifenhaltige Waschmittel	95

K.-A.-Seife 95. — K.-A.-Seifenpulver 102. — Rasierseife und Schmierseife 107. — Tonseifen 107. — Seife aus Braunkohlenteer 111. — Seife aus Paraffin 112.

Tonwaschmittel 113
  Tonpasten 113. — Tonsteine 115. — Patentierte Tonwaschmittel 116.

Waschpulver aus Wasserglas und Alkalikarbonaten 117
  Bleichsoda 118. — Bleichsoda mit Perborat oder Perkarbonat 120. — Bleichsoda mit Schaumkraft 120. — Andere Waschpulver aus Wasserglas und Soda 120. — Waschpulver unter Mitverwendung von Pottasche 121.

Waschpulver aus Alkalikarbonaten ohne Wasserglas 122

Schmierseifenersatz 122
  Wasserglasgelatine 126.

Waschpasten 127
  Pasten aus Wasserglas und Alkalikarbonat 128. — Pasten aus Wasserglas und Ätzkalk 129. — Magnesiapasten 132.

Waschmittel von besonderer Zusammensetzung 133
  Burnus 133. — Waschmittel aus Carrageen und Quillajarinde 134. — Eupolin 135. — Fania 135. — Habeko 136. — Waschmittel aus Leim und Eiweißstoffen 136. — Waschmittel aus Sulfitzellstoffablauge 140. — Ein schmierseifenartiges Reinigungsmittel 141. — Waschmittel aus Wasserglas und Ammoniaksalzen 142.

Die Untersuchung der Waschmittel 143
  Probenahme 144
  Bestimmung des Wassergehaltes 145
  Bestimmung der Gesamtfettsäuren 145
    Bestimmung der Gesamtfettsäuren in K.-A.-Seife 146.
  Bestimmung des Alkaligehalts 146
    Bestimmung des freien Alkali 146. — Bestimmung des kohlensauren Alkali 147. — Bestimmung des Kaliums 148.
  Bestimmung des Wasserglases 150
  Bestimmung des Kochsalzes 151
  Bestimmung des Glaubersalzes 152
  Bestimmung von in Wasser oder Salzsäure löslichen Kalk- und Magnesiumverbindungen 152
  Bestimmung des aktiven Sauerstoffs 153
  Bestimmung der Schaumkraft der Waschmittel 154
  Bestimmung der Waschkraft eines Waschmittels 155

Anhang: Grundsätze für die Beurteilung fettloser Waschmittel 158
  A. Allgemeine Gründe für Nichtgenehmigung von Waschmitteln . . 158
    I. Schutz der Verbraucher 158. — II. Schutz der Rohstoffe 158. — III. Schutz der Webstoffe 158. — Schutz des Gewerbes 158.
  B. Besondere Richtlinien 158
    I. Zusammensetzung 158. — II. Bezeichnung 160.

Namenregister 162
Sachregister 164

Die Lage der deutschen Waschmittelindustrie.

Die Seifenindustrie.

Die deutsche Seifenindustrie war bereits vor dem Kriege nicht auf Rosen gebettet. Es fehlte ihr nicht an Absatz im Inland; aber die Preise waren meist derart, daß von einem Nutzen wenig oder gar nicht die Rede war. Nach Eugen Rau[1]) ist am Kernseifengeschäft in Deutschland, alles in allem genommen, vor dem Krieg seit Jahren nicht einmal der Zins des angelegten Kapitals verdient worden. Schuld an diesen Verhältnissen war vor allem der Umstand, daß es bei uns noch so viele Kleinbetriebe gab. Die kleinen Seifensieder kalkulierten häufig gar nicht oder falsch. Häufige Versuche, durch Preiskonventionen eine Besserung herbeizuführen, sind meist fehlgeschlagen. Es ist kaum möglich, einen Industriezweig, der so viele Betriebe, obendrein von so verschiedener Größe, umfaßt, unter einen Hut zu bringen oder, falls dies wirklich mal gelungen, ihn zusammenzuhalten. Es fanden sich stets sehr bald Außenseiter oder selbst Mitglieder der Konvention, welche die vereinbarten Preise unterboten. Ein großer Teil der mittleren und kleineren Betriebe hätte überhaupt nicht bestehen können, wenn sie nicht gleichzeitig ein Ladengeschäft gehabt hätten, in dem sie für ihre eigenen Fabrikate höhere Preise erzielten als im Engrosgeschäft und auch fremde Fabrikate führten, an denen sie verdienten.

Die amtliche Gewerbestatistik behandelt leider die Seifensiedereien nicht allein, sondern umfaßt die „Talg- und Seifensiedereien, die Talgraffinerie und die Talgkerzenfabrikation"; aber auch so gibt sie ein lehrreiches Bild. Es betrug die Zahl der Betriebe am Erhebungstage[2]):

```
1875  2840, darunter Hauptbetriebe 2656, Nebenbetriebe 184,
1882  2587,     „           „      2370,      „        227,
1895  2055,     „           „      1895,      „        160,
1907  1715,     „           „      1619,      „         96,
```

und diese Abnahme trifft ausschließlich kleinere Betriebe mit einem Gehilfenstand bis zu fünf Personen, während die Zahl der größeren

---

[1]) Seifenfabrikant 1917, S. 4.
[2]) Vgl. Dr. W. Gießmann, Die Unternehmerverbände in der deutschen Seifenindustrie, Leipzig 1914, S. 6 ff.

Betriebe in der gleichen Zeit zugenommen und die Fabrikation an Ausdehnung gewonnen hat. Die folgende Aufstellung, die nur die Hauptbetriebe berücksichtigt, bestätigt unsere Angabe:

	bis 5 Personen einschl. Betriebsleiter			mehr als 5 Personen einschl. Betriebsleiter		
	%	absolut	absolute Abnahme	%	absolut	absolute Zunahme
1875	92,17	2448		7,83	208	
1882	88,27	2092	—356	11,73	278	+ 70
1895	72,66	1377	—715	27,34	518	+240
1907	61,83	1001	—376	38,17	618	+100

Die Tatsache, daß ausschließlich die Kleinbetriebe einen Rückgang — von 1875 bis 1907 — um mehr als die Hälfte erfahren, während die größeren Betriebe in dieser Zeit um fast das Dreifache zugenommen haben, beweist, daß in der Seifensiederei eine starke Entwicklung vom Handwerk zum Fabrikbetrieb vor sich gegangen war; aber noch immer überwog der Kleinbetrieb. Unter den 1907 festgestellten Betrieben der Seifensiederei und verwandter Industriezweige befanden sich 1583 Seifensiedereien. Davon waren bei Ausbruch des Krieges nicht mehr 1000 vorhanden, wohl der beste Beweis, daß das Seifensiedereigewerbe vielen eine Existenzmöglichkeit nicht mehr geboten hat.

Ein großer Übelstand waren die vielen in Deutschland üblichen Seifensorten. Daß eine mittlere Seifenfabrik vor dem Kriege 20—30 Seifensorten herstellte, war durchaus nichts Ungewöhnliches. Diese Seifensorten unterschieden sich zum Teil durch nichts als das äußere Ansehen; aber die Kundschaft verlangte sie in dem gewohnten Äußeren, und dem mußte Rechnung getragen werden.

Ein großer Nachteil für die deutsche Seifenindustrie bestand ferner darin, daß sie nicht imstande war, größere Mengen Hausseifen zu exportieren. Dem standen die hohen Zölle auf Fette und fette Öle entgegen. Nur in Toiletteseifen und in einigen Spezialmarken der Seifenpulverindustrie fand ein nennenswerter Export statt.

Durch den Krieg ist die deutsche Seifenindustrie wie wenig andere Industriezweige in Mitleidenschaft gezogen und eine vollständige Umwälzung hervorgerufen. Es wird dies verständlich, wenn man berücksichtigt, daß der größte Teil der von den deutschen Seifenfabriken verarbeiteten Fette und fetten Öle aus dem Ausland bezogen war. Nach der Schätzung von Eugen Rau[1] sind vor dem Kriege in Deutschland hergestellt ca.:

150 000 t Schmierseife aus 50 000 t Fett,
250 000 t harte Seife „ 145 000 t „
100 000 t Seifenpulver „ 20 000 t „
50 000 t Feinseife „ 35 000 t „

---

[1] Seifenfabrikant 1917, S. 2.

Von diesen 250 000 t Fett sind sicher 200 000 t aus dem Ausland eingeführt. Bei diesen 200 000 t sind die in Deutschland hergestellten Mengen von Kokosöl, Palmkernöl, Erdnußöl, Sesamöl usw. mit eingerechnet, da das Rohmaterial dafür aus dem Ausland bezogen werden muß. Vor dem Kriege war Deutschland für Palmkernöl das Hauptproduktionsland. Erst im Kriege hat man auch in England angefangen, Palmkernöl herzustellen.

In der ersten Zeit nach Ausbruch des Krieges fürchtete man weniger eine Knappheit der Rohstoffe als eine Entwertung der Vorräte, sowie große Verluste bei der Kundschaft und einen nach und nach eintretenden vollständigen Stillstand der Fabrikation. Man rechnete auf die großen Läger von Ölsaaten und Ölen bei den Ölfabriken, auf die Zufuhren aus dem neutralen Ausland und auf die Produkte der Fetthärtung nach dem Normannschen Fetthärtungsverfahren, da man mit seiner Hilfe auch aus Tran, je nach dem Grade der Härtung, Fette von schmalz- oder talgartiger Konsistenz herstellen kann, die den großen Vorteil bieten, daß sie nicht mehr den widerlichen Trangeruch besitzen. Aber es kam ganz anders! Sehr bald stellte sich ein riesiger Bedarf ein, die Preise gingen sprungweise in die Höhe, und die Kundschaft zahlte, nur um Ware zu erhalten, viel prompter als je im Frieden. Auf diese Weise konnten die vorhandenen Vorräte an Rohstoffen und Fertigfabrikaten mit großem Nutzen verwertet werden.

Diese günstigen Verhältnisse dauerten bis Frühjahr 1915. Dann war der größte Teil der Vorräte aufgebraucht, und die Fabrikation mußte eingeschränkt werden. Noch war der Handel in Fetten und Seifen frei; allein beide Artikel wurden durch das Schwinden der Vorräte und die immer geringer werdende Einfuhr von Fetten auf ungewohnte Preishöhen hinaufgedrückt. In dieser Zeit gelangte die im November 1914 gegründete Kriegsabrechnungsstelle der Seifen- und Stearinfabrikation, deren Hauptaufgabe die Beschaffung der Rohstoffe für ihre Mitglieder war, zu immer größerer Bedeutung, und in der zweiten Hälfte 1915 war sie es hauptsächlich, welche die Seifenindustrie in den Stand setzte, flott weiter zu fabrizieren.

Zwei für die Seifenfabrikation einschneidende Verordnungen waren seitens des Bundesrates gegen Ende 1914 erlassen worden. Am 12. Dezember 1914, mit Wirkung vom 1. Januar 1915, erfolgte das Verbot der Verwendung von Neutralfetten zur Herstellung von Leim- und Schmierseifen, um die Glyzerinvergeudung in den Seifenfabriken zu verhindern. Getroffen wurden hiervon die kleineren Betriebe, die ohne Fettspaltung waren, und vor allem die Toiletteseifenfabriken, die Kokosseifen auf kaltem und halbwarmem Wege herstellten. Am 22. Dezember folgte das Verbot der Verwendung von Kartoffelmehl bei Herstellung von Seife. Damit ist dem wohl größten Unfug in der Seifenfabrikation ein Riegel vorgeschoben, hoffentlich für immer! Welche Mengen von Kartoffelmehl durch den Mißbrauch in der Seifenfabrikation Ernährungszwecken entzogen sind, ergibt sich daraus, daß der Verbrauch von Kartoffelmehl in der rheinisch-westfälischen Seifenfabrikation allein auf 200—300 Waggons im Jahre geschätzt wurde.

Im Februar 1915 wurde der Kriegsausschuß für pflanzliche und tierische Öle und Fette ins Leben gerufen, dem die Aufgabe zufiel, die Rohstoffe anzuschaffen und gerecht zu verteilen. Um richtig arbeiten zu können, schuf er zunächst einen genauen statistischen Überblick über die Produktion und den Konsum. Er ermittelte, daß Deutschland im Durchschnitt der letzten Friedensjahre einen Einfuhrüberschuß an Ölsaaten und Ölfrüchten von rund 1 600 000 t hatte, die, in Öl umgerechnet, 570 000 t pflanzliche Öle ergaben. Das Inland lieferte schätzungsweise etwa 20 000—30 000 t, während unsere Ein- und Ausfuhrbilanz für die fertigen pflanzlichen Öle mit einem Ausfuhrüberschuß von 35 000 t endete, so daß die Gesamtmenge der pflanzlichen Öle, die im Inland konsumiert wurden, mit etwa 560 000 t anzusetzen war. Der Einfuhrüberschuß der tierischen Fette wurde zu 260 000 t berechnet; schwieriger war dagegen die Berechnung der inländischen Fettproduktion. Sie ergab einen Gesamtverbrauch von 1 900 000 t. Zu technischen Zwecken sollen 430 000 t Öle und Fette verbraucht worden sein, während der Rest der Ernährung diente. Die Aufgabe des Ausschusses bestand nun darin, vor allem den Verbrauch an Ölen und Fetten zu technischen Zwecken zu beschränken. Allmählich kam man so weit, daß statt der früher verbrauchten 430 000 t nur noch ungefähr 40 000 t in der Industrie verarbeitet wurden.

Am 8. März 1915 wurden endlich die Zölle auf sämtliche Fette und Öle aufgehoben, eine Maßregel, die viel zu spät kam, als daß sie noch von großem Nutzen hätte sein können.

Von weitesttragender Bedeutung war die Bundesratsverordnung vom 8. November 1915, betreffend die Beschlagnahme sämtlicher Öl- und Fettbestände. Für die Übernahme der beschlagnahmten Fettstoffe durch den Kriegsausschuß für Öle und Fette wurden Höchstpreise festgesetzt, die erheblich unter den derzeitigen Marktpreisen lagen. Den Seifenfabrikanten wurde von den bei ihnen beschlagnahmten Lagern ein Sechstel des Durchschnittsverbrauchs der letzten drei Monate zur Verarbeitung bis 1. Dezember freigegeben. Außerdem blieben im freien Verkehr alle Öle und Fette, die nach dem 11. November zufielen oder aus dem neutralen Ausland eingeführt wurden, mit Ausnahme von Talg und Leinöl, deren Verarbeitung zu Seifen sowie auch ihre Spaltung verboten wurden. Der Kriegsausschuß für Öle und Fette hatte sich frühestens am 15. Dezember zu erklären, was er von den beschlagnahmten Materialien übernehmen und was er auf vorherigen Antrag freigeben wollte.

Die eben erwähnte Verordnung wurde erheblich verschärft durch die Verordnung vom 6. Januar 1916. Danach durften pflanzliche und tierische Öle und Fette nicht zu Seifen verarbeitet und auch nicht gespalten werden. Gestattet blieb bis 31. Januar die Verarbeitung von Palmöl, Sulfuröl, Abfallöl, Ölsatz und Tran. Im übrigen sollten monatlich die Mengen und Arten von Ölen und Fetten festgestellt werden, deren Verarbeitung zu Seife gestattet werden konnte. Die Aufteilung dieser Menge auf die einzelnen Betriebe hatte durch den Kriegsausschuß für Öle und Fette zu erfolgen.

Die immer knapper werdenden Bestände an Ölen und Fetten und das vollständige Aufhören der Zufuhren aus dem Ausland führten im April zu einer Rationierung des Seifenverbrauchs. Nach der Verordnung vom 18. April 1916 durften an eine Person im Monat nicht mehr als 100 g Feinseife und 500 g andere Seife oder Seifenpulver oder andere fetthaltige Waschmittel abgegeben werden.

Inzwischen hatten Besprechungen des Kriegsausschusses für Öle und Fette und des Reichsamts des Innern mit einer Anzahl Industrieller darüber stattgefunden, auf welche Weise die Weiterversorgung der Bevölkerung mit fetthaltigen Waschmitteln gewährleistet werden könnte, da der Seifenindustrie nur 5—7% ihres Friedensbedarfs an Fetten und Ölen zur Verfügung standen. Die Besprechungen führten zur Verordnung vom 20. Juli 1916, wonach die Fabrikation fetthaltiger Waschmittel auf zwei Sorten, auf die K.-A.-Seife als Feinseife für Körperpflege und das K.-A.-Seifenpulver für Wäschezwecke eingeschränkt wurde. Für die K.-A.-Seife wurde ein Fettsäure-Harzgehalt von 20% festgesetzt und als Füllmittel nur mineralische Stoffe, wie Ton, Speckstein usf., erlaubt, nicht erlaubt Alkali- und Wasserglaszusätze; für das K.-A.-Seifenpulver wurde ein Fettsäure-Harzgehalt von 5% und ein Sodagehalt, als Na_2CO_3 berechnet, von höchstens 50% vorgeschrieben, verboten Zusätze von Kochsalz, Sulfat und anderen Streckungsmitteln. An eine Person durften im Monat jetzt nur noch 50 g Seife und 250 g Seifenpulver gegen Seifenkarte abgegeben werden. Verboten wurde die Abgabe von Schmierseife, sowie die Verwendung von Seife zu Putz- und Scheuerzwecken.

Durch Einschränkung der Seifenfabrikation auf die K.-A.-Seife und das K.-A.-Seifenpulver mit so niedrigem Fettsäuregehalt wurde eine ganz außerordentliche Einschränkung der zu verarbeitenden Fettmengen ermöglicht; es stellte sich aber nunmehr die Unmöglichkeit heraus, diese geringen Fettmengen auf sämtliche vorhandenen Betriebe im Verhältnis ihrer bisherigen Produktion zu verteilen, da auf diese Weise bei den kleineren Betrieben Zuweisungen von solcher Geringfügigkeit sich ergeben hätten, daß eine technisch und wirtschaftlich rationelle Fabrikation nicht mehr möglich gewesen wäre. Deshalb mußte die Genehmigung zur Herstellung von K.-A.-Seife und K.-A.-Seifenpulver an das Vorhandensein einer Mindestquote von Fett geknüpft werden. Die Regierung hatte ursprünglich gewünscht, daß nur eine ganz geringe Anzahl der leistungsfähigsten Fabriken weiterarbeiten sollte, während für alle übrigen Fabriken eine anderweitige Entschädigung ins Auge gefaßt war; den Bemühungen des Vorstandes des Verbandes der Seifenfabrikanten gelang es jedoch zu erreichen, daß wenigstens alle Betriebe, auf die eine Vorratszuteilung von 3000 kg Fett entfiel, zur Fabrikation zugelassen wurden. Auf diese Weise wurde die Herstellung von K.-A.-Seife und K.-A.-Seifenpulver zunächst auf eine Zahl von 100 Fabriken beschränkt, die jedoch später dadurch eine Erweiterung erfuhr, daß eine Anzahl kleinerer Betriebe, die über gute maschinelle Einrichtungen zur Herstellung pilierter Seifen verfügten, zur Mitarbeit herangezogen wurden. Diesen Fabriken wurde nicht Fett, sondern Grundseife zur weiteren Verarbeitung zugeteilt. Die vielen Fabrikanten, deren Betriebe stillgelegt wurden, mußten auf den Handel verwiesen werden. Erreicht wurde durch diese Regelung, daß zur Herstellung der sämtlichen nunmehr noch erforderlichen Seifenmengen nur noch 7½% der im Frieden verarbeiteten Fettstoffe benötigt wurden.

Die Regelung der Seifenfrage durch Beschränkung auf nur zwei Sorten mit niedrigem Fettsäuregehalt und ihre Herstellung durch eine beschränkte Anzahl von Fabriken ist ohne Zweifel von großem Nutzen gewesen; mit der Zeit aber machten sich mancherlei Mißstände geltend, von denen die folgenden hervorgehoben sein mögen: „Die Landesteile, in denen viele arbeitende Fabriken lagen, wurden zu reichlich versorgt, während andere mit wenig Fabriken schweren Mangel litten. Die arbeitenden Fabriken, die durch die Aufträge der nicht arbeitenden große Zusatzmengen zur Herstellung zugewiesen bekamen, erzielten bei den vorgeschriebenen auskömmlichen Preisen verhältnismäßig gute Gewinne, wogegen die stillgelegten Fabriken weit schlechter wegkamen. Für diejenigen Fabriken, deren Inhaber im Felde standen und dadurch an der Weiterführung gehindert waren, war in keiner Weise gesorgt. Die Friedensverarbeitungszahlen, nach denen die Fettverteilung vorgenommen wurde, waren vielfach sehr ungenau, wobei zum Teil Absicht, zum Teil das Unvermögen, die genauen Zahlen zu ermitteln, mitspielten. Betriebe, die niemals Feinseife bzw. Seifenpulver gemacht hatten, bekamen Fette für Feinseife bzw. Seifenpulver zugeteilt und richteten sich nun Hals über Kopf auf die neue Fabrikation ein, nicht zum Nutzen der Allgemeinheit. Klein- und Großhändler, die es verstanden, sich bei einer größeren Anzahl Fabrikanten beliebt zu machen, hatten Überfluß an Ware, während andere, sogar ganze Landstriche, nichts bekommen konnten. Andererseits mußten wieder die herstellenden Betriebe, die viele Nichthersteller zu Kunden hatten, für diese völlig den Bankier machen, die Rohmaterialien, die sie für die Nichthersteller zur Verfügung gestellt bekamen, im voraus bezahlen mit der Aussicht, das Geld in 3—4 Monaten hereinzubekommen, also lange Zinsen zu verlieren. Alle diese im Laufe der Zeit sich herausstellenden Unzuträglichkeiten führten zu endlosen Reklamationen und legten den maßgebenden Stellen den Gedanken nahe, eine Änderung zu treffen [1]." Deshalb berief im Frühjahr 1917 das Reichsamt des Innern abermals eine Anzahl Industrieller, den großen, mittleren und kleineren Betrieben angehörend, um mit ihnen und dem Kriegsausschuß für Öle und Fette zu beraten, auf welche Weise diese Unzuträglichkeiten zu beseitigen und es zu erreichen wäre, daß die noch zur Verfügung stehenden Rohstoffe bestmöglichst verwertet, Heer und Bevölkerung rasch und gleichmäßig beliefert, allen Seifenfabrikanten, auch den zum Heeresdienst eingezogenen sowie den Hinterbliebenen der Gefallenen, ein ihrem Friedensgeschäft entsprechender Anteil am Gewinn gewährt und verhindert wurde, daß die arbeitenden Fabriken durch Weiterführung ihrer Fabrikmarken für sich Reklame machten. Diese Beratungen führten zur Gründung der „Seifenherstellungs- und Vertriebsgesellschaft" (Bundesratsverordnung vom 9. Juni 1917). Sie bezweckt die Herstellung und den Absatz von fetthaltigen Waschmitteln nach Maßgabe der verfügbaren Rohstoffe und der volkswirtschaftlichen Bedürfnisse. Gesellschafter sind die Fabrikanten von fetthaltigen Waschmitteln jeder Art, die solche bereits vor dem 1. August 1914 hergestellt haben. Das Betriebskapital ist auf 40 Millionen Mark festgesetzt, das von den Gesellschaftern nach der Menge der von ihnen in der Zeit vom 1. Juli 1913 bis 30. Juni 1914 zu fetthaltigen Waschmitteln verarbeiteten Fettstoffe und Harze aufgebracht worden ist. Auf je 100 kg entfällt ein Beitrag von 200 Mark. Zur Fabrikation selbst wurde nur eine beschränkte Anzahl Betriebe zugelassen. Bei ihrer Auswahl kam weniger ihre Größe in Betracht als ihre günstige Lage, ihre zweckmäßige und hinreichend große Einrichtung und die Gewähr, daß sie die ihnen in Auftrag gegebenen Waschmittel vorschriftsmäßig ausführen. Die Gesellschaft kauft die Rohstoffe ein und liefert sie an die zur Herstellung bestimmten Betriebe ohne Berechnung. Diese fertigen daraus in Lohn nach Vorschrift der Gesellschaft K.-A.-Seife, K.-A.-Seifenpulver, Rasierseife, Textilseife usw., und zwar für jedes Kilogramm Fettsäurehydrat z. B. 5 kg K.-A.-Seife. Sie bekommen von der Gesellschaft nur ihre reinen Auslagen vergütet, also keine Vergütung für Zinsen, Abnutzung der Maschinen usw. Die fertiggestellte Ware wird

---
[1] Eugen Rau, Seifenfabrikant 1917, S. 457.

von der Gesellschaft abgenommen und daraus zuvörderst der Bedarf des Heeres und der Schwerarbeiter gedeckt und der Rest den Gesellschaftern nach Maßgabe ihrer Kontingente zur Verfügung gestellt. Ihnen wird die Ware zu einem Preise berechnet, der sich ergibt aus den Selbstkosten der Gesellschaft, also dem Einkaufspreis der Rohmaterialien, dem Herstellungslohn der Fabriken und den Unkosten und Auslagen der Gesellschaft, zuzüglich eines bestimmten Betrages, der zur Verzinsung der arbeitenden Fabriken und des Stammkapitals dient.

Die Preise für Großhändler, Kleinhändler und Verbraucher sind so festgesetzt, daß der Gewinn vom Gesellschafter zum Großhändler etwa 6%, von diesem zum Kleinhändler etwa 10% und von diesem zum Verbraucher etwa 25% beträgt. Die Gesellschafter dürfen nur gegen amtliche Bezugsscheine verkaufen und nicht mehr, als auf ihr Kontingent entfällt.

Um eine möglichst gleichmäßige Versorgung des ganzen Reiches mit fetthaltigen Waschmitteln sicherzustellen, wurde Deutschland in acht Bezirke geteilt und im Mittelpunkt eines jeden Bezirkes eine Bezirksstelle errichtet. An diese gehen die Aufträge und von da an die Zentrale.

Von dem aus dem Verkauf der Fertigprodukte abzüglich Auslagen und Unkosten erzielten Rohgewinn wird zunächst an sämtliche Gesellschafter eine Verzinsung ihrer Fabrikanlage nach Maßgabe ihres Kontingents zugestellt, die ca. 80% des Rohgewinns beträgt. Der Rest bildet den Reingewinn, der zur Bildung von Reserven und zur Verteilung eines Gewinnanteils auf das eingezahlte Kapital dient.

Verwaltet wird die Gesellschaft durch Geschäftsführer und Prokuristen unter Aufsicht eines Überwachungsausschusses (Vorstandes). Er begreift in sich große, mittlere und kleinere Fabrikanten, Vertreter der Arbeiter, des Kriegsausschusses und des Reichsamts des Innern. Er besteht aus einem Vorsitzenden, dessen Stellvertreter und Mitgliedern und wird vom Reichskanzler ernannt und wieder abberufen. Sein Amt ist ein Ehrenamt und seine Amtsdauer unbeschränkt. Er untersteht der Aufsicht des Reichskanzlers, und dessen Stellvertreter gehört dem Überwachungsausschuß als Mitglied an. Der Vorsitzende des Überwachungsausschusses ist verpflichtet, den Vertreter des Reichskanzlers auf dem laufenden zu erhalten und ihm auf Verlangen Auskunft zu geben.

Gearbeitet wurde in etwa 160 Betrieben, während gegen 800 stillgelegt werden mußten.

Die Seifenherstellungs- und Vertriebsgesellschaft ist von einer Seite lebhaft begrüßt, von anderer Seite lebhaft bekämpft worden. Unter den Befürwortern des Zwangssyndikats befinden sich namentlich viele der größeren Hausseifenfabriken, wohl veranlaßt durch die ungünstige

Die Seifenindustrie. 9

Lage der Hausseifenindustrie vor dem Kriege. Bei den Besprechungen, die im Frühjahr 1917 im Reichsamt des Innern stattfanden, soll sogar von Hausseifenfabrikanten ein Zwangssyndikat für die Dauer von 15 Jahren empfohlen worden sein. Daß ein solches für manche der Hausseifenfabrikanten recht bequem und daher willkommen gewesen wäre, daran ist nicht zu zweifeln; für die Industrie im allgemeinen aber wäre es nicht von Vorteil gewesen. Wenn die Hausseifenindustrie auch nicht zu den exportierenden Industrien gehört, so ist doch zu beachten, daß bei einer Zwangssyndizierung, wie sie in der Seifenherstellungs- und Vertriebsgesellschaft vorliegt, jeder Anreiz zu Fortschritten in der Fabrikation fortfällt.

Unter den Gegnern des Zwangssyndikats befinden sich außer mittleren und kleineren Hausseifenfabriken auch größere Toiletteseifenfabriken, deren Namen einen Weltruf haben und deren Fabrikate in der ganzen Welt eingeführt sind. Im Interesse dieser Firmen sowie auch der Allgemeinheit kann man nur wünschen, daß das Zwangssyndikat nicht eine Stunde länger besteht, als absolut notwendig ist, d. h. daß, sobald uns wieder hinreichend Rohmaterial zur Verfügung steht, die Zwangsfabrikation der K.-A.-Seife ein Ende hat; aber das dürfte noch auf geraume Zeit ein frommer Wunsch bleiben. So lange aber die erforderliche Fettversorgung nicht hinlänglich gesichert ist, bleibt ein Zwangssyndikat eine unbedingte Notwendigkeit, und wir haben wenigstens die Genugtuung, daß die jetzige Verwaltung und der jetzige Überwachungsausschuß geleistet haben, was bei den schwierigen Verhältnissen möglich war, und dies auch für die Folge der Fall sein wird.

Schon während des Krieges hatte man unter dem Schmuggel mit ausländischer Seife schwer zu leiden, ja selbst Militärbehörden betrieben einen schwunghaften Handel mit ausländischer Seife. In erheblichem Umfange wurde außerdem auf dem Lande schwarz gesotten. Alles dies aber war ein Kinderspiel gegen das, was nach dem Einritt des Waffenstillstandes erfolgte. „Zunächst kamen die Intendanturen der Feldarmeen zurück und hielten großen Ausverkauf. Riesenbestände von Auslandsseife wurden jetzt regellos abgegeben. Trotz aller Bemühungen der Seifenherstellungs- und Vertriebsgesellschaft und des Reichsausschusses für Öle und Fette gelang es nicht, Ordnung in die Verwertung dieser Bestände zu bringen. Als dieser erste Ansturm vorüber war, setzte das Auslandsgeschäft ein. Mit der Besetzung des linken Rheinufers ging der Handel mit ausländischer Seife, unterstützt durch die Ententeoffiziere, vielfach von ihnen selbst betrieben, los. Die hereinbrechende Flut machte aber nicht an der Rheingrenze halt, sondern, trotz des scharfen Grenzabschlusses durch die Entente, ging das Schmuggelgeschäft los, und die Überschwemmung mit Auslandsseife griff auf das neutrale Gebiet und weit über die neutrale Zone auf das übrige Deutschland über. Alles kaufte Seife, und die Behörden gewährten den Schiebern den weitgehendsten Schutz; nur die legalen Seifensieder sahen in den Mond[1].“ Gegen diese Not gab es nur ein Mittel: Herstellung von erheblich mehr Seife als bisher und von bedeutend besserer Qualität, als die K.-A.-Seife bisher war. Um dies zu ermöglichen, hatte der Reichsausschuß für Öle und Fette der Seifenherstellungs- und Vertriebsgesellschaft bereits für Juli etwa 4000 t Fette gegenüber bisher 1000 t zur Verfügung gestellt, und diese Zuteilungen sollen in wenigen Monaten um weitere 2000 t erhöht werden, so daß mit einer Gesamtverarbeitung von monatlich 6000 t gerechnet werden kann. Die Verarbeitung dieser Fettmengen soll in folgender Weise erfolgen: Als Grundlage sollen die Produkte K.-A.-Seife und K.-A.-Seifenpulver weiter hergestellt werden, Seife je nach Anforderung, aber nur bis zum Höchstbetrage von 3000 t und mit einem Fettgehalt von 25%, Seifenpulver in Höhe von 10 000 t mit einem Fettgehalt von 10%. Hierzu treten dann folgende neuen Reinerzeugnisse: eine reine Feinseife und eine reine Kernseife. Die Feinseife soll einen Fettgehalt von 80% und die Kernseife einen solchen von 60—62% haben. Letztere soll als abgesetzte Kernseife hergestellt werden und, soweit die Qualität der Fette es zuläßt, mit einem Harzgehalt bis zu 10%. Herstellung von Schmierseife ist nicht in Erwägung gezogen, einmal, weil sie verhältnismäßig unrationell im Verbrauch ist, dann aber auch, weil es sehr schwer sein würde, die kleinen Mengen, die auf den einzelnen Verbraucher entfallen würden, zu verteilen. — In Aussicht ist genommen, etwa 20 neue Betriebe zur Herstellung der Kernseife zuzulassen.

Hoffen wir, daß es möglich sein wird, das Programm durchzuführen, damit einerseits ein wirksamer Damm gegen den immer weiter um sich greifenden Schmuggel mit Auslandsseife aufgerichtet, andererseits aber auch dem Schwindel auf dem Gebiete der fettlosen Waschmittel, der sich in geradezu erschreckender Weise geltend macht, ein Ende bereitet wird.

Die Industrie der fettlosen Waschmittel.

Die durch den Krieg hervorgerufene Knappheit an Fetten und Ölen zur Herstellung von Seife und seifenhaltigen Waschmitteln hat eine neue Industrie geschaffen: die Industrie fettloser Waschmittel. Wir hatten zwar schon vor dem Kriege fettlose Waschmittel, z. B. die Bleichsoda, deren Lösung vielfach zum Einweichen der

---

[1] Dr. Schulte in der Sitzung der Gesellschafter der Seifenherstellungs- und Vertriebsgesellschaft in Berlin am 27. Juni 1919.

Wäsche benutzt worden ist, auch schon minderwertige, denen besondere Waschwirkungen angedichtet sind, wie das Ammonin und das Polysulfin, ersteres aus Rückständen der Sodafabrikation bestehend, letzteres lediglich eine unreine und stark wasserhaltige Soda; aber alle diese Waschmittel haben gegenüber von Seife und Seifenpulver nur eine bescheidene Rolle gespielt. Erst der Krieg hat die fettlosen Waschmittel wie Pilze aus der Erde schießen lassen, und wir haben es bereits zu einer Vereinigung der Fabrikanten fettloser Waschmittel und zu einem Grossistenverein fettloser Waschmittel gebracht; aber mit vollem Recht ist gesagt, „daß die Industrie der fettlosen Waschmittel in technischer Beziehung keinerlei Ergebnisse von Erheblichkeit gezeitigt und dem Ruhmeskranz der deutschen chemischen Industrie kein neues Blatt zugefügt hat. In volkswirtschaftlicher Beziehung ist das Bild noch viel unerfreulicher. Wir sehen Produkte, die in ihrem Wert an Kristallsoda oder Bleichsoda nicht heranreichen und häufig für die Wäschefaser geradezu verderblich sind, zu Preisen im Handel, die den Kristallsodapreis um ein Mehrfaches übersteigen. Die gewissenlose Bewucherung der Verbraucher geht in vielen Fällen von den Waschmittelerzeugern selbst aus; oft bietet sich jedoch das unerfreuliche Bild, daß die Fabrikanten selbst ihre oft wertlosen oder zum mindesten geringwertigen Rohstoffe bereits zu fabelhaften Preisen beziehen, ihre Anlageräume unrationell und teuer einrichten und ohne Erwägung des volkswirtschaftlichen Schadens darauflos fabrizieren in der sicheren, leider nicht getäuschten Erwartung, daß das Publikum ihnen ihr geringwertiges Fabrikat bei der herrschenden Waschmittelnot auch zu höchsten Preisen abkaufen wird[1]."

Als durch die Bundesratsverordnung vom 21. Juli 1916 die Monatsration an fetthaltigen Waschmitteln auf 50 g Feinseife und 250 g Seifenpulver festgesetzt wurde, ein Quantum, durch das der Bedarf an Waschmitteln nicht im entferntesten gedeckt war, trat naturgemäß ein dringendes Bedürfnis an Waschmitteln ein. Waren schon nach der Verordnung vom 18. April des Jahres, wonach monatlich an eine Person 100 g Feinseife und 500 g Seifenpulver abgegeben werden durften, massenhaft Tonwaschmittel aufgetaucht, so wurde das Angebot zweifelhafter Produkte im Herbst des Jahres derartig stark, daß die Regierung sich gezwungen sah, durch eine Verordnung vom 5. Oktober den ärgsten Auswüchsen auf dem Gebiete der Tonwaschmittel zu begegnen. Die wichtigsten Bestimmungen der Ordre sind: „Zur Bezeichnung von fettlosen Wasch- und Reinigungsmitteln jeder Art darf das Wort ‚Seife' oder eine das Wort ‚Seife' enthaltende Wortverbindung nicht angewandt werden. Wasch- und Reinigungsmittel aus Ton, Kaolin, Lehm, Speckstein, Talk, Seifenerde, Mergel, Kieselgur, Walkerde, Bolus

---
[1] Seifenfabrikant 1917, S. 68.

oder ähnlichen anorganischen Stoffen und Mineralien ohne andere Beimischungen dürfen nur frei von grobkörnigen Bestandteilen, gepreßt in länglichen ovalen oder kugelförmigen Stücken bis zum Höchstgewicht von 250 g oder in Pulverform mit 500 oder 1000 g Inhalt gewerbsmäßig verkauft, feilgehalten oder sonstwie in den Verkehr gebracht werden. Jedes Stück oder, wenn die Ware in einer Packung abgegeben wird, die Packung muß in einer für den Verkäufer leicht erkennbaren Weise und in deutscher Sprache folgende Angaben enthalten: 1. Firma oder das eingetragene Warenzeichen, 2. Tonwaschmittel oder Tonpulver, 3. Kleinverkaufspreis." Ferner wurde ein Höchstpreis festgesetzt, und Wasch- und Reinigungsmittel aus den oben bezeichneten Stoffen durften in Verbindung mit anderen Zusätzen nur mit Zustimmung des Kriegsausschusses für Öle und Fette hergestellt werden.

Ein Erfolg dieser Verordnung war, daß die zu Wucherpreisen in den Handel gebrachten Toiletteseifenersatzstücke und Waschseifenersatzstücke aus Ton vom Markte verschwanden und daß eine Reihe relativ brauchbarer Fabrikate solider Firmen zu mäßigen Preisen im Handel blieb. Leider traf die Verordnung nur die Tonwaschmittel, und so blieb dem Schwindel noch ein reiches Feld der Betätigung. Vielfach wurden Stoffe, denen jede Waschwirkung abgeht, als Ersatzmittel in den Handel gebracht, z. B. Natriumsulfat als Sodaersatz.

Durch die Verordnung vom 5. Oktover 1916 war also, abgesehen davon, daß die Verwendung des Wortes „Seife" zur Bezeichnung aller fettlosen Waschmittel untersagt war, nur der Verkehr mit solchen Erzeugnissen, zu deren Herstellung Ton oder tonähnliche Mineralien verwandt wurden, bestimmten Beschränkungen unterworfen. Erst eine Verordnung vom 19. April 1917 dehnte die behördliche Regelung auf alle fettlosen Wasch- und Reinigungsmittel aus. Sie wiederholt die Bestimmung, daß zu fettlosen Wasch- und Reinigungsmitteln das Wort „Seife" oder eine das Wort „Seife" enthaltende Wortverbindung nicht gebraucht werden darf. Sie verbietet ferner zur Bezeichnung wasserlöslicher Salze jeder Art, ohne Rücksicht darauf, ob sie mit Soda vermischt sind oder nicht, im gewerblichen Verkehr das Wort „Soda" oder eine das Wort „Soda" enthaltende Wortverbindung. Die Vorschrift findet keine Anwendung auf kaustische Soda, kalzinierte Soda, sowie auf Kristall- und Feinsoda, die bis zu 5% Glaubersalz enthalten dürfen. Desgleichen bleibt für Gemische, die lediglich aus kalzinierter Soda und Wasserglas bestehen, die übliche Bezeichnung „Bleichsoda" gestattet. Fettlose Wasch- und Reinigungsmittel jeder Art, die unter Verwendung von Ätznatron, kalzinierter Soda, Kristall- und Feinsoda hergestellt werden, unterliegen der Genehmigung des Kriegsausschusses für Öle und Fette.

Wie wenig unter heutigen Verhältnissen Verordnungen beachtet werden, hat die diesjährige Leipziger Frühjahrsmesse gezeigt, indem sich in auffälliger Weise das Angebot nicht genehmigter Waren geltend machte. In welcher schamlosen Weise das Publikum noch immer durch Fabrikate, denen jede Waschwirkung abgeht, ausgebeutet wird, zeigen folgende von Dr. H. Haase[1]) in Leipzig ausgeführte Untersuchungen von sog. „Reinigungskristallen", die reichlich auf der Messe vertreten waren:

	1.	2.	3.	4.	5.	6.
Sodaalkalität des Filtrats .	0,20%	0,05%	0,13%	0,02%	0,15%	0,15%
Kochsalz	—	99,38%	87,52%	96,46%	82,99%	65,48%
Glaubersalz	—	—	—	—	—	34,60%
Bittersalz	100,30%	—	—	—	—	—
Kohlensaurer Kalk . . .	—	0,75%	10,92%	4,17%	9,09%	—
Kohlensaure Magnesia . .	—	—	0,53%	—	7,92%	—
Kieselsäure	—	0,02%	0,03%	0,15%	0,08%	—

Diese „Reinigungskristalle" waren meist größere oder kleinere Kristallstücke mit einem Belag wie an verwitterten Sodakristallen, um eine Sodaähnlichkeit vorzutäuschen. Er war aus gelöschtem Kalk und Wasserglas hergestellt.

Um zu zeigen, was der Bevölkerung an fettlosen Waschmitteln geboten wird, lassen wir hier noch eine Anzahl Analysen folgen, die im Laboratorium einer größeren Waschmittelfabrik zu Orientierungszwecken ausgeführt worden sind. Da es lediglich darauf ankam, allgemeine Anhaltspunkte zu gewinnen, ist in vielen Fällen auf eine erschöpfende quantitative Analyse verzichtet; doch geben die mitgeteilten Daten auch so ein sehr belehrendes Bild über die Zusammensetzung einer großen Anzahl von Fabrikaten[2]):

Untersucht		Bezeichnung des Fabrikates	Bestandteile
Juli	1916	Waschpulver Edelweiß.	Feiner Ton mit 10% Soda.
„	„	Chem. Waschp. Prestos Schneewittchen.	78% Soda, 4% fest. Wasserglas.
August	„	Schnellwaschpulver, Ideal der Hausfrau.	59% Soda, 18% Ton.
„	„	Hoffmanns Hygiene.	78% Natriumsulfat, 11% Soda.
Sept.	„	Das gute Waschpulver Blenfried.	81% Natriumsulfat, 4% Soda.
Oktober	„	Dr. Greiners Salmiak-Sauerstoff-Waschpulver.	Ton, 10% Soda; Sauerstoff und Salmiak nicht nachweisbar.
Januar	1917	Wasch- u. Bleichextrakt Edelweiß.	34% Soda mit Sulfat, Kochsalz, etwas Phosphat, kein bleichender Zusatz.

---

[1]) Seifenfabrikant 1919, S. 313.
[2]) Seifenfabrikant 1919, S. 256.

Untersucht		Bezeichnung des Fabrikates	Bestandteile
Januar	1917	Weiku, selbsttätiges Waschmittel.	Soda, Kochsalz, Magnesium-, Natriumsulfit (zur Vortäuschung von Sauerstoff bei KMnO$_4$-Probe).
,,	,,	Saporex Waschpulver	Magnesiumsulfat, Kochsalz, 7% Soda.
Februar	,,	Saporbil, sauerstoffhaltiges Waschpulver.	69% Ton, Sulfat, Soda; Sauerstoff nicht nachweisbar.
März	,,	Reseda Waschpulver.	Ton mit 6% Soda.
,,	,,	Pugol.	Nur Natriumsulfat.
April	,,	Hand in Hand.	Natriumsulfat und Kochsalz mit Schaummittel. Reaktion neutral.
Sept.	,,	Schäumendes Waschpulver Lilie.	25% Soda, Sulfat und Schaummittel.
,,	,,	Hansa Waschmittel.	Natriumsulfat mit Magnesiumsulfat und 5% Soda.
,,	,,	Taucher Waschpulver, sauerstoffhaltig.	Kochsalz mit Sulfat und Soda. Sauerstoff nicht nachweisbar.
März	1918	Reinigungskristall Korol.	Nur Natriumsulfat.
April	,,	Reinigungskristall Antisal.	Magnesiumsulfat.
Mai	,,	Garbodes Waschpulver.	Hauptsächlich Sulfat und Kochsalz. Neutrale Reaktion.
Juli	,,	Tangil, modernes Waschpulver.	Sulfat und Kochsalz mit 2% Soda.
,,	,,	Purgat.	76% Soda mit Kochsalz.
Sept.	,,	Perbol.	83% Kochsalz, 4% Sulfat.
,,	,,	Petril II, selbsttätiges Waschmittel.	Sulfat mit wenig Soda (1 Paket reagierte sauer).
Oktober	,,	Einzack, das selbsttätige Waschmittel.	Sulfat mit 18% Soda, etwas Wasserglas. Sauerstoff nicht nachweisbar.
Nov.	,,	Leerin, Salmiak-Waschpulver	Ton mit Kochsalz und 2% Soda.
Januar	1919	Nivit.	Sulfat mit Kochsalz und Persulfat. Reaktion sauer.
Februar	,,	Borchardt's Säuber-Bleiche.	Sulfat mit Kochsalz und Magnesiumsulfat. Wenig Soda. Besonderer Beutel enthielt Persulfat.
März	,,	Waschpulver Ohm.	7% Soda, 25% 36° Wasserglas, Sulfat und Kochsalz.
April	,,	Wiener Wäschermädel. Selbsttätiges Waschmittel.	Sulfat mit wenigen Prozenten Soda, Calciumkarbonat. Kein bleichender Zusatz. Reaktion neutral.

Unter Sulfat ist Natriumsulfat zu verstehen. Die Prozentzahlen beziehen sich auf wasserfreie Substanz.

Hoffentlich hebt sich unsere Sodaproduktion bald so, daß der Verkehr mit Soda freigegeben werden kann, dann dürften wohl die reinen Schwindelfabrikate bald wieder aus dem Handel verschwinden.

Die Rohstoffe für die Waschmittelfabrikation.
Fette, Fettsäuren und Harz.

Da während des Krieges von Fetten und Ölen alles, was zu Nahrungszwecken irgendwie verwendbar war, dazu herangezogen wurde, blieben für die Seifenfabrikation nur Abfallfette, und zwar Abfallfette geringwertigster Art, daß es häufig nur durch Sieden auf 3—4 Wassern möglich war, eine einigermaßen ansehnliche Seife zu erzielen. Die meisten dieser Fette hatten eine dunkelbraune Farbe und enthielten viel Unverseifbares, häufig auch Eisen in nicht unbedeutenden Mengen[1]). Dieser Eisengehalt erklärt sich aus den großen Schwierigkeiten, unter denen die Fabrikation der Abfallfette während des Krieges zu leiden hatte, daß insbesondere durch die Verwendung von Extraktionsmitteln, welche die eiserne Apparatur angriffen, vielfach Extrakte von erheblichem Eisengehalt erhalten wurden. Dieser Eisengehalt ist von großem Nachteil, wenn er auch in die Seife kommt, da er ein Vergilben der Wäsche herbeiführt. Der eigentliche Fettstoff bestand ganz oder überwiegend aus Fettsäuren, dabei aber fast immer Oxysäuren, die dadurch entstanden waren, daß die Fette, denen noch Fleischreste, Knorpel u. dgl. anhafteten, in eine Art Gärung übergegangen waren, wobei sich nicht nur ein Teil der Fettsäuren oxydiert hatte, sondern öfter selbst das Glyzerin eine Veränderung erlitten hatte, wie man zu unliebsamer Überraschung während des Krieges erfahren hat. Während die Fette bei der Spaltung unter normalen Verhältnissen nahezu ausschließlich Fettsäuren und Glyzerin als Spaltungsprodukte ergeben, haben die in der Kriegszeit zur Verfügung stehenden Fette nicht mehr ausschließlich Glyzerin geliefert, eine Erscheinung, die sich bei Herstellung von Dynamitglyzerin recht unangenehm bemerkbar gemacht hat. Rohglyzerine, die nachweislich aus Abfall- und Rückstandsfetten gewonnen waren, ergaben bei der normalen Destillation Produkte, deren spezifische Gewichte auffallend niedrig waren, während durch die Analyse nach der Bichromatmethode ein Oxydationswert von 100% und darüber, auf Glyzerin berechnet, festgestellt wurde. Bei Versuchen im Laboratorium von Henkel & Co. in Düsseldorf[2]), die Ursache dieser Erscheinung festzustellen, wurde bei mehrfacher sorgfältiger Fraktionierung im Vakuum eine Fraktion gewonnen, die bei 25 mm Überdruck bei 120—125° C überging, während Glyzerin unter diesen Bedingungen bei 175° C destillierte. Bei 760 mm Druck destillierte das Produkt bei ca. 210° C. Das spezifische Gewicht dieser Fraktion betrug 1,057,

---

[1]) Seifenfabrikant 1919, S. 539.
[2]) Seifenfabrikant 1916, S. 769.

während Dynamitglyzerin ein spezifisches Gewicht von 1,262 aufweist. Die Viskosität des Produkts war etwa die eines 28grädigen Rohglyzerins. Die Analyse mit Bichromat ergab einen Oxydationswert von 120%, auf Glyzerin berechnet. Dieser niedrig siedende Anteil des Glyzerins war in bedeutender Menge im sog. Süßwasser, d. h. dem dünnen, wässerigen Anteil des Destillats enthalten. Diese dünnen Destillate lassen sich im Vakuum nicht weiter als bis auf ca. 20° B. eindampfen. Durch vorsichtige fraktionierte Destillation im Vakuum ergeben diese Süßwasserglyzerine ca. 35% solcher niedrig siedenden Anteile. Es handelt sich hierbei mit ziemlicher Sicherheit um Propylenglycol (Trimethylenglycol), dessen Entstehung auf teilweise Spaltung und Gärung der Abfallfette bei ihrer Lagerung zurückzuführen ist.

Die Oxyfettsäuren entstehen auch durch „Oxydieren" und „Blasen" von Ölen; weit häufiger begegnet man ihnen aber in Umwandlungsprodukten der Fette. So finden sich Oxyfettsäuren infolge von Sauerstoffaufnahme aus der Luft vielfach in älteren, namentlich trocknenden Ölen, sowie in ranzigen Fetten. Sie sind ein regelmäßiger Bestandteil von Firnissen, geblasenen Ölen und Dégras. Auch das Linoxyn, das vielfach während des Krieges zur Seifenfabrikation herangezogen worden ist, enthält erhebliche Mengen Oxysäuren. Sie unterscheiden sich von den normalen Fettsäuren dadurch, daß sie in Petroläther unlöslich sind; auf dieser Eigenschaft beruht die Trennung der oxydierten Fettsäuren von den normalen. Die durch Petroläther aus oxydierten Fetten abgeschiedenen Säuren sind braun bis braunschwarz, von zäher bis harzartiger, seltener von pulveriger Beschaffenheit. Die Alkalisalze der Oxyfettsäuren werden nach W. Herbig[1]) aus ihrer tiefbraun gefärbten wässerigen Lösung durch Kochsalzzusatz als schokoladenfarbiger, flockiger, sich schnell absetzender Niederschlag abgeschieden; wenn aber der Genannte hinzufügt: „bleiben also beim Sieden auf Kern in der Unterlauge und sind damit unter heutigen Verhältnissen für die Seifensiederei wertlos", so ist das offenbar ein Irrtum. Wenn die Alkalien und Oxyfettsäuren beim Aussalzen der Seife mit ausgesalzen würden, müßten sie von den normalen fettsauren Alkalien eingeschlossen und zurückgehalten werden. Da dies nicht der Fall ist, sie vielmehr fast restlos in die Unterlauge gehen, so muß ihr Verhalten in der Seife ein anderes sein, als wenn sie für sich in Wasser gelöst werden, wie dies auch Stiepel[2]) bestätigt. Er hat festgestellt, daß die fettsauren Natronsalze in der Unterlauge gelöst bleiben. Ein geringer Teil wird auch von der ausgesalzenen Seife mit aufgenommen, während andererseits die oxyfettsaure Seife auch reine Seife mit in Lösung hält. Scheidet man die in der Unterlauge gelöst bleibende Seife bzw. deren Fettsäure

---
[1]) Seifenfabrikant 1918, S. 593.
[2]) Seifenfabrikant 1919, S. 550.

aus und untersucht sie nach der von Stiepel angegebenen Methode, so ergibt sich, daß diese Fettmasse außer Oxyfettsäure auch reine Fettsäure enthält. Der Schaden, den die Oxyfettsäuren bei der Kernseifenfabrikation anrichten, ist also ein doppelter. Beim Sieden von Leimseifen bleiben die oxyfettsauren Alkalien in der Seife, beeinträchtigen also die Ausbeute nicht.

Die Abfallfette unterscheidet man gewöhnlich nach ihrer Herkunft als Kadaverfett, Leimfett, Hautfett, Gerberfett, Lederfett, Walkfett und Abwässerfett. Dazu kommen die Rückstände vom Raffinieren und Bleichen der Öle und Fette, häufig als Soapstocks bezeichnet. Außer diesen Fetten und Ölen, die augenblicklich fast allein der Seifenfabrikation zur Verfügung stehen, dürfte es zweckmäßig sein, auch die Fettstoffe zu berücksichtigen, die voraussichtlich bald wieder in die Seifenfabriken gelangen werden: Knochenfett, Wollfett, Tran, Tranfettsäuren und gehärtete Fette aus Tran, auch wohl abfallende Kokosöle und Palmkernöle, sowie Sulfuröl und Maisöl. Auch einige Worte über die Öle, die aus einheimischen Ölfrüchten gewonnen werden, dürften am Platze sein.

Der Ölfruchtbau hatte in den letzten Jahrzehnten vor dem Kriege in Deutschland ganz erheblich abgenommen. Während im Jahre 1853 in Bayern 10 000 ha mit Raps und Mohn bestellt waren, waren es 1909 nur noch 687 ha. Die durch den Krieg hervorgerufene Knappheit an Ölen und Fetten hat darin Wandel geschaffen, und wir können wohl damit rechnen, daß auch fernerhin größere Flächen Ackerland mit Ölfrüchten bestellt werden.

Am meisten von allen Ölfrüchten werden bei uns Raps und Rübsen gebaut. Das Öl daraus, das Rüböl, ist für die Seifenfabrikation wenig geeignet. Es verseift sich schwer, und die daraus hergestellten Schmierseifen gehen schon bei geringer Kälte auseinander. Mit Natronlauge gibt Rüböl eine schlechte, krümelige Seife. — Die Satzöle werden bisweilen auf Schmierseife verarbeitet.

Nächst Raps und Rübsen ist heute der weiße Senf die Hauptölfrucht in Deutschland. Das Weißsenföl hat man wohl früher bei uns kaum gekannt. Nach Hefter soll es sich für die Seifenfabrikation gut eignen, was von A. Schiwitz bestätigt wird, der Gelegenheit gehabt hat, Senföl und Senfölfettsäuren auf Schmierseife zu verarbeiten.

Nach dem weißen Senf ist Mohn die verbreitetste Ölfrucht. Mohnöl ist bei uns hauptsächlich Speiseöl; doch wird es wegen seiner trocknenden Eigenschaft auch in der Ölmalerei benutzt. In die Seifensiedereien kommen höchstens die Satzöle, die auf Schmierseife verarbeitet werden.

Da der Flachs oder Lein auf Jahre hinaus für die Fasergewinnung bei uns große Bedeutung haben dürfte, so ist wohl anzunehmen, daß sein Anbau noch an Ausdehnung gewinnen wird. Die Flachspflanze liefert bekanntlich nur dann eine brauchbare Faser, wenn ihre Einerntung vor der Samenreife erfolgt. Die hierbei sich ergebenden Samen sind wohl zur Ölgewinnung, aber nicht für die Aussaat tauglich. Unter den gegebenen Verhältnissen ist zu hoffen, daß Leinöl wieder in die Seifensiedereien kommt, in denen es vor dem Kriege das am meisten angewandte Öl für die Schmierseifenfabrikation war. Das Leinöl zu „veredeln", um es als Speiseöl zu verwenden, das man in der Kriegszeit ausgeführt hat, dürfte seiner Umständlichkeit wegen wohl allmählich wieder aufhören[1]).

Leindotter wird wenig gebaut und gibt geringe Erträge. E. Baumann[2]) sagt: „Unter guten Bodenverhältnissen bedeutet sein Anbau eine Bodenverschwendung." Das Leindotteröl, auch Dotteröl und deutsches Sesamöl genannt, findet in der Seifenfabrikation Verwendung an Stelle von Leinöl zu Schmierseifen. Diese erfrieren auch bei großer Kälte nicht. Man hat es deshalb im Winter gern zu Naturkornseife genommen. Im Sommer sind die Faßseifen aus Leinöl nicht zu halten; sie schmelzen schon unter 20° C. und haben einen unangenehmen Geruch.

Vor dem Anbau von Sonnenblumen bei uns ist schon vor Jahrzehnten gewarnt worden. In der Kriegswirtschaft hat man damit einen vollen Mißerfolg gehabt; es wurde kaum die Saat geerntet.

Das Öl aus den Bucheckern zu gewinnen, ist augenscheinlich auch als aussichtslos aufgegeben worden; denn mit Verordnung vom 8. April d. J. ist die Verordnung vom 30. Juli v. J., wonach die Landeszentralen Vorschriften über das Sammeln von Bucheckern zu erlassen und Annahmestellen für die gesammelten Bucheckern zu errichten hatten, aufgehoben.

Über die Versuche, Sojabohnen bei uns anzubauen, schreibt E. Baumann[2]): „Die bisherigen Versuche zeigen einige Anbaumöglichkeiten unter besonders günstigen Wärmeverhältnissen, außerdem bei Züchtung auf Frühreife. Die vom Reichsausschuß für Öle und Fette eingeleiteten Versuche sind noch nicht abgeschlossen." — Sehr zu wünschen wäre, daß die Anbauversuche Erfolg hätten, da sich das Sojabohnenöl hervorragend für die Seifenfabrikation eignet.

Knochenfett. Das durch Auskochen frischer Knochen mit Wasser gewonnene Knochenfett ist von weißer bis gelblicher Farbe, von schwachem Geruch und Geschmack und weicher Konsistenz. Da es, gut gereinigt, schwer ranzig wird, bildet es eine gute Maschinenschmiere und gelangt nicht in die Seifensiedereien. Das meiste Knochenfett wird als Nebenprodukt bei der Verarbeitung von Knochen auf Knochen-

---

[1]) Vgl. A. Weis, Über das Leinöl und seine Veredelung, Seifenfabrikant 1916, S. 617.
[2]) Schriften des Reichsausschusses für Öle und Fette, Heft 8: Der deutsche Ölfruchtbau von Dr. E. Baumann, Berlin.

mehl und Knochenkohle gewonnen. Die Knochen werden vor ihrer mechanischen Zerkleinerung entweder gleich „gedämpft", wobei die Fettgewinnung erfolgt, oder sie werden vor dem „Dämpfen" in besonderen Apparaten zur Fettextraktion mit Benzin oder einem anderen flüchtigen Fettlösungsmittel behandelt. Das Dämpfen besteht darin, daß die Knochen in geschlossenen eisernen Zylindern einige Stunden einem Dampfdruck von 4 Atmosphären ausgesetzt werden. Aus der dann abgelassenen Brühe, die Fett, Leim und Unreinigkeiten enthält, scheidet sich beim Stehen das Fett oben ab. Es wird nach dem Erkalten oben abgeschöpft und nochmals umgeschmolzen. Das so gewonnene Fett ist das „Naturknochenfett". Es fällt je nach der Beschaffenheit der verarbeiteten Knochen sehr verschieden aus. Da in den Knochenmehlfabriken meist alte, z. T. faulige Knochen verarbeitet werden, ist das Fett meist mehr oder weniger dunkel gefärbt und enthält größere Mengen freier Fettsäuren, häufig auch Kalkseifen, die durch Einwirkung der Fettsäuren auf die Knochensubstanz entstanden sind. Bei der Extraktion mit Benzin wird das Fett vollständiger aus den Knochen gewonnen als beim Dämpfen; aber es zeigt den Übelstand, daß es meist sehr dunkel gefärbt ist, einen durchdringenden, unangenehmen Geruch hat und fettsauren Kalk enthält, der gleichzeitig einen größeren Wassergehalt ermöglicht. — Das durch Extraktion gewonnene Knochenfett wird gewöhnlich als „Benzinknochenfett" bezeichnet.

Das gewöhnliche Knochenfett des Handels läßt sich häufig schwer, bisweilen gar nicht bleichen. Je höher der Prozentgehalt an freien Fettsäuren ist, um so größer werden die Schwierigkeiten, die sich dem Bleichen entgegenstellen. Nach Lewkowitsch[1]) lassen sich Produkte, die mehr als 50% freie Fettsäure enthalten, nicht mehr, Extraktionsfette überhaupt nicht mit Erfolg bleichen. Selbst wenn eine Bleichmethode zu einem anscheinend guten Resultat geführt hatte, traten die dunkle Farbe und der unangenehme Geruch bald nach dem Bleichen wieder auf. An der Schwierigkeit, Fett mit hohem Gehalt an freien Fettsäuren zu bleichen, sind wohl letztere selbst weniger schuld, als der Umstand, daß Fette mit so hohem Gehalt an freien Fettsäuren aus alten Knochen gewonnen worden sind, in denen das Fett bereits weitgehende Selbstzersetzung erfahren hatte. Heute ist man wohl durch Verbesserung der Bleichmethode dahin gekommen, daß sich Naturknochenfett verhältnismäßig leicht, Benzinknochenfett zwar erheblich schwieriger, aber doch in den meisten Fällen bleichen, wenigstens erheblich in der Farbe verbessern läßt.

Nach C. H. Keutgen[2]) verfährt man bei Naturknochenfett zweckmäßig wie folgt: Das Knochenfett wird nach dem Ausblasen aus

---
[1]) Chem. Technologie und Analyse der Öle usw., Braunschweig 1905, Bd. II, S. 389.
[2]) Seifenfabrikant 1916, S. 894.

den Barrels zunächst von dem Kondenswasser durch Absetzenlassen möglichst weit befreit. Enthält das Fett mechanische Verunreinigungen, so werden diese durch abermaliges Absitzen oder Filtrieren entfernt. Es ist vorteilhaft, vor dem Absitzen oder Filtrieren 0,1—0,2% Silikaterde einzurühren, und zwar in nicht zu feiner Mahlung, damit durch diese die im Fett schwebenden Verunreinigungen zu Boden gerissen werden. Je höher man die Temperatur beim Absitzenlassen hält, desto besser und rascher gehen sowohl die Silikate wie auch die Verunreinigungen zu Boden; über 80—90° C. geht man jedoch nicht. Filtriert man durch Filterpressen, so genügt es, wenn man die Temperatur 20 bis 25° über dem Schmelzpunkt des Fettes hält. Filtriert man durch Spitzbeutel, Rahmenfilter oder dergleichen, so muß das Fett auf 70 bis 80° C. gehalten werden, da sonst das an den Außenseiten des Filters abtropfende Fett an der Luft leicht erstarrt und die Filtration behindert. Das so vorbereitete Fett kann nun entweder mit Bleicherde, Walkerde, Fullererde, Floridaerde, Tonsil[1]) oder mit bleichenden Chemikalien behandelt werden. Enthält das Knochenfett Eiweiß-, Leim- und andere derartige Verunreinigungen, so müssen diese entfernt werden, wie es weiter unten bei der Raffination des Benzinknochenfettes beschrieben ist. Welches Bleichverfahren einzuschlagen ist, entscheidet der Versuch. Bei sehr reinem Naturknochenfett genügt häufig die Behandlung mit Bleicherde, um Farbe und Geruch bedeutend zu verbessern. Zu diesem Zweck muß das Fett gründlich getrocknet werden und wasserfrei sein; dasselbe gilt für die Erde.

Das Fett wird auf 80° C. erwärmt, bei Tonsil auf 115° C. Dann wird die Bleicherde vorsichtig nach und nach, um ein Zusammenballen zu verhindern, aufgestreut, eingerührt und tüchtig durchgeknetet, wieder aufgestreut und durchgeknetet, bis eine filtrierte Probe entspricht oder eine Bleichwirkung nach weiterer Zugabe von Bleicherde nicht mehr festzustellen ist. Hierauf läßt man absetzen oder filtriert heiß. In beiden Fällen ist es ratsam, noch etwas Bleicherde gröberer Mahlung einzurühren, da hierdurch sowohl ein besseres Absetzen wie auch ein klareres Filtrieren erreicht wird. Mit 3—4% Erde zum Entfärben kommt man gewöhnlich aus; bisweilen genügen 1—2%; es kommt aber auch vor, daß man 5—6% und mehr benötigt. Bei

---

[1]) Tonsil ist ein Fabrikat der Firma Tonwerk Moosburg, A. & M. Ostenrieder, Moosburg a. d. Isar (Bayern). Es ist ein sehr gutes Bleichmittel für Fette und Öle, auch Mineralöle, und wird in vier Marken geliefert: X 15, AC, AC II und AC III. Davon ist X 15 schwach alkalisch und soll neutralisierend wirken; dagegen zeigt AC eine leicht saure Reaktion, die bei verschiedenen Produkten die Entfärbung wesentlich fördern soll, während AC II und AC III neutral sind. Nach Bela Lach besteht das Tonsil in der Hauptmasse aus Kieselsäurehydrat und Tonerdehydrat, und nach ihm ist hauptsächlich das Kieselsäurehydrat das entfärbende und bleichende Prinzip des Tonsil.

Naturknochenfett kommen völlige Mißerfolge selten vor. Die meisten Knochenfette, die durch die Erdbleiche nicht oder nur wenig gebleicht werden, geben dennoch hellere Seifen, als wenn sie nicht behandelt wären; denn von den Silikaterden werden auch solche Substanzen adsorbiert, die zwar an und für sich das Knochenfett wenig oder gar nicht färben, aber beim Sieden durch die Einwirkung des Alkali gebräunt werden.

Hat man durch Vorversuche festgestellt, daß die Erdbleiche nicht zum Ziele führt, so greift man zur chemischen Bleiche. Hier kommen vor allen Dingen Kalium- oder Natriumbichromat und Kaliumpermanganat in Betracht.

Die Bichromat- oder Chromsäurebleiche wird in folgender Weise ausgeführt: Das Knochenfett wird in einem ausgebleiten Bottich auf 25—30° C. angewärmt. Wurde dies mit direktem Dampf bewirkt, so läßt man das Kondenswasser so weit wie möglich ab. Nun bringt man die Bichromatlösung unter fleißigem, energischem Rühren ein, so daß eine innige Durchmischung oder Emulsion entsteht. Auf 100 kg Naturknochenfett kommen 2,5—3 kg Bichromat, die in 6—8 l heißem Wasser gelöst werden. Hat man eine gute Durchmischung erzielt, so setzt man Salz- oder Schwefelsäure zu, und zwar recht langsam, unter ständigem guten Durchkrücken, so daß die Emulsion nicht gestört wird. Um möglichst rasch eine gute Durchmischung zu erhalten, bedient man sich sowohl bei der Bichromatlösung wie bei der verdünnten Säure einer feinen Brause. Auf je 1 kg Kaliumbichromat nimmt man $3^{1}/_{4}$ kg Salzsäure von 20° Bé., die man mit dem $1^{1}/_{2}$ fachen Gewicht Wasser verdünnt, oder $1^{1}/_{2}$ kg Schwefelsäure von 66° Bé., auf 20° Bé. verdünnt, also in beiden Fällen etwas mehr als die theoretisch berechnete Menge. Nach der Zugabe der Säure steigt die Temperatur infolge der eintretenden Reaktion um ca. 4—5° C., und die Masse färbt sich graugrün bis schmutzig blaugrün. Da Knochenfett nicht zu den leicht bleichbaren Fetten gehört, so muß nach dem Zugeben der Säure noch $1^{1}/_{2}$—2 Stunden gerührt werden, ehe die Bleichung beendigt ist. Darauf erhöht man die Temperatur durch direkten Dampf langsam auf 100° C., läßt dann absetzen und wäscht nach dem Abziehen der Chromlauge wiederholt mit kochendem Wasser aus, bis das Wasser völlig süß und farblos abgeht.

Man kann auch die Erdbleiche mit der chemischen Bleiche verbinden, indem man erst mit etwas Erde vorbleicht und dann die Bichromatbleiche nachfolgen läßt.

Das Benzinknochenfett[1]) bedarf nach Keutgen einer durch-

---

[1]) Béla Lach bleicht Benzinknochenfett, indem er es in seinem doppelten Volum Benzin löst und bei einer Temperatur von 40—50° C. mit 5—10% Tonsil AC behandelt. Das Benzin wird dann abgeblasen und das nunmehr fast schneeweiße Knochenfett abfiltriert. („Tonsil" in der Raffination und Bleichung von Dr. phil. Béla Lach, Ingenieur-Chemiker, Wien 1913.)

greifenden Behandlung vor dem Bleichen, da es nicht nur dunkler ist, sondern auch gewöhnlich unangenehm riecht. Zunächst werden die mechanischen Verunreinigungen entfernt, wie schon beschrieben. Hierauf wird das Fett auf 100° C. erhitzt, und nun wird überhitzter Dampf $1/2$—$1^1/_2$ Stunde, je nach Qualität und Geruch des Knochenfettes, durchgeblasen. Hat man keinen überhitzten Dampf zur Verfügung, so muß man sich mit gewöhnlichem Dampf begnügen, erhitzt dann aber das Fett auf 120° C. Durch die Einwirkung des überhitzten Dampfes wird eine bedeutende Geruchsverbesserung erzielt. Gegen Schluß der Dampfbehandlung läßt man eine 35 proz. Lösung von schwefelsaurer Tonerde in das Fett einlaufen oder braust sie darauf. Man nimmt auf 100 kg Knochenfett $1^1/_2$ kg Aluminiumsulfat. Dadurch werden Eiweiße, Schleim- und Leimteile niedergeschlagen. Diese Behandlung dauert $1/_2$—$3/_4$ Stunden. Darauf erfolgt Absetzenlassen und Abziehen des klaren Fettes. Auch hier ist ein Abfiltrieren vorteilhaft, wobei wieder etwas Silikaterde zugesetzt wird.

Eine Behandlung mit Bleicherde hat beim Benzinknochenfett nur dann Erfolg, wenn die eben geschilderte Vorbehandlung vorgenommen wurde. Die Ergebnisse sind in den meisten Fällen befriedigend, besonders bei Anwendung von Tonsil. Man kann auch mit Schwefelsäure vorreinigen. Dies geschieht besonders bei der Anwendung von Tonsil. In das vorgereinigte Knochenfett wird bei 105° C. 1% Marke X 15 eingerührt. Nach diesem Vorbleichen gibt man noch 4—10% Tonsil Marke AC hinzu und krückt bei 110° C. 1—2 Stunden kräftig durch. Bleicherden vermögen Benzinknochenfett nicht immer zu entfärben; der Geruch wird jedoch stets verbessert.

Hat die Bleiche mit Bleicherde nicht zum Ziele geführt, so greift man zur chemischen Bleiche und verwendet Kaliumbichromat, Permanganat oder Bariumsuperoxyd. Die Chromatbleiche wurde schon beschrieben; doch braucht man gewöhnlich 2—3% mehr als beim Bleichen von Naturknochenfett.

Die Permanganatbleiche gibt bessere Resultate. Die Arbeitsweise ist fast dieselbe wie mit Bichromat. Man nimmt auf 100 kg Benzinknochenfett 3—4 kg Permanganat, in dem 8—9fachen Quantum Wasser gelöst. Auf jedes Kilogramm Permanganat kommen dann 2,5 kg Salzsäure von 20° Bé., mit der gleichen Gewichtsmenge Wasser verdünnt, oder 1,25 kg Schwefelsäure von 66° Bé., auf 30° Bé. verdünnt. Einrühren, Temperatur, Dauer usw. sind dieselben wie bei der Chromatbleiche. Dem ersten Waschwasser setzt man etwas Salz- oder Schwefelsäure zu, um etwa ausgeschiedenes Manganoxydat aufzulösen.

Bariumsuperoxyd ist ebenfalls ein sehr gutes Bleichmittel. Es wird dem Knochenfett als Pulver eingemengt bei einer Temperatur, die gerade über dessen Schmelzpunkt liegt. Auf 100 kg Fett kommen

2—3 kg Bariumsuperoxyd. Man mischt so innig wie nur möglich, was allerdings ohne mechanisches Rührwerk nicht ganz leicht ist, und erhöht dann die Temperatur unter fortwährendem Durchrühren langsam auf 90—100° C. Bei dieser Temperatur rührt man noch 1½ bis 2 Stunden, in hartnäckigen Fällen, besonders dann, wenn ein Vorversuch die Anwendung größerer Mengen Bariumsuperoxyd als nötig erwies, sogar 6—8 Stunden. Nun folgt ein langsames Einrühren von Schwefelsäure. Auf 1 kg Bariumsuperoxyd nimmt man 600 g Schwefelsäure von 66° Bé., die man auf 12° Bé. verdünnt hat. Man rührt noch ½ Stunde und kocht dann wiederholt mit Wasser aus. Die Bariumsuperoxydbleiche arbeitet sehr zuverlässig, ist aber in Deutschland und vielen anderen Kulturstaaten patentiert[1]).

Wie man auch arbeitet, stets muß man aus dem gebleichten Fett die angewandten Bleichmittel sorgfältigst entfernen, da ihre Anwesenheit eine etwa nachfolgende Spaltung unliebsam beeinflussen kann.

Wollfett. Das Wollfett, wie es durch Extraktion der Schafwolle mit flüchtigen Lösungsmitteln gewonnen wird, unterscheidet sich in chemischer Beziehung wesentlich von den gewöhnlichen Fetten, da die in ihm enthaltenen Fettsäuren nicht an Glyzerin, sondern an Cholesterin, Isocholesterin und einwertige hochmolekulare Alkohole gebunden sind, die sich in ihren Eigenschaften, besonders in ihren Löslichkeitsverhältnissen, wesentlich vom Glyzerin unterscheiden. Da die Entfettung der Wolle für die Textilindustrie meist durch Waschung mit Seifenlösung erfolgt, so enthält das aus den Seifenwassern durch Behandlung mit Mineralsäure abgeschiedene Rohwollfett außer dem Fett der Wolle auch die Fettsäuren der angewandten Seife, ferner noch unzersetzte Seife, Schmutz- und Farbstoffe und häufig 40—50% Wasser.

Das rohe Wollfett ist wegen seines üblen Geruchs, der auf Capronsäure und Isovaleriansäure zurückzuführen ist, sowie seines beträchtlichen Gehalts an freien Fettsäuren und Seifen nur für wenige Verwendungszwecke unmittelbar geeignet. Da sich die im Wollfett enthaltenen Fettsäurecholesterinester nicht im offenen Siedekessel, sondern nur bei Temperaturen über 100° C. und erhöhtem Druck ganz verseifen lassen, so ist das Wollfett auch für die Seifenfabrikation wenig geeignet; es wird aber doch öfter als Zusatzfett bei Harzseifen und Ökonomieseifen benutzt. Das eigentliche Wollfett ist dann aber nicht verseift, sondern verteilt sich in der entstandenen Seife.

Um größere Verwendungsmöglichkeiten für das Wollfett zu schaffen, hat man sich vielfach bemüht, es zu „veredeln". Die dahin zielenden Bestrebungen gehen hauptsächlich nach zwei Richtungen. Einerseits hat man dem Wollfett die freien Fettsäuren und die Seife entzogen, um so ein für Schmieren und für kosmetische Zwecke verwendbares

---
[1]) R. Volland, D. R. P. Nr. 222 669.

Produkt zu erhalten; andererseits hat man durch Spaltung und Destillation das Wollfett derart verändert, daß die so gewonnenen Erzeugnisse für die Seifenfabrikation sich eignen. Für die Herstellung säure- und seifenfreier Wollfette ist eine ganze Reihe von Verfahren in Vorschlag gebracht worden, die teils von dem Rohwollfett als solchem ausgehen, teils unmittelbar von den Wollwaschwässern, wie sie durch Behandeln der Wolle mit Seifenwasser oder Alkalikarbonatlösungen erhalten werden. So werden beispielsweise die Wollwaschwässer, nachdem man die gelösten Seifen durch Salze der alkalischen Erden gefällt hat, durch Zentrifugieren in eine rahmähnliche und eine wässerige Schicht getrennt. Erstere wird durch Erwärmen in wasserfreies Fett und Wasser geschieden, die Fettschicht wiederholt gewaschen und das erhaltene Rohlanolin mit siedendem Aceton extrahiert. Durch Abdestillieren erhält man das säurefreie Wollfett, das durch Zusammenkneten mit Wasser das Lanolin bildet[1]).

Bei der zweiten Verarbeitungsweise sucht man ein möglichst weit gespaltenes, hauptsächlich aus freien Fettsäuren bestehendes Produkt zu erzielen. Dies wird nach J. Marcusson[2]) durch eine Destillation erreicht, der eine Verseifung mit trockenem Ätznatron bei höherer Temperatur und Zersetzung der zunächst gebildeten Seife vorausgeht. Die Destillation erfolgt mit überhitztem Wasserdampf bei 300 bis 350° C. Aus dem destillierten Wollfett werden durch Abpressen der festen Bestandteile die Wollfettoleïne gewonnen. Sie bestehen zu 40—60% aus flüchtiger Fettsäure, im übrigen aus unverseifbaren Stoffen, die äußerlich das Verhalten leichter Mineralmaschinenöle zeigen und deshalb häufig zu irrtümlichen Analysen Anlaß gegeben haben.

Das rohe Wollfett enthält 43—52% unverseifbare Bestandteile. Diese zeigen bei Zimmerwärme dicksalbige Beschaffenheit und bestehen aus höheren Alkoholen (Cholesterin, Isocholesterin, Cerylalkohol usw.).

Bei der Destillation mit überhitztem Wasserdampf tritt tiefgreifende Zersetzung ein. Die im Wollfett sich findenden unverseifbaren Stoffe sind nicht mehr dicksalbig, sondern ölig und bestehen im wesentlichen aus Kohlenwasserstoffen.

Im rohen Wollfett kommen ferner hochmolekulare, teilweise noch wenig bekannte Wachssäuren und Oxysäuren vor, z. B. Cerotinsäure, Carnaubasäure, Lanocerinsäure und Lanopalminsäure. Sie bilden zum Teil in Benzin lösliche Kalisalze. Infolgedessen ist es nicht möglich, die Wollfettsäuren von den unverseifbaren Bestandteilen auf dem sonst üblichen, auf einer Ausschüttelung mit Petroläther beruhenden Verfahren von Spitz und Hönig zu trennen; man ist vielmehr gezwungen, den Umweg über die Kalksalze einzuschlagen und mit Aceton zu extra-

---

[1]) D. R. P. Nr. 22 516 u. 38 444.
[2]) Seifenfabrikant 1915, S. 693 und S. 714.

hieren. Bei der Wasserdampfdestillation erleiden außer den höheren Alkoholen zum Teil die Säuren des Wollfettes eine Spaltung. Infolgedessen sind die im Wollfettolein enthaltenen Säuren nach dem Verfahren von Spitz und Hönig leicht vom Unverseifbaren zu trennen.

Indem man die bei der Wasserdampfdestillation zwischen 300 und 310° C. übergehenden Anteile kristallisieren läßt und das Flüssige, das Olein, abläßt, erhält man eine weiße bis hellgelb gefärbte Masse, deren Erstarrungspunkt unter 45° C. liegt. Sie wird als salbenartiges Wollfettdestillat bezeichnet. Es besteht zu 16—33% aus unverseifbaren Stoffen, im übrigen aus freien Fettsäuren. Das Unverseifbare kommt in seinem Verhalten dem Unverseifbaren der Wollfettoleine nahe. Das salbenartige Destillat wird hauptsächlich als Zusatzfett bei der Seifenfabrikation verwandt, außerdem auch bei der Fabrikation konsistenter Fette. Es ist um so wertvoller, je geringer der Gehalt an Unverseifbarem ist.

Indem man die über 310° C. bei der Wasserdampfdestillation übergehenden Anteile gesondert auffängt, sie in Wannen langsam zum Erstarren abkühlt und dann in hydraulischen Pressen bei ungefähr 200 Atmosphären abpreßt, erhält man das feste Wollfettdestillat, das Wollfettstearin. Das in den Preßtüchern zurückbleibende Preßgut wird umgeschmolzen und in Formen gegossen. Es stellt eine dunkelgelbe, über 45° C. schmelzende Masse von wollfettartigem Geruch dar. Es besteht aus wechselnden Mengen öliger, mit paraffinartigen Ausscheidungen durchsetzter, unverseifbarer Anteile und Fettsäuren, unter denen die festen weitaus überwiegen.

Das Wollfettstearin findet Verwendung in der Leder- und Treibriemenfabrikation, zum Imprägnieren von wasserdichten Stoffen und Packpapieren, zur Herstellung von Schlichtmassen für Webereizwecke, in der Sprengstoffabrikation, zum Einfetten der Hülsen usw. Zur Kerzenfabrikation ist es nicht zu gebrauchen, nicht einmal als Zusatzfett, da die damit hergestellten Kerzen infolge des beträchtlichen Gehaltes an öligen, ungesättigten Kohlenwasserstoffen beim Brennen stark blaken, riechen und auseinanderlaufen würden.

Da beim Destillieren des Wollfettes die Alkohole fast vollständig in Kohlenwasserstoffe übergeführt werden, die das Material für die Seifenfabrikation und auch andere Zwecke minderwertig machen, hat es nicht an Versuchen gefehlt, die Destillation so zu leiten, daß diese Spaltungen tunlichst vermieden werden. Nach einem Severin Morgenstern erteilten Patent[1]) soll dies dadurch vermieden werden, daß zunächst das Wollfett bis auf etwa 15% durch Alkali gespalten und dann mit überhitztem Dampf unter Zuhilfenahme des Vakuums destilliert wird. Die Produkte kommen unter der Bezeichnung Aliphole (Alkohole) und Kernweiß (Fettsäure) in den Handel.

---

[1]) D. R. P. Nr. 278 741.

Das **Kernweiß** ist ein weißes, sehr festes Produkt, dessen Geruch an Wollfett erinnert. Seine Verseifungszahl wird zu 202 angegeben. Die aus reinem Kernweiß hergestellte Seife ist sehr hart und spröde; dagegen lassen sich damit in Verbindung mit weichen Fetten oder Harzen alle Arten von Hausseifen herstellen, die in Aussehen und Waschfähigkeit jeden Vergleich aushalten.

Tran und Tranfettsäuren. Der Tran war in früherer Zeit das Hauptmaterial für die Herstellung von Schmierseife. Er verschwand mehr und mehr aus den Seifenfabriken, als man anfing, bei Schmierseifen Wert auf helle Farbe und besseren Geruch zu legen, und es wurde zuletzt wohl nur noch eine Transeife für Textilzwecke hergestellt. Man nahm früher allgemein an, daß der eigentümliche Geruch der Trane auf Verunreinigungen beruht, die durch Fäulnis der aus dem Fisch- oder Walfleisch stammenden eiweißartigen Bestandteilen entstehen; nach neueren Untersuchungen wird jedoch als Hauptträger des Trangeruchs eine ungesättigte Fettsäure, die Clupanodonsäure ($C_{18}H_{22}O_2$) angesehen. Es hat nicht an Versuchen gefehlt, die Trane geruchlos oder wenigstens geruchschwach zu machen, und es ist eine große Anzahl Patente in dieser Hinsicht genommen[1]; aber die meisten dieser patentierten Verfahren sind nicht zuverlässig. Als das zuverlässigste gilt das Verfahren von Friedr. Bergius[2]. Der durch sorgfältige Vorreinigung von Eiweißstoffen und ähnlichen Verunreinigungen befreite Tran wird in einem geschlossenen Gefäß mehrere Stunden einer Temperatur zwischen 250 und 300° C. ausgesetzt; die 300° C. dürfen nicht überschritten werden. Zur Entfernung noch anhaftender Verunreinigungen, z. B. niedriger Fettsäuren, empfiehlt es sich in manchen Fällen, dem Desodorisierungsprozeß eine Nachreinigung durch Waschen oder Dämpfe folgen zu lassen. — Die Vorreinigung erfolgt zweckmäßig in der Weise, daß man den Tran auf Wasser, dem man Kochsalz, Alaun oder schwefelsaure Tonerde zugesetzt hat, mit Wasserdampf behandelt. Die eiweißartigen Verunreinigungen koagulieren und setzen sich in der Ruhe ab. Eine Behandlung mit Schwefelsäure verträgt Tran nicht; er wird dadurch gebräunt.

Geruchlos gemachte Trane sind das **La Blanca - Seifenöl** und das **Butteröl**. Ersteres ist ein geruchloses Fett, das als Zusatzfett dienen kann, wenn die Wirkungen weicher Öle erwünscht sind.

Tranfettsäuren geruchlos zu machen, existieren ebenfalls verschiedene Verfahren. Von gutem Erfolg soll das Verfahren von E. Böhm[3] sein, wonach die Tranfettsäure bei 150° C. in einem offenen Gefäß getrocknet

---

[1] Eine Zusammenstellung der Patente findet sich in Ubbelohde und Goldschmidt, Chemie und Technologie der Öle und Fette, Bd. 3, S. 532, Leipzig 1911.
[2] D. R. P. Nr. 394 778.
[3] D. R. P. Nr. 230 123.

und dann im Vakuum 2—3 Stunden auf etwa 250° C. erhitzt wird. Statt Vakuum kann auch die Durchleitung eines indifferenten Gases benutzt werden. — C. Stiepel[1]) will die Geruchsverbesserung von Tranfettsäuren dadurch erreichen, daß er auf die bei der Destillation sich bildenden Fettsäuren gasförmige schweflige Säuren einwirken läßt. Die raffinierten Fettsäuren sollen die Geruchlosigkeit dauernd behalten und auch die Seifen den Trangeruch, der bei der Behandlung der Trane mit doppeltchromsaurem Kali und Schwefelsäure oder Salzsäure wieder hervortritt, nicht mehr zeigen. — Nach C. Sandberg[2]) werden die durch Spaltung der Trane erhaltenen Fettsäuren mit konz. Schwefelsäure (1,84 spez. Gewicht) bei 25—40° C. behandelt, dann mit siedendem Wasser ausgewaschen und schließlich destilliert. Bei diesem Verfahren, das auch unter den Bedingungen der gewöhnlichen Azidifikation und bei Anwendung von 10% Schwefelsäure ein gutes Resultat gibt, werden die ungesättigten Fettsäuren teilweise in gesättigte Oxyfettsäuren übergeführt und die etwaigen Geruchstoffe aus stickstoffhaltigen Substanzen in eine wasserlösliche Form (Sulfate) gebracht und beim Auswaschen entfernt. Besonderer Erfolg soll nach Hofmann[3]) mit diesem Verfahren erzielt werden, wenn gleichzeitig mit den Tranfettsäuren eine geringe Menge Harz der Sulfurierung unterworfen wird. — Eine sehr wirksame Desodorisierung läßt sich nach W. Schrauth[4]) dadurch erreichen, daß man die Tranfettsäuren einer Alkalischmelze unterwirft und das so erhaltene Produkt entweder direkt auf Seife oder nach dem Ansäuern mit Mineralsäure durch Destillation auf freie Fettsäure verarbeitet. Die Desodorisierung erfolgt hier nach dem Prinzip der sog. Varrentrappschen Reaktion, indem stark riechende, ungesättigte Fettsäuren unter Abspaltung von Essigsäure bei gleichzeitiger Wasserstoffentwicklung in gesättigte Fettsäuren mit geringerer Kohlenstoffanzahl übergeführt werden, die nunmehr, ihrer chemischen Zusammensetzung entsprechend, den vollen Charakter einer Leimfettsäure zeigen. Auch die bei der Raffination mit konz. Schwefelsäure erhaltenen Oxyfettsäuren besitzen einen ähnlichen Charakter, so daß es möglich erscheint, die Trane, und zwar gerade die geringwertigen Qualitäten, als Rohmaterial zur Herstellung von Ersatzprodukten für die tropischen Leimfette heranzuziehen.

Vollkommen geruchlos werden die Trane und Tranfettsäuren bei der Hydrogenisation, und es ist damit erwiesen, daß der Trangeruch durch die ungesättigten Bestandteile bedingt ist. Für diesen Prozeß sind nur die guten, sorgfältig vorgereinigten Qualitäten brauchbar.

[1]) D. R. P. Nr. 283 216.
[2]) D. R. P. Nr. 162 638.
[3]) D. R. P. Nr. 281 375.
[4]) Deite - Schrauth, Handbuch der Seifenfabrikation, 4. Aufl., Bd. 1, S. 100, Berlin 1917.

Eine Tranfettsäure war die vor dem Kriege in den Handel gebrachte Vateriafettsäure. Störend war an ihr der starke Destillationsgeruch. Zu Harzseife versotten, gab sie eine gutfarbige, aber etwas weichliche Seife. Sie ließ sich als Zusatzfett an Stelle von geringem Talg oder Knochenfett verwenden.

Zu warnen sind die Seifensieder vor japanischen Haifischölen, die nach einem Bericht in der Pariser Fachzeitschrift „Les Matières grasses" in letzter Zeit auf den Markt geworfen sind[1]), sich aber für die Seifenfabrikation recht wenig eignen, da das Öl der Haifische nur einen geringen Prozentsatz an verseifbaren Fettsäuren und Glyzerin, aber einen sehr hohen Prozentsatz an unverseifbaren Kohlenwasserstoffen enthält. So wurden in einem „Karoko Zamé-Öl" 56,13%, in „Ai Zamé-Öl" und „Heratsuno-Zamé-Öl" 70—80% und in anderen Ölen sogar 90% Unverseifbares gefunden.

Gehärtete Fette. Die Fetthärtung, d. h. die Überführung flüssiger Öle in feste, talgartige Fette, ist von großer technischer Bedeutung, da die Natur erheblich mehr flüssige Öle als feste Fette hervorbringt. Da die flüssigen Fettsäuren nur durch einen geringen Wasserstoffgehalt von den festen unterschieden sind, so muß es möglich sein, durch Anlagerung von Wasserstoffatomen die flüssigen in die festen überzuführen. So leicht diese Umwandlung erscheint, so viel Schwierigkeiten hat sie ihrer praktischen Durchführung entgegengesetzt. Erst die neueren Arbeiten über die Kontaktsubstanzen haben Verfahren geliefert, die Wasserstoffübertragung mit Hilfe von Katalysatoren zu erreichen. Die katalytische Reduktion der Öle zuerst zu einem technisch brauchbaren Verfahren ausgebildet zu haben, ist das Verdienst von W. Normann. Seine Versuche führten zu dem D. R. P. Nr. 141 029 der Herforder Maschinenfett- und Ölfabrik Leprince & Siveke. Nach Überwindung erheblicher Schwierigkeiten wurde 1906 die erste Anlage zur Ölhärtung in Deutschland in Betrieb gesetzt.

Der Patentanspruch des D. R. P. Nr. 141 029 lautet: „Verfahren zur Umwandlung ungesättigter Fettsäuren und deren Glyzeride in gesättigte Verbindungen, gekennzeichnet durch die Behandlung der genannten Körper mit Wasserstoff bei Gegenwart eines als Kontaktsubstanz wirkenden, feinverteilten Metalls."

Die Hydrogenisation selbst findet gewöhnlich in mit Dampf geheizten Autoklaven statt, in denen das zu härtende Öl mit 1—5% des Katalysators innig gemischt und dann durch intensive Rührung, Umpumpen und dergleichen mit dem zugeführten Wasserstoff in innigste Berührung gebracht wird. Als Rohmaterial für die Herstellung der gehärteten Fette dienen in erster Linie Fischöle und Trane, namentlich die guten Qualitäten der Walfischtrane, aber auch Leinöl, Rizinusöl, wie über-

---

[1]) Seifenfabrikant 1919, S. 227.

haupt alle fetten Öle, die ihrer Preislage nach noch eine Hydrogenisation als wirtschaftlich erscheinen lassen. Die Öle und Trane bedürfen vor ihrer Verarbeitung einer sorgfältigen Vorreinigung.

Nach dem Patent Nr. 141 029 sind noch eine große Anzahl Patente geschützt, die teils Abänderungen des Ursprungsverfahrens, teils Apparatekonstruktionen, teils die Herstellung besonderer Katalysatoren usw. zum Gegenstand haben.

Das Patent Leprince & Siveke ging 1910 in den Besitz der englischen Seifenfabrik Crosfield and Sons über. Die Germaniawerke in Emmerich und die Schichtwerke in Aussig arbeiten nach dem Normannschen Verfahren mit bestem Erfolg. Erstere stellte vor Ausbruch des Krieges wöchentlich über 1000 t gehärtete Fette her und brachte z. B. folgende Qualitäten aus Tran in den Handel: Talgol mit 25—37° C., Talgol extra mit 42—45° C., Candelite mit 48—50° C. und Candelite extra mit 50—52° C. Schmelzpunkt und als Krutolin einen Waltran von schmalzartiger Konsistenz, ferner als Linolith und Linolith extra ein gehärtetes Leinöl mit einem Schmelzpunkt nicht unter 45 bzw. 55° C. Ähnliche Fabrikate brachten die Schichtwerke, die Bremen-Besigheimer Ölfabriken und die Hydrogenwerke in den Handel. Die zuletzt genannte Firma arbeitet nach dem Erdmann-Bedford-Williams-Verfahren.

Im allgemeinen können die gehärteten Fette bei der Fabrikation von Kernseifen, Eschweger Seifen und weißen Schmier- oder Silberseifen ohne weiteres an Stelle von Talg bzw. Schmalz (Krutolin) verwendet werden. Sie verseifen sich nur mit schwachen Laugen (höchstens 8—10° Bé.), emulgieren und verleimen sich mit diesen aber leicht. Die Natronseifen sind gewöhnlich grauweiß, sehr hart, spröde und stumpf, wenn sie auf Unterlauge gesotten, weiß bis kremgelb, aber ebenfalls sehr hart und spröde, wenn sie auf Leimniederschlag hergestellt werden. Die Ausbeute beträgt in der Regel 158—160%. In Wasser sind die Natronseifen sehr schwer löslich, im allgemeinen sogar schwerer löslich als Talgseife, und zwar in um so stärkerem Maße, je vollkommener die Hydrogenisation vorgeschritten ist. Das Schaumvermögen der Seifen ist daher ein geringes. Die Natronseifen sind leicht aussalzbar. Die für das Aussalzen erforderliche Salzmenge ist wieder um so geringer, je vollständiger die Fette hydriert werden. Im allgemeinen verhalten sich die aus Waltran hergestellten Produkte mit einer Jodzahl zwischen 65 und 70 wie tierischer Talg, während Fette mit geringerer Jodzahl noch weniger Salz benötigen. Der Geruch der Seifen, der anfänglich viel bemängelt wurde, war später gut geworden, nachdem mit fortschreitender Entwicklung des Härtungsverfahrens Mittel und Wege gefunden wurden, die früher während des Härtungsprozesses spurenweise auftretenden Zersetzungen zu vermeiden, auf die im wesentlichen der anfangs beobachtete „muffige" oder eigentümlich brenzliche Geruch der gehärteten Fette zurückzuführen war. Aus gehärteten Fetten allein lassen sich aber keine brauchbaren Seifen herstellen; man nimmt höchstens bis zu 40% des Ansatzes. Ob es jemals gelingen wird, aus hydrierten Fetten allein Seifen herzustellen, die allen berechtigten Ansprüchen genügen, ist fraglich, trotzdem in neuester Zeit verschiedene Verfahren bekannt gegeben sind, nach denen es möglich ist, die Schaumfähigkeit der Seifen aus gehärteten Fetten zu erhöhen. Zu erwähnen ist hier ein Patent von Leimdörfer[1]), wonach bei Herstellung von Kern-, Halbkern- und Leimseifen neben den gewöhnlichen Fetten und Fettsäuren oxydierte, polymerisierte, Halogen- oder Säureradikale enthaltende Fette, Fettsäuren oder deren Derivate bzw. deren Gemenge unter Verwendung der der Bildung normaler fettsaurer Salze und dem technisch gegebenenfalls erforderlichen Alkaliüberschuß nötige Alkalimenge vollständig verseift werden. Durch einen entsprechenden Zusatz solcher Fette, Fettsäuren oder Derivate soll es nicht nur möglich sein, aus weichen Fetten und Ölen harte Seifen herzustellen, der Zusatz soll auch bewirken, daß Seifen aus Hartfetten, die sonst wenig schäumen, ein fast ebenso gutes Schaumvermögen zeigen wie Seifen aus Palmkern- oder Kokosöl. Hinzuweisen ist ferner auf eine Angabe von W. Schrauth[2]), daß man die Schaumkraft der Seifen bedeutend erhöht, wenn man ihnen 5—15% Rizinusölsäure oder Rizinussulfosäure zusetzt. Der Zusatz geschieht am besten im Kessel nach Ablassen der Unterlauge, kann aber auch der Seife beim Formen und bei Feinseifen sogar erst auf der Piliermaschine beigemischt werden.

Abfallende Kokos- und Palmkernöle. Kokosöl und Palmkernöl sind von der deutschen Seifenindustrie hochgeschätzte Rohstoffe, und sie standen in früherer Zeit in größeren Mengen zu annehmbaren Preisen zur Verfügung; aber bereits in dem letzten Jahrzehnt vor dem Kriege wanderte der größte Teil dieser Fette in die Kunstbutterfabriken, und den Seifensiedern blieben fast nur die Abfallkokosöle und die Abfallkernöle. Dabei kamen häufig Öle vor, denen andere Fette und Fettsäuren beigemischt waren. Oft enthielten sie beträchtliche Mengen von Erdnuß-, Sesam- und Kottonölabfällen, wodurch nicht nur die Ausbeute erheblich vermindert, sondern auch Fehlsude herbeigeführt werden können. Auch angeseifte Öle kamen vor. So fand G. Knigge[3]) in einer Probe 52,90% freie Fettsäure, 12,22% Neutralfett, 0,18% Unverseifbares, 20,12% Seife und 14,58% Wasser, in anderen 65,21% freie Fettsäure, 15,82% Neutralfett, 0,18% Unverseifbares, 14,35%

---

[1]) D. R. P. Nr. 250 164.
[2]) Seifensieder-Zeitung 1914, S. 991 u. 1915, S. 24.
[3]) Seifenfabrikant 1914, S. 1250.

Seife und 4,44% Wasser, während der Wassergehalt nicht angeseifter Proben nur 0,16—1,66% betrug.

G. Bouchard[1]) hat eine größere Anzahl abfallender Kokos- und Palmkernöle untersucht. Bei Kokosöl schwankten die Säurezahlen von 106,9—182,5, die Verseifungszahlen von 254,3—262,3, der Glyzeringehalt von 4,35—8,14%, die Jodzahlen von 10,3—12,7, das Unverseifbare von 0,37—0,74%. Beim Kernöl lagen die Säurezahlen zwischen 119,6 und 188,5, die Verseifungszahlen zwischen 246,5 und 252,3, der Glyzeringehalt zwischen 3,42 und 7,24%, die Jodzahlen zwischen 15,7 und 18,8. Der Gehalt an Unverseifbarem betrug rund 0,5%. Die sehr bedeutenden Schwankungen der angeführten Zahlen zeigen, daß nur auf analytischem Wege eine richtige Beurteilung dieser Abfallprodukte möglich ist.

Das Abfallkokosöl kam meist in heller bis dunkelgelber Farbe in den Handel. Das dunkelgelbe fand besonders zu gelben Harzkernseifen auf Leimniederschlag Verwendung. Ein Ansatz war: 500 kg Abfallkokosöl, 150 kg rohes Palmöl, 100 kg Knochenfett, 250 kg helles Kammfett (Abdeckereifett), 200 kg Harz. Hellfarbige Abfallkokosöle, evtl. chemisch gebleicht, wurden zu Kernseife, Oberschalseife und Eschweger Seife mit verarbeitet. Um ein helles Abfallkokosöl zu erhalten, dürfte es am zweckmäßigsten sein, die in ihm enthaltenen freien Fettsäuren durch 32 grädige Sodalösung oder Natronlauge zu verseifen, und zwar in der Weise, daß man in großen Holzfässern dem geschmolzenen, etwas warmen Öl die kalte Sodalösung oder Lauge, unter Mitverwendung von etwas Salz, zusetzt. Sobald kein Aufbrausen mehr erfolgt, kann man annehmen, daß alle freien Fettsäuren verseift sind, und läßt das Öl dann zum Absetzen stehen. Das abgesetzte helle Öl wird vom dunklen Satz vorsichtig abgehoben. Letzterer findet zu dunklen Seifen Verwendung.

Sulfuröl. Die nach zwei- oder dreimaligem Pressen des Olivenbreies verbleibenden Rückstände, die Sanza, enthalten noch 10—20% Öl, das durch wiederholtes Zerkleinern und weiteres Pressen der Masse höchstens teilweise gewonnen werden kann. Man unterwirft sie deshalb der Extraktion, meist mit Schwefelkohlenstoff, welcher das Öl restlos auszieht. Er löst aus der Sanza nicht nur das Fett, sondern auch reichliche Mengen Chlorophyll, das den erhaltenen Ölen eine intensiv grüne Färbung erteilt. Waren die Sanza nicht mehr frisch oder nicht gut aufbewahrt, so sind die extrahierten Öle nicht grün, sondern grünbraun bis grünlichgrau und enthalten große Mengen freier Fettsäuren[2]). Das aus der Sanza durch Extraktion gewonnene Öl führt im Handel gewöhnlich den Namen Sulfuröl. Es ist je nach seinem Gehalt an

---

[1]) Les Matières grasses 1914, Nr. 70; Seifenfabrikant 1914, S. 558.
[2]) Hefter, Technologie der Fette und Öle, Bd. 2, Berlin 1908, S. 399.

freien Fettsäuren, der 50—60% und darüber betragen kann, mehr oder weniger dickflüssig. Während Hefter[1]) erklärt, daß das Bleichen der intensiv grünen oder grünbraunen Sulfuröle ziemlich schwierig ist, sagt C. H. Keutgen[2]), daß es sich leichter bleichen läßt als Knochenfett. Auch hier ist ein gutes Absetzenlassen oder Filtrieren nötig, ehe man zum eigentlichen Bleichen schreitet. Der Zusatz eines geringen Quantums Silikaterde ist auch beim Sulfuröl der mechanischen Vorreinigung förderlich. Eine zufriedenstellende Bleichung läßt sich dann meist durch bloße Behandlung mit Silikaterde erreichen. Die Temperatur wird auf 100—105° C. gehalten. Man braucht gewöhnlich 3 bis 4% Bleicherde. Bei Sulfuröl minderer Qualität ist vor der Bleichung eine Vorreinigung mit Schwefelsäure oder mit Aluminiumsulfat vorzunehmen. Nimmt man Schwefelsäure, so darf sie nicht über 50 Bé. stark sein.

Von chemischen Bleichmitteln kommen Kaliumbichromat, Kaliumpermanganat und hydroschweflige Säure in Anwendung. Gewöhnlich genügen 1—2% Kaliumbichromat oder 1—1$^{1}/_{2}$% Permanganat. Man verrührt das Öl mit dem Bleichmittel und dem Säurezusatz 2 bis 3 Stunden bei 20—22° C., erhöht die Temperatur dann langsam auf 80° C., bringt die Bleichlauge darauf zum Kochen und wäscht, nachdem man sie abgezogen hat, mit kochendem Wasser aus.

Enthält das Sulfuröl Harzöl oder Harz, so ist die Oxydationsbleiche ungenügend, da durch die Einwirkung der Oxydationsmittel auf das Harz oder Harzöl Verbindungen entstehen, welche die Bildung von hartnäckigen Emulsionen beim Auswaschen und nachherigen Spalten begünstigen, Emulsionen, die nur durch besondere Scheider zu trennen sind.

Mit hydroschwefliger Säure läßt sich nach Keutgen das Sulfuröl in folgender Weise bleichen: Das Öl wird erst mit 10—12 proz. Schwefelsäure und nach dem Abziehen des Säurewassers bei 100° C. mit 1% Aluminiumsulfat in 40 proz. Lösung behandelt. Ein Auswaschen ist nicht erforderlich. Das Sulfuröl wird möglichst klar abgezogen und dann entweder mit Floridin, Tonsil oder dergleichen vorraffiniert oder direkt mit hydroschwefliger Säure gebleicht. Man bringt zuerst kaltes Wasser in den Bleichbottich, auf 100 kg Öl 50 kg Wasser, und darauf das Öl. Dann gießt man bei 20—25° C. durch ein bis auf den Boden des Bottichs reichendes Trichterrohr 1 kg Bisulfitlauge von 88—40° Bé. ein, vermischt mit 8 kg Wasser, in das man 125 g Zinkstaub (nicht Zinkgrau) eingerührt hat. Das Sulfuröl, das wiederholt mit der Bleichlauge verrührt werden muß, nimmt allmählich eine hellere Farbe an, bis es lichtgelb wird. Einen Überblick über den Fortgang der Färbung ge-

---

[1]) a. a. O. S. 410.
[2]) Seifenfabrikant 1915, S. 911.

winnt man dadurch, daß man von Zeit zu Zeit eine Probe nimmt und sie auf dem Wasserbade langsam anwärmt. Durch das Anwärmen erfolgt eine Nachbleichung, und das Sulfuröl scheidet sich klar vom Wasser bzw. von der Bleichlauge ab.

Der Bleichprozeß dauert 10—20 Stunden, wobei ein sehr häufiges Durchkrücken unerläßlich ist. Nach beendigter Bleichung läßt man direkten Dampf einströmen und bringt die Bleichlauge allmählich zum Sieden. Nach $^1/_2$stündigem guten Durchkochen und darauf folgendem Absetzen wird die Bleichlauge abgezogen, und es folgt ein wiederholtes Auswaschen.

Maisöl. Da Mais in Ungarn viel angebaut wird, liegt die Möglichkeit vor, daß uns von dort in absehbarer Zeit Maisöl zugeht. Das Öl wird aus den Keimen des Mais gewonnen, die ein Nebenprodukt der Fabriken, die Mais auf Stärke, Stärkezucker und Spiritus verarbeiten, bilden. Das frischgepreßte Öl ist zähflüssig und hellgelb und verseift sich ziemlich leicht mit schwachen Laugen. Es eignet sich vorzüglich zu Schmierseifen.

Wird das Öl nach dem Pressen nicht sofort zur Entfernung der hineingeratenen Eiweißstoffe filtriert, oder gelangen die Maiskeime erst nach eingetretener Malzgärung zur Pressung, so entsteht ein Gärungsprozeß, bei dem es sich rasch färbt und spaltet. In diesem Zustande ist das Öl nicht zu hellen Seifen verwendbar, sondern muß zuvor gebleicht werden. Nach C. H. Keutgen[1]) verfährt man dabei am besten wie folgt: Das Öl wird zunächst filtriert und dann auf 110—112° C. erhitzt, worauf man $^1/_2$ Stunde überhitzten Dampf von 140—150° C. durchbläst. Nach Abkühlung auf 105° C. rührt man eine heiße Lösung (50 proz.) von 1—2% Aluminiumsulfat ein. Diese Lösung läßt man von unten einfließen. Nach $^1/_2$stündigem energischen Durchrühren, das man durch Durchleiten von gewöhnlichem gesättigten Dampf unterstützt, läßt man ruhig absetzen, zieht dann die Sulfatlösung ab und wäscht aus. Hierauf werden die koagulierten organischen Verunreinigungen abfiltriert. Unterbleibt dies, so ist ein erfolgreiches Bleichen des Maisöls ausgeschlossen. Man kann nun entweder mit Bleicherde oder mit Chemikalien bleichen. Im ersten Fall verfährt man zweckmäßig in der Weise, daß man das Öl durch die Bleicherde, die sich in $1^1/_2$—2 m breitem, 4—6 m hohem, mit Dampfmantel versehenem Zylinder befindet, filtriert. Von Chemikalien empfiehlt sich die Bleiche mit hydroschwefliger Säure; doch versagt sie manchmal bei Schlempemaisöl.

Satzöle. In den Ölbassins der Ölfabriken setzen sich mit der Zeit größere Mengen „Satzöle" ab. Sie bilden meist eine dunkle, schmierige oder auch schmalzartig feste Masse. Solches Öl eignet sich sowohl

---
[1]) Seifenfabrikant 1915, S. 912.

für Schmierseifen, die allerdings den Glyzerinschmierseifen im Ansehen nicht gleichen, wie auch für Riegelseifen, die für Walkereien sehr wertvoll sind. Auch zu Harzkern- und Harzleimseifen läßt sich von diesen Satzölen verwenden, und der Harzgeruch deckt dann gleich den strengen Geruch, der ihnen meist anhaftet. Die Verarbeitung solcher Öle wird in verschiedener Weise ausgeführt. Manche versieden das ganze Satzöl zu Kern und setzen von dieser Seife jedem Sud eine Kleinigkeit zu. Andere geben kleine Mengen von Satzöl direkt zum Sud, was z. B. bei Eschweger- und Leimseifen oft ganz gut geht. Es hängt dies indessen mehr oder weniger davon ab, ob das Satzöl ziemlich rein und nicht zu alt ist.

Ein anderes Verfahren, das jedenfalls das beste Produkt liefert, besteht darin, daß man das Satzöl auf starkem Salzwasser anhaltend kochen läßt, bis das klare Öl schaumfrei obenauf schwimmt. Man gibt 1000 kg Öl, 800 kg Wasser und 60 kg Salz zusammen in den Kessel und läßt 10—12 Stunden kochen. Das Kochen wird im offenen Kessel ausgeführt, und auch nachher bleibt der Kessel unbedeckt stehen. Nach 24 Stunden hat sich das klare Öl oben abgesetzt; es wird abgehoben. Dann folgt eine Schlammschicht, die mit Samenschalen vermischt ist. Füllt man mit diesem Schlamm Petroleumbarrels bis zur Hälfte und zur anderen Hälfte mit Wasser und läßt sie dann, leicht bedeckt, der Sonne ausgesetzt stehen, so scheidet sich das Öl nach und nach aus. Mit Dampf ist das eben beschriebene Verfahren noch besser auszuführen.

Abfallfette. Die bisher besprochenen Öle und Fette sind mit Ausnahme von Tran, Tranfettsäure und gehärteten Fetten sämtlich Abfallfette; gewöhnlich versteht man unter dieser Bezeichnung nur **Kadaverfett, Leimfett, Hautfett, Gerberfett, Lederfett, Walkfett** und **Abwässerfett** und die Rückstände vom Raffinieren der Öle, die häufig als „Soapstock" bezeichnet werden. Bei dem großen Mangel an guten Fetten spielen diese Abfallfette jetzt eine große Rolle in der deutschen Seifenfabrikation, obwohl sie sehr wechselnde Zusammensetzung zeigen, meist Oxyfettsäuren, Unverseifbares und Wasser enthalten und ihre Verseifung häufig mit großen Schwierigkeiten verknüpft ist. Will man sich vor unliebsamen Überraschungen bei der Fabrikation bewahren, so ist dringend geboten, sie vorher einer chemischen Untersuchung zu unterziehen, sie besonders auf ihren Gehalt an Unverseifbarem und an flüchtigen Stoffen zu untersuchen. Am wertvollsten unter den genannten Produkten sind die Kadaverfette, Hautfette und Leimfette, da sie eine besondere Vorbereitung für die Seifenfabrikation kaum benötigen; dagegen sollte man Gerberfett, Lederfett und Abwässerfett nicht direkt auf Seife verarbeiten, sondern sollte sie zuvor azidifizieren und mit überhitztem Wasserdampf destillieren und erst die so erhaltenen Fettsäuren zu Seife versieden.

Kadaverfett, Abdeckereifett, häufig auch als **Kammfett** bezeichnet, ist ein Mischfett, das gewöhnlich aus Schweinefett, Rinderfett und Pferdefett, in wechselnder Zusammensetzung, besteht. Es wird bei Verarbeitung von Tierkadavern und Schlachthausabfällen auf Futtermehl oder Düngemittel als Nebenprodukt gewonnen. Die Kadaver werden zu dem Zweck in geschlossenen Druckgefäßen mit gespanntem Dampf gekocht. Die entstandene Leimbrühe und das Fett werden abgezogen und das letztere durch Umschmelzen auf Wasser gereinigt. Da eine Sonderung des Kadavermaterials in dem Sinne, daß immer nur ganze Apparatfüllungen von ein und derselben Tierart verarbeitet werden, im allgemeinen nicht vorgenommen wird, man vielmehr gezwungen ist, im Interesse einer möglichst schleunigen Aufarbeitung des anfallenden Kadavermaterials die Apparate wahllos zu füllen, so wird das Fett naturgemäß als Mischfett gewonnen, d. h. in Form eines Gemisches aller Fette der zur Verarbeitung gelangenden Tierkadaver, und somit ist das Fett von ziemlich wechselnder Beschaffenheit. Da Pferdefett neben geringer Konsistenz eine ausgesprochen dunkle Farbe hat, während Schweine- und Rinderfett weiß aussehen, so ist das Gesamtprodukt, das Mischfett, selten ganz weiß, hat vielmehr stets einen mehr oder weniger ausgeprägten Stich ins Graue. Werden überwiegend Pferde verarbeitet, so nimmt die dunkle Farbe zu.

Für Bewertung des Kadaverfetts im Handel sind ausschließlich Farbe und Geruch maßgebend. Je heller das Fett ist und je weniger Geruch ihm anhaftet, um so wertvoller ist es. Gewöhnlich sind die Kadaverfette weiß bis hellbraun gefärbt, von schmalz- oder talgartiger Konsistenz und ergeben feste, geschmeidige Natronseifen; es kommen aber auch mehr oder weniger dunkelbraune Kadaverfette und von unangenehmem Geruch im Handel vor. Sie lassen sich im allgemeinen leicht durch Einrühren von Silikaterden bleichen, wobei auch der Geruch verbessert wird.

Gute Resultate gibt auch das folgende Verfahren: Man läßt das Fett zunächst mit Salzwasser von 18—20° Bé. wiederholt gut durchkochen und danach zum Absetzen längere Zeit ruhig stehen. 100 Teile so vorgereinigtes Fett werden auf 75° C. erwärmt und danach mit 1 T. Sodalauge von 30° Bé., der man $^1/_2$ T. Salz zusetzt, gut durchgerührt, worauf man das Ganze wiederum mehrere Stunden zum Absetzen der Ruhe überläßt. Dem klar abgesetzten, auf ca. 40° C. abgekühlten Fett setzt man eine Lösung von $^1/_2$ T. Kaliumbichromat und danach $1^1/_2$ T. Salzsäure von 22° Bé. zu, worauf sich bei stetem Durchkrücken das Fett bald grünlich mit weißem Schaume zeigt, womit die Bleiche beendet ist. Zeigt sich das Fett gut gebleicht, so übergießt man es mit einer Gießkanne mit ca. 20 T. 75° C. warmem Wasser und läßt alles, gut zugedeckt, absetzen.

Das Kadaverfett erscheint im eigentlichen Fetthandel verhältnismäßig wenig; meist wird es von den Seifensiedern als „Kammfett" direkt aus den Abdeckereien bezogen. Es enthält häufig nicht unbedeutende Mengen freier Fettsäure und wird leicht ranzig. Auch ist es nicht immer schmutz- und wasserfrei, weshalb meist eine Läuterung zu empfehlen ist. Es ist gewöhnlich sehr stearinhaltig und fast zu allen Seifen sehr geeignet. Zu Talgseifen lassen sich 15—20% des Fettes mit Vorteil verarbeiten. Sehr schöne abgesetzte Kernseifen erhält man aus 2 T. Palmkernöl und 1 T. Kammfett, ebenso eine abgesetzte helle Harzkernseife aus 15 T. Palmkernöl, 5 T. Kammfett und 3 T. Harz. Auch bei anderen Harzkernseifen, vorausgesetzt, daß der Harzgehalt kein zu hoher ist, sind einige Prozente des Fettes gut verwendbar. Durch Karbonatverseifung ließe sich aus 70 T. Talgfettsäure, 100 T. Knochenfettsäure und 30 T. Kammfettsäure eine Kernseife herstellen; doch müßte man, um eine helle Seife zu erhalten, den abgerichteten Leim mit Blankit oder Pallidol bleichen. — Eine gute Eschweger Seife auf direktem Wege erhält man aus 3 T. Palmkernöl und 2 T. hellem Kammfett mit 10—15% Wasserglas. Auch beim Sieden von Mottled-Seife können 10—15% Kammfett Anwendung finden. Bei einem solchen Fettansatz wird die Seife griffiger, und der Marmor steht besser. — Zu Leimseifen und Hausseifen auf kaltem Wege lassen sich nur kleine Mengen des Fettes mit verarbeiten. — Auch in der Schmierseifenfabrikation ist das Kammfett mit verwendbar. So kann man glatte transparente und Ia Kunstkornseife in den Sommermonaten mit Pottaschelauge sieden, wenn man mit dem Leinöl zugleich ca. 25% des Fettes mitverarbeitet. Man erzielt aus solchem Ansatz bei guter Ausbeute eine helle, kompakte Seife. Ebenso läßt sich aus Kotton- oder Erdnußöl und $^1/_3$—$^1/_2$ T. hellem Kammfett eine helle Silberseife und weiße Salmiakseife sieden. Für Terpentin-Salmiakschmierseife ist ein guter Ansatz: 100 T. Kottonöl, 20 T. weißer Waltran, 80 T. helles Kammfett. — Auch zu Naturkornseife verarbeitet sich das Kammfett sehr vorteilhaft, trägt besonders im Sommer zur besseren Konsistenz der Flußseife bei und verleiht ihr ein helleres Ansehen. Eine leichte Abrichtung der Seife ist bei Verwendung des Fettes geboten, damit nicht seine schwachen Stearinkristalle zur Kornbildung gebracht werden und dann viel dichtes, graupenförmiges Korn geben. Besonders zu Naturkorn-Textilseife ist das Kammfett sehr geeignet, und ein Ansatz aus gleichen Teilen Talg, Kammfett und Öl gibt ein Produkt von hohem Fettsäuregehalt. Naturkornseifen, zu denen Kammfett verwandt wird, kornen übrigens auch leicht und schnell.

Leimfett. Das Leimfett, besser als Leimsiedereifett bezeichnet, bildet ein Nebenprodukt bei der Verarbeitung von Leimleder, d. h. von ungegerbten Hautabfällen, den sog. Lederhäuten, die entweder im grünen, nicht gewalkten Zustand oder nach einer längeren Behandlung mit Kalk auf Leim verarbeitet werden. Im ersteren Falle wird das auf der heißen Leimbrühe schwimmende Fett durch Abschöpfen als sog. ,,Abschöpffett" gewonnen. Im zweiten Falle werden nach Hugo Dubovits[1]) die rohen Hautabfälle in dünner Kalkmilch geweicht, wodurch die Haut gewissermaßen aufgeschlossen wird, d. h. ein großer Teil der stickstoffhaltigen Bestandteile wird wasserlöslich gemacht und bildet so den eigentlichen Leim. In dem basischen Bad werden die an den Haut- und Fleischgewebeteilen haftenden Fette zum größten Teil verseift, wobei das Glyzerin fast ganz verloren geht. Im weiteren Gang des Verfahrens werden das nicht gebundene Fett und die Kalkseife von der Hauptmasse der Leimlösung durch Versieden getrennt. Die Kalkseife wird zur vollkommenen Abscheidung des Leims noch gepreßt und die gepreßten Kuchen darauf zerkleinert. Die so gewonnene Masse enthält bedeutende Mengen Fett, von dem ein Teil frei, ein anderer an Kalk gebunden ist, so daß sich nur ein Teil des Fettes durch Extraktion gewinnen läßt. Man fügt deshalb zur Zersetzung der Kalkseife Salzsäure zu, und das abgeschiedene Fett schwimmt dann auf der entstandenen Chlorcalciumlösung. Wird Schwefelsäure angewandt, so ist es vorteilhaft, das zu zersetzende Material mit der Säure derart zu durchtränken, daß der entstehende Gips die Fettsäuren aufsaugt. Die ganze Masse ist ziemlich porös und kann gut extrahiert werden. Das so gewonnene Fett ist das sog. ,,Aufschlußfett".

Während das ,,Abschöpffett" dem Naturknochenfett sehr ähnelt, ist das ,,Aufschlußfett" dem raffinierten Benzinknochenfett in Zusammensetzung, Farbe und Härte sehr ähnlich und läßt sich auch wie dieses bleichen. Es hat einen großen Gehalt an Oxyfettsäuren und riecht meist etwas sauer, ein Geruch, der von Milch- und Buttersäure herrührt, die durch Zersetzungen entstanden sind. Waren die Leder- und Fleischabfälle frisch, so ist die Farbe heller und der Gehalt an Unverseifbarem wesentlich geringer, auch fehlen die Oxyfettsäuren.

Das Leimfett enthält meist größere Mengen von Leim, weshalb es sich leicht mit Wasser emulgiert. Soll es vor der Verwendung zur Seifenfabrikation gespalten werden, so empfiehlt es sich, das Fett zuvor mit Schwefelsäure durchzukochen; die aus Leimfett erhaltenen Fettsäuren kristallisieren schlecht.

Das Leimfett fand vor dem Kriege Verwendung bei Herstellung von Kernseifen, Harzkernseifen und Walkkernseifen. Die durch Destillation mit überhitztem Dampf gewonnene Fettsäure bildet ein sehr schönes, helles Produkt, das sich für fast alle Hartseifen, sowie Walk- und Salmiakschmierseifen gut eignet. Eine sehr schöne helle Kernseife erhält man z. B. aus 50 T. Palmkernölfettsäure, 40 T. destilliertem

---

[1]) Seifensieder-Zeitung 1914, S. 341.

Leimfett und 20 T. Talgfettsäure, ferner eine sehr schöne helle Harzkernseife aus 60 T. Palmkernölfettsäure, 40 T. destilliertem Leimfett und 25—30 T. hellem Harz, durch Verseifung entweder mit 26 grädiger Ätznatronlauge oder Karbonatverseifung in üblicher Weise. Für eine Talgkernseife würde bei Karbonatverseifung ein guter Ansatz sein: 50 T. Talgfettsäure, 90 T. Knochenfettsäure und 60 T. destilliertes Leimfett. Ein guter Ansatz für Walkseife würde sein: 40 T. Talgfettsäure, 20 T. saponifiziertes Olein und 20 T. destilliertes Leimfett. Eine schöne Harzkernseife ließe sich herstellen aus 60 T. Palmkernöl, 35 T. Leimfett, 5 T. rohem Palmöl und 25% Harz.

Hautfett. Das Hautfett wird in den Lederfabriken beim Abschaben der Blöße nach dem Kalken der Häute gewonnen. In seiner Zusammensetzung ist es dem Fett der Tiere ähnlich, von denen die Häute stammen; es enthält aber meist große Mengen Kalkseife.

Gerberfett oder Abstoßfett. Die Gerberfette[1]) oder Abstoßfette werden in den Gerbereien auf folgende Weise gewonnen: Die enthaarten und sorgsam gereinigten Häute werden nach beendigtem Gerbeprozeß noch gewaschen und mit Bürste, Glätteisen usw. behandelt, dann getrocknet und gut eingeschmiert. Das Leder wird auf der Fleischseite entweder mit einer Mischung aus Talg, Tran und Dégras oder mit auf 100° C. erhitztem Talg bestrichen und hierauf in einem leicht erwärmten Raum zum Trocknen aufgehängt, wobei die Fette großenteils in das Leder einziehen. Das nicht in das Leder eingezogene Fett wird mittels Schaber entfernt und gibt das sog. „Abstoßfett". Es findet, wenn es hell von Farbe und sonst guter Beschaffenheit ist, beim Sieden von Kernseifen und Harzkernseifen Mitverwendung. Meist aber ist das Fett von dunkler Farbe und sehr unrein. Bisweilen kann es noch durch Umschmelzen auf Wasser gereinigt werden; gewöhnlich ist dies aber zwecklos, da auch die mehr oder weniger vorgereinigten Produkte wegen ihres hohen Gehalts an Unverseifbarem nicht zum Seifensieden geeignet sind. — Sehr häufig wird das Gerberfett dem Lederfett zugesetzt.

Lederfett. Die Lederfette, die durch Extraktion von gegerbtem Leder und Lederabfällen der Gerbereien, Schuhfabriken usw. mit Benzin gewonnen werden, sind gelb, braun, auch schwärzlich, haben einen unangenehmen Ledergeruch und enthalten viel freie Fettsäuren (50 bis 60% und darüber), aber auch Wasser und viel Unverseifbares, namentlich Kohlenwasserstoffe. Das Fett stammt aus dem zum Schmieren der gegerbten Fälle verwandten Fett. Da zum Einfetten des Leders neben pflanzlichen und tierischen Fetten auch Mineralöle dienen, so erklärt sich leicht der Gehalt an Kohlenwasserstoffen. Die Lederfette pflegen sich mit sehr dunkler Farbe zu verseifen und sind sowohl aus

---

[1]) Mit „Gerberfett" wird häufig auch das Dégras bezeichnet.

diesem Grunde wie auch wegen ihres hohen Gehaltes an Unverseifbarem für die Seifenfabrikation wenig geeignet. Es empfiehlt sich deshalb, die Lederfette zu azidifizieren und zu destillieren. Die so gewonnenen Fettsäuren sind hellgelb und im Handel häufig unter dem Namen Talgfettsäuren vorgekommen. Sie pflegen große Mengen Unverseifbares (10—30%) zu enthalten.

Die Lederfette neigen sehr zu Emulsionsbildung und vermögen größere Wassermengen zu binden. Längeres Stehenlassen in der Wärme bewirkt keine Abscheidung des Wassers; eine solche kann nur durch verdünnte Schwefelsäure und Kochsalz oder durch Zentrifugieren erreicht werden.

Um das Lederfett von den Leim- und Schleimstoffen, welche die Emulgierung bewirken, zu befreien, ist folgendes Verfahren empfohlen worden[1]): Das Fett wird auf 100° C. erhitzt, worauf 2—5% Schwefelsäure von 60° Bé. eingerührt werden. Man arbeitet $^{1}/_{4}$—$^{1}/_{2}$ Stunde durch und läßt dann absetzen. Sollte sich die Säure nicht abscheiden, so muß mehr Schwefelsäure angewandt werden, bis sich die Säure nach einigen Stunden absetzt. Nun wird das Fett wieder auf 80° C. erhitzt und 1—2% schwefelsaure Tonerde darüber gestreut, wonach der sich bildende Schaum abgeschöpft werden muß. Sobald das Fett keinen Schaum mehr ausstößt, ist die Operation beendet, und man wäscht noch einmal mit verdünnter Schwefelsäure aus.

„Um den spezifischen Geruch der Lederfettdestillate zu verdecken, parfümiert man sie mitunter und legt ihnen dann besondere Handelsnamen bei, sogar auch solche, die auf Irreführung der Käufer berechnet sind[2])."

Trotz seines üblen Geruchs und seiner dunklen Farbe hat das Lederfett verschiedentlich in der Seifenfabrikation Verwendung gefunden. So hat man aus 2—3 T. Knochenfett, etwa 1 T. gereinigtem Lederfett und 10—15% hellem Harz durch Sieden auf zwei Wassern Kernseife hergestellt. — Eine bedeutend entfärbte und viel weniger riechende Kernseife läßt sich aus dem Lederfett erzielen, wenn man es mit überschüssiger Lauge anhaltend siedet und mit Salz gut trennt. Eine auf diese Weise erhaltene Kernseife könnte man in kleineren Mengen als Zustich bei anderen Kernseifen, namentlich Harzkernseifen, verwenden.

Bei der Destillation des Lederfettes mit überhitztem Dampf bleibt ein Destillationsrückstand von 12—15% Pech (Goudron), von dem kleinere Mengen beim Sieden dunkler Harzseifen, sog. Kamerunseifen, als Zusatz Verwendung gefunden haben.

Die durch Destillation gewonnene helle Fettsäure eignet sich, abgesehen von ihrem Gehalt an Unverseifbarem, der meist zwischen

---

[1]) Seifens.-Ztg. 1915, S. 187.
[2]) Hefter, Technologie der Fette und Öle, Bd. 2, S. 832, Berlin 1908.

5 und 18% schwankt, als Zusatzfett bei Herstellung verschiedener Hart- und Schmierseifen. So läßt sich z. B. aus 13 T. Palmkernöl, 5 T. hellem destillierten Lederfett und 2 T. hellem Kammfett (Kadaverfett) eine schöne abgesetzte Kernseife herstellen, ferner aus 10 T. Palmkernöl, 5 T. Knochenfett, 3 T. hellem destillierten Lederfett und ca. 5 T. Harz eine Harzkernseife.

Bei der so sehr verschiedenen Beschaffenheit, mit der das Lederfett im Handel erscheint, ist dringend zu empfehlen, vor Ankauf größerer Partien den Fettsäuregehalt und den Gehalt an Unverseifbarem durch Analyse festzustellen.

Walkfett. Die Walkfette, die man aus den seifenhaltigen Waschwässern der Spinnereien und Tuchfabriken durch Schwefelsäure zur Abscheidung bringt, bilden eine dickflüssige, ölige Masse von brauner oder schwarzer Farbe und unangenehmem Geruch. Sie finden in der Seifenfabrikation vielfach bei Herstellung von Textilseifen Verwendung, weniger zu Hausseifen, abgesehen von Harzseifen, da man an der dunklen Farbe, die das Walkfett den Seifen erteilt, Anstoß nimmt.

Die Walkfette sind sehr häufig schmutz- und wasserhaltig und hatten sich nach Stadlinger[1]) in den letzten Jahren vor dem Kriege erheblich verschlechtert, nachdem zahlreiche Textilbetriebe aus Sparsamkeitsrücksichten dazu übergegangen waren, Textilöle und Schmälzen mit hohem Gehalt an Kohlenwasserstoffen zu verwenden, die naturgemäß in die abfallenden Seifenwässer mit übergehen. Der genannte Chemiker hat Walkfette mit einem Gehalt an Unverseifbarem bis zu 22% beobachtet.

Der Wert des Walkfettes variiert sehr, je nach der Qualität der Seifen, die in den Tuchfabriken, aus denen es stammt, zur Verwendung kamen.

Aus dunklem Walkfett läßt sich zwar auch eine Kernseife herstellen; man kann aber eine nennenswerte Entfärbung der Seife, um ein besseres Aussehen zu bewerkstelligen, nur dadurch erreichen, daß man mit Laugenüberschuß arbeitet und evtl. auf mehreren Wassern siedet. Da das Walkfett eine Fettsäure ist, so läßt sich daraus durch Karbonatverseifung eine Kernseife sieden; es empfiehlt sich aber, etwa $1/3$—$1/2$ T. Knochenfett und vielleicht ca. 20% Harz mitzuverarbeiten, wodurch die Seife mehr Ansehen und mehr Griff erhält.

Eine gute Walkseife ist vielfach aus gleichen Teilen Walkfett, Olein und Knochenfett gesotten. — Für eine sog. Kamerunseife auf halbwarmem Wege war ein Ansatz: 75 T. Palmkernöl, 25 T. dunkles Walkfett, ca. 100 T. dunkles amerikanisches Harz, ca. 10 T. Goudron, ca. 100 T. 30—40grädige Ätznatronlauge und ca. 20 T. Natronwasserglas.

---

[1]) Seifenfabrikant 1914, S. 1248.

Die aus dem Walkfett durch Destillation gewonnenen „Stearine" und „Oleine" sind gewöhnlich von heller Farbe, haben aber meist einen unangenehmen brenzlichen Geruch, namentlich die Oleine, und bisweilen große Mengen unverseifbarer Stoffe.

Ein destilliertes Walkfett ist vielfach unter der Bezeichnung „festes weißes Olein" in den Handel gekommen. Es ließ sich zu weißen Kernseifen mit verarbeiten und gab, wenn es von guter Beschaffenheit war und nicht wesentliche Mengen an Unverseifbarem enthielt, eine gut aussehende Seife von ca. 150% Ausbeute. Die Seifen hatten aber den Übelstand, daß sie häufig nachdunkelten. — Zu abgesetzten Kernseifen kamen folgende Ansätze zur Verwendung: 13 T. Palmkernöl, 5 T. festes weißes Olein und 2 T. Erdnußöl oder 12 T. Palmkernöl, 6 T. festes weißes Olein und 2 T. Kammfett (Kadaverfett). — Eine Oranienburger Kernseife wurde aus 3 T. Palmkernöl, 2 T. festem weißen Olein und ca. 2 T. hellem Harz gesotten. — Viel ist über hohen Gehalt des festen weißen Oleins an Unverseifbarem und dadurch bewirkte Störungen beim Sieden geklagt worden.

Fette aus Raffinationsrückständen. Unter dem Namen „Seifenfett", „Butterfett", „Talgfett", „tierisches Fett" usw. sind vielfach Abfallfette angeboten worden, die teils bei der Kunstbutterfabrikation als Raffinationsrückstände gewonnen wurden, teils bei anderen Industrien abfielen. Solche Fette pflegen große Mengen Seife und dementsprechend große Mengen Wasser zu enthalten. In ihren sonstigen Eigenschaften sind sie naturgemäß sehr verschieden, entsprechend den Fetten oder Ölen, von denen sie abstammen.

Als „Pflanzenfettsäure" kamen Abfälle der Speisefettfabrikation von gelblichem Ansehen und schmalzartiger Konsistenz, die hauptsächlich von Kottonöl und Kokosöl herrührten, in den Handel. Sie fanden Mitverwendung zu Sparkern- und Oranienburger Seife und zu Harzkernseifen aller Art.

Die Rückstände vom Raffinieren der pflanzlichen Öle, die häufig als „Soapstocks" bezeichnet werden, sind wesentlich verschieden, je nachdem Lauge oder Säure angewandt worden war. Im ersteren Falle erhält man einen Rückstand, der aus Seife und Öl und den im Öl enthalten gewesenen Schmutz-, Schleim- und Farbstoffen besteht; er kann ohne weiteres in der Seifenfabrikation verwandt werden. Im zweiten Falle erhält man einen ölhaltigen Säureteer. Er wird mit warmem Wasser behandelt, wodurch sich das Fett ausscheidet und sich an der Oberfläche abscheidet. Das so gewonnene Fett hält hartnäckig Wasser zurück, und es ist deshalb sehr schwierig, die von der Raffinierung herrührende Mineralsäure auszuwaschen.

Abwässerfett. Bei dem jetzt herrschenden großen Mangel an Fetten hat die Fettgewinnung aus Abwässern erhöhte Bedeutung gewonnen.

Für die Rückgewinnung der Fette kommen verschiedene Möglichkeiten in Betracht: 1. Gewinnung der Fette an der Zentralsammelstelle für die städtischen Abwässer, also in den städtischen Kläranlagen und entweder aus den Klärrückständen, dem Klärschlamm, oder aus den Abwässern selbst; 2. Gewinnung der Fette an der Entstehungstelle, d. h. in den Betrieben mit fetthaltigen Abwässern, also Schlächtereien, Gastwirtschaften usw.

Zur Gewinnung aus Klärschlamm wurde vor Jahren von der Firma Beck & Henkel in Kassel mit bedeutendem Kapitalaufwand eine Anlage geschaffen, um den gesamten Klärschlamm der Stadt Kassel zu verarbeiten. Das Verfahren bestand im wesentlichen darin, den Klärschlamm nach erfolgter Ansäuerung zu erwärmen und dann, nach teilweiser Entwässerung, durch Benzin zu extrahieren. Die Anlage hat sich als unwirtschaftlich erwiesen, und der Betrieb wurde eingestellt. Die Fettgewinnung aus dem Klärschlamm wird dadurch sehr erschwert, daß er sehr wasserhaltig ist (über 90%), sein Wasser schwer abgibt und der Fettgehalt in der Trockensubstanz sehr gering und obendrein sehr schwankend ist (5—15%). Die Fette sind naturgemäß sehr verunreinigt, insbesondere auch durch Mineralöle, und haben daher einen hohen Gehalt an Unverseifbarem.

Seit einigen Jahren hat man angefangen, den Klärschlamm in gewaltigen, ununterbrochen und billig arbeitenden Zentrifugen zu zentrifugieren, wobei der aus dem Klärbecken eingebrachte Schlamm in eine Masse von 25% Trockensubstanz verwandelt wird, und dies gibt gute Resultate. Der aus den Zentrifugen kommende Schlamm ist schon eine ziemlich feste Masse, die durch besondere Verfahren auf 65 bis 70% Trockensubstanz gebracht wird. Der Prozeß erfordert etwa 3 Stunden. Der Geruch des Schlamms ist größtenteils verschwunden.

Das Verfahren, aus dem Klärschlamm das Fett zu gewinnen, hat nach D. Holde[1]) dadurch eine wesentliche Verbesserung erfahren, daß der Schlamm durch eine eigenartige Behandlung mit Schwefelsäure eine bessere Ausfällung der kolloiden Stoffe erfährt und dann die in dem verschiedenen Schlamm vorhandenen, allerdings noch immer erheblichen Wassermengen (etwa zwei Drittel) nicht, wie bei der Kasseler Anlage, erst durch Verdampfen entfernt werden, sondern daß der feuchte Schlamm unmittelbar mit einem Fettlösungsmittel extrahiert wird. Dadurch werden große Mengen Heizmaterial erspart, die das Verfahren unlohnend machen. Der feuchte extrahierte Schlamm wird auf Filterpressen, auf denen er sich nach Herausnahme des Fettes wesentlich besser behandeln läßt, von dem anhaftenden Wasser bis auf 50% befreit und kann dann als Düngemittel oder im Gemisch mit etwa ein Viertel Kohle zur Heizung der Kessel für den Betriebsdampf benutzt werden.

---

[1]) Seifenfabrikant 1914, S. 995.

Um aus den Abwässern selbst das Fett wieder zu gewinnen, sind umfangreiche Versuche gemacht worden, namentlich durch Chr. Kremer und R. Schilling. Die von diesen gebildeten Gesellschaften haben auf den Rieselfeldern der Städte Berlin, Charlottenburg, Paris usw. (mit Wassermengen bis zu 12 000 cbm pro Tag) die Frage eingehend studiert. Teils nach System Kremer, teils nach System Schilling suchte man durch Wasserstromführung eine weitgehende Ausscheidung der Fette an der Wasseroberfläche herbeizuführen, was auch gelungen ist. Die so gewonnene Schlammschicht war im Gegensatz zum Klärschlamm leicht entwässerbar und hatte einen wesentlich höheren Fettgehalt als dieser, und zwar bis zu 40%. Durch einfaches Ausschmelzen konnte ein verhältnismäßig hoher Prozentsatz dieser Fette gewonnen werden und durch Extraktion mit Tetrachlorkohlenstoff fast restlos. Es zeigte sich jedoch, daß die zur Ausscheidung gebrachte Schlammschicht zu gering war, um lediglich zum Zwecke der Fettgewinnung aus Abwässern derartige Anlagen zu schaffen; wohl aber ist es angezeigt, wenn ohnehin zum Zwecke der mechanischen Reinigung der städtischen Abwässer Kläranlagen geschaffen werden müssen, Systeme zu bevorzugen, die eine weitgehende Ausscheidung der Fette gewährleisten.

Für Rückgewinnung der Fette unmittelbar an der Entstehungsstelle hatte sich der Kriegsausschuß für Öle und Fette in Berlin entschieden und war dafür eingetreten, daß in allen Betrieben mit fetthaltigen Abwässern Fettfänger eingebaut wurden.

Schon seit Jahren werden sog. Fettfänger von den Tiefbauämtern größerer und mittlerer Städte für Betriebe mit fetthaltigen Abwässern vorgeschrieben, allerdings weniger, um das Fett zu gewinnen, als vielmehr, um dieses von dem städtischen Kanalnetz fern zu halten, sowie um die Verstopfung der Zuleitungsrohre zu diesem zu verhindern. Die früheren Fettfänger hatten große Mängel aufzuweisen; den ersten brauchbaren Apparat hat Chr. Kremer[1]) geschaffen. Sehr zweckmäßige Apparate haben später R. Schilling[2]) und Bovermann konstruiert. Der Apparat Bovermann ist vom Kriegsausschuß für Fette und Öle empfohlen[3]).

Das aus dem Klärschlamm nach Abdestillation des Lösungsmittels gewonnene Fett ist dunkelbraun. Bei Versuchen in kleinem Maßstabe wurde es durch Destillation in eine Fettsäure mit einem Schmelzpunkt von 36—38° C. übergeführt, die beim Pressen 50% Olein mit 19,4% Unverseifbarem und 40% Stearin vom Schmelzpunkt 45,3° C. mit 6,1% Unverseifbarem ergab. Bei der Destillation wurden neben ungefähr 65% Rohdestillat ca. 20% Pech erhalten.

---

[1]) Seifenfabrikant 1915, S. 1035.
[2]) Seifenfabrikant 1915, S. 1036.
[3]) Seifenfabrikant 1915, S. 999.

Die Untersuchung der Abfallfette. Wir haben bereits auf die mangelhafte Beschaffenheit der jetzt der deutschen Seifenfabrikation zur Verfügung stehenden Fette und Öle, sowie ihre wechselnde Zusammensetzung hingewiesen und daß es dringend geboten ist, sie vor ihrer Verarbeitung einer chemischen Untersuchung zu unterziehen, namentlich den Gehalt an Unverseifbarem festzustellen, wenn anders man sich vor Störungen beim Sieden schützen will. Der Kriegsausschuß (jetzt Reichsausschuß) für Öle und Fette garantiert bei allen zur Verteilung kommenden Fettrohmaterialien einen Mindestfettsäuregehalt von 94% und vergütet einen evtl. Mindergehalt pro rata. Der Verrechnung wird dabei das Analysenresultat zugrunde gelegt. Für diese Bestimmung des Fettsäuregehalts ist die Methode Stiepel maßgebend. Bei dem Fehlen von niedrig siedendem Petroläther in jetziger Zeit, der ein leichtes Abdampfen der Fettlösung gestattet, ohne höhere Temperaturen als 100° C. anwenden zu müssen, hat Stiepel[1]) seine Methode wie folgt abgeändert: Ungefähr 5 g Fett oder Öl werden in einem Erlenmeyerkolben genau abgewogen und alsdann etwa 30 ccm Alkohol und 10 ccm einer ungefähr 50proz. Ätznatronlauge hinzugefügt. Man erhitzt darauf unter öfterem Umschwenken des Kolbens auf einem Sandbade oder einem Asbestteller, bis der Alkohol zum größten Teile abgedampft ist. Durch Hinzufügung einiger Sandkörnchen in den Kolben wird das Stoßen der siedenden Flüssigkeiten am besten vermieden. Alsdann bringt man den Kolben nach etwa 2 Stunden in einen Trockenschrank bei einer Temperatur von 120° C. Es resultiert eine trockne Seifenmasse, die nunmehr mit verdünnter Schwefelsäure zerlegt wird. Hierauf läßt man die abgeschiedenen Fettsäuren erkalten, dekantiert, falls die Fettsäure einen festen Kuchen bildet, das Säurewasser ab und löst in etwa 50 ccm Petroläther.

Bleiben die Fettsäuren flüssig, so bringt man den Kolbeninhalt in einen Schütteltrichter unter Nachspülen mit Petroläther und zieht nach Lösen der Fettsäure und Absitzenlassen des Säurewassers ab. Die Fettsäurelösung zeigt sich meist als helle Lösung, aus der sich bei Abfallölen reichliche, bei animalischen Fetten meist geringere Mengen dunkler, harzartiger Produkte absetzen. Man filtriert darauf sorgfältig durch ein doppeltes Filter in einen trockenen Kolben. Es ist dabei darauf zu achten, daß auch nicht die geringste Menge Säurewasser mit auf das Filter oder gar mit in den Kolben gelangt. Das Filtrat muß vollkommen blank, ohne Trübung erscheinen. Nach Abdampfen oder Abdestillieren von möglichst viel Petroläther auf dem Wasserbade titriert man nach Zugabe von etwas Alkohol mit $1/_2$ N. alkoholischer Kalilauge bis zum Neutralisationspunkt. Auf diese Weise erhält man durch einfache Berechnung die Anzahl Milligramm Kali, die zur Neutra-

---
[1]) Seifenfabrikant 1916, S. 565.

lisation der in 1 g des Untersuchungsobjektes enthaltenen Fettsäurehydrate nötig ist. Würde man nun die Säurezahl der reinen Fettsäure des Untersuchungsobjektes kennen, so ergäbe sich durch einfache Proportionsrechnung der prozentuale Gehalt an Fettsäurehydraten. Eine mittlere Säurezahl der Berechnung zugrunde zu legen, je nach Art des Fettes, hat Bedenken, besonders zur Jetztzeit, wo es sich vielfach um Mischfette und Fette und Öle unbekannter Herkunft handelt. Stiepel schlägt nun zur Gewinnung möglichst reiner Fettsäuren den folgenden Weg vor:

In einem geeigneten Metallgefäß verseift man 50—100 g des Fettes in bekannter Weise mit Natronlauge und salzt den erhaltenen gut verseiften Leim mit starker Natronlauge aus. Nach Abziehen der Unterlauge verleimt man wieder mit heißem Wasser und salzt nochmals mit Lauge aus. Erscheint die Lauge noch stark gefärbt, so wiederholt man die Operation noch einmal. Etwa 50 g des so gereinigten Seifenkerns zerlegt man mit Schwefelsäure, trennt die erhaltene Fettsäure ab, läßt sie sich gut absetzen und filtriert einen Teil durch ein doppeltes Filter. In 3—4 g bestimmt man die Neutralisationszahl. Hat man auch diese Zahl ermittelt, so ergibt sich folgende Berechnung: Verbrauchten z. B. 4,765 g reine Fettsäure 29,4 g alkoholische Lauge und die aus 5 g Fett hergestellte Fettsäure-Benzinlösung 27,4 ccm Lauge zur Neutralisation, so enthalten 5 g Fett:

$4,765 : 29,4 = x : 27,4$,

$x = 4,44$ g reine Fettsäurehydrate + Unverseifbarem.

Das Fett enthält also $20 \times 4,44 = 88,8\%$ reine Fettsäurehydrate + Unverseifbarem.

In Einzelfällen ist darauf zu achten, ob die Fettsäuren Laktone enthalten. Scheint dies der Fall, so bestimmt man in beiden Fettsäuren nicht die Neutralisationszahl, sondern die Verseifungszahl.

Von dem ermittelten Gehalt an reinen Fettsäurehydraten + Unverseifbarem ist der Gehalt an letzterem noch in Abzug zu bringen.

Zur Bestimmung des Unverseifbaren empfiehlt Stiepel folgenden Weg: Man verseift 5 g der Probe mit 25 ccm alkoholischer Natronlauge, die 80 g NaOH im Liter enthält, in einer Porzellanschale auf dem Wasserbade und verdampft zur Trockne. Die so erhaltene Seife wird in 50 ccm heißem Wasser gelöst und in einen Scheidetrichter von etwa 200 ccm Inhalt übergeführt, wobei 20—30 ccm Wasser zum Auswaschen der Schale benutzt werden. Nach dem Erkalten setzt man 30—50 ccm Äther hinzu und schüttelt die Lösung tüchtig durch. Nach dem Umschütteln wird etwas Alkohol zugesetzt und der Scheidetrichter vorsichtig umgeschwenkt. Die untere Seifenlösung wird hierauf in einen zweiten Scheidetrichter abgezogen und wiederum mit frischem Äther ausgeschüttelt. Die ätherischen Lösungen werden vereinigt, mit einer kleinen Menge Wasser gewaschen, um sie von Spuren gelöster Seifen zu befreien, und in einen gewogenen Kolben übergeführt. Wenn nötig, muß die Ätherschicht filtriert werden. Der Äther wird auf dem Wasserbade verjagt, der Rückstand bei 100° C. getrocknet und gewogen. Die ermittelte Gewichtsmenge mit 20 multipliziert ergibt den prozentualen Gehalt an Unverseifbarem, z. B. 4,87%. Reine Fettsäurehydrate = 88,80 — 4,87 = 83,93%.

J. Marcusson[1]) macht darauf aufmerksam, daß bei Fetten und Ölen, die durch Extraktion gewonnen sind, die Reste des Lösungsmittels nicht immer leicht zu entfernen sind, und es kommen immer wieder Proben vor, die noch geringe Mengen von Kohlenwasserstoffen, meist Benzin oder Benzol, enthalten. Der Nachweis dieser unverseifbaren Bestandteile ist mittels der üblichen qualitativen Verseifungsprobe, Kochen von 6—8 Tropfen des Öles mit alkoholischer Kalilauge und nachherigem Wasserzusatz, nicht zu erbringen, da, wie Holde bereits früher festgestellt hat, selbst 10% Petroleum bei dieser Probe unerkannt bleiben, indem sie in der wässerigen Seife löslich sind. Normann und Hügel[2]) haben deshalb vorgeschlagen, zum Nachweis der leichten Kohlenwasserstoffe eine Dampfdestillation vorzunehmen, und haben gezeigt, daß man auf diese Weise den Rest des Extraktionsmittels bis auf $1/2$% quantitativ bestimmen kann; man darf aber nach Marcusson das übergehende Öl nicht ohne weiteres für Benzin halten; es kann auch aus flüchtigen Fettsäuren bestehen. Es empfiehlt sich deshalb, die aus Ölen und Fetten durch Wasserdampf abdestillierten Öle noch auf Verseifbarkeit zu prüfen, namentlich bei Vorliegen von ranzigen Produkten. Findet man bei der Untersuchung, daß ein Gemisch von Kohlenwasserstoffen und flüchtigen Fettsäuren vorliegt, so destilliert man die übergegangenen Bestandteile nach Behandeln mit Natronlauge von neuem. Jetzt gehen lediglich Kohlenwasserstoffe über. Sollte bei der Destillation starkes Schäumen auftreten, so setzt man etwas Chlorcalcium zu und führt so die Fettsäuren in unlösliche Kalkseife über.

Bei Benutzung der Methode Stiepel haben F. Goldschmidt und G. Weiß[3]) gefunden, daß bei Verwendung von höher als bei 60° C. siedendem Petroläther beim Trocknen der Fettsäuren stets Rückstände der höher siedenden Anteile des Petroläthers zurückbleiben. Sie haben deshalb das Verfahren in der Weise abgeändert, daß sie zunächst die Gesamtfettsäure einschließlich der großen Zahl wertloser oxydierter Stoffe mit Äthyläther ausschütteln und aus dem Äthylätherextrakt

---

[1]) Seifenfabrikant 1919, S. 201.
[2]) Chem. Umschau 1919, S. 19.
[3]) Seifenfabrikant 1917, S. 579.

die reinen Fettsäuren mit Petroläther beliebigen Siedepunktes herauslösen. Die oxydierten Fettsäuren bleiben hierbei ungelöst und können nach Abfiltrierung der Fettsäurelösung gesondert bestimmt werden. Nach Subtraktion der so gefundenen oxydierten Fettsäuren vom Äthylätherextrakt erhält man die reinen Gesamtfettsäuren.

Es dürfte von allgemeinem Interesse sein, das Verfahren kennen zu lernen, nach dem im Laboratorium der Seifenherstellungs- und Vertriebsgesellschaft die Untersuchung der Fette und Öle erfolgt, die an die arbeitenden Betriebe geliefert werden. Wir lassen es deshalb hier nach den Mitteilungen von Dr. F. Goldschmidt folgen[1]):

Die Öle und Fette werden zunächst durch Erhitzen im Reagenzglas qualitativ auf ihren Wassergehalt und ihren Gehalt an Verunreinigungen geprüft und festgestellt, ob sie klar schmelzen. Fette, die erhebliche Mengen Verunreinigungen enthalten und nicht klar schmelzen, evtl. auch beim Erwärmen schäumen, sind häufig durch Asche (Kalkseifen) verunreinigt. Falls die zur Verfügung stehende Zeit eine direkte Aschenbestimmung nicht gestattet, wird mit dem Glasstab die physikalische Beschaffenheit des Fettes geprüft. Wenn das Fett nicht kurz abreißt, sondern sich lang zieht und eine zähe Beschaffenheit zeigt, so ist die Anwesenheit größerer Mengen Kalkseifen wahrscheinlich[2]).

Derartige Fette werden durch Kochen mit Salzsäure zur Analyse vorbereitet, da erfahrungsgemäß im Scheidetrichter eine restlose Zersetzung der Kalkseifen nicht eintritt. Auch ist die Vorbehandlung mit Salzsäure bei gleichzeitiger Anwesenheit von viel Schmutz deswegen erforderlich, weil die Isolierung der ätherlöslichen Bestandteile in Gegenwart von Kalkseifen wegen der Unlöslichkeit der letzteren in Äther nicht restlos möglich ist. Ohne die Vorbehandlung würde daher ein größerer Verlust an Fettsäure eintreten. Die Behandlung mit Salzsäure ist auch bei der Untersuchung von Soapstock zu empfehlen, da die Soapstocks häufig nicht nur lösliche Seifen der Alkalien enthalten, sondern auch unlösliche Kalkseifen.

Falls aus dem mit Salzsäure gekochten Rohfett sich das ätherlösliche Fett im Scheidetrichter nicht ausschütteln läßt, was bei besonders unreinen Fetten infolge Bildung hartnäckiger Emulsionen bisweilen der Fall ist, wird die Zersetzung mit wenig Salzsäure in einer Schale vorgenommen. Darauf wird der Inhalt der Schale mit ausgeglühtem Sand zu einem Brei verrührt, der dann im Wassertrockenschrank getrocknet wird. Bei Vorliegen oxydabler Fette trocknet man im Trockenschrank nicht vollständig, sondern nur so lange, bis der

---

[1]) Seifenfabrikant 1918, S. 473.
[2]) Vgl. Ubbelohde und Goldschmidt, Chemie und Technologie der Öle und Fette, Bd. 3, S. 548, Leipzig 1911.

größte Teil des Wassers entfernt ist, und beendet die Trocknung in dem weiter unten beschriebenen Vakuumapparat. Die getrocknete Masse wird in eine Extraktionshülse gefüllt und mit Äther extrahiert, wozu vorteilhaft ein Kölbchen nach Besson verwendet wird.

Nach gleichmäßiger Durchmischung des Inhalts des Musterglases werden von reinen Fetten 3—4 g, von unreinen bzw. wasserhaltigen Fetten 5—6 g abgewogen. Bei Vorliegen der oben angeführten Verunreinigungen wird die Probe zunächst mit verdünnter Salzsäure 10 Minuten gekocht, worauf in einen Scheidetrichter gespült wird. Hierauf wird das Rohfett mit Äther ausgezogen, nach Ablassen des Säurewassers die ätherische Lösung, ohne zu waschen, destilliert und der Rückstand mit 50 ccm $n/_1$ alkoholischer Kalilauge eine Viertelstunde am Rückflußkühler gekocht. Reine Fettproben werden direkt mit alkoholischer Kalilauge angesetzt. Die Verseifung erfolgt in einem Erlenmeyerkölbchen von etwa 150 ccm Inhalt, das in ein kochendes Wasserbad hineingehängt wird. Nach beendeter Verseifung wird der Alkohol im kochenden Wasserbade abdestilliert, wobei vorteilhaft nicht bis zur vollkommenen Trockne abgedampft wird. Der Rückstand wird hierauf in warmem Wasser aufgenommen und in einen Scheidetrichter überführt. Das Volumen der Seifenlösung soll nicht mehr als 350 ccm betragen.

Nach Abkühlung der Seifenlösung wird sie im Scheidetrichter mit 100 ccm Äthyläther ausgeschüttelt. Bilden sich hartnäckige Emulsionen, so kann man die Trennung durch Zusatz einiger Tropfen Alkohol befördern. Nach Trennung der Schichten wird die Seifenlösung in einen zweiten untergestellten Scheidetrichter abgelassen und in diesem erneut mit 100 ccm Äther ausgeschüttelt. Die Ausätherung wird nach Bedarf noch ein drittes oder viertes Mal wiederholt. Die vereinigten Ätherauszüge des Unverseifbaren werden nunmehr mit verdünnter Salzsäure gewaschen. Hierdurch tritt einerseits eine rasche Klärung und Trennung der Schichten ein; andererseits wird die vom Äther mit aufgenommene Seife zerlegt und in Fettsäuren übergeführt. Die ätherische Lösung wird nunmehr zwecks Entfernung der darin übergegangenen Salzsäure mit destilliertem Wasser neutral gewaschen, darauf über etwas in die Spitze des Filters gebrachtes kalz. Glaubersalz filtriert, worauf der Äther abdestilliert und das Unverseifbare im Wassertrockenschrank getrocknet wird. Nach Wägung des Unverseifbaren wird es in wenig neutralem Äther gelöst und nach Zugabe von etwas Phenolphtalein mit $n/_{10}$ alkoholischer Kalilauge titriert. Hierdurch werden die vom Unverseifbaren mitgenommenen Fettsäuren bestimmt. — 1 ccm $n/_{10}$ Kalilauge entspricht 28 mg Fettsäuren. Die gefundene Fettsäuremenge wird von dem gewogenen Unverseifbaren in Abzug gebracht und der später gefundenen Fettsäuremenge zugezählt.

Diese Methode der Bestimmung des Unverseifbaren ist der Methode von Spitz und Hönig unbedingt überlegen. Abgesehen von der Unmöglichkeit, niedrig siedenden Petroläther zu beschaffen, hat es sich gezeigt, daß gewisse Arten von unverseifbaren Stoffen in Petroläther nicht ausreichend löslich sind. Insbesondere gilt dies für Sterine, die besonders in Getreidekeimölfettsäuren und dergleichen in größerer Menge enthalten sind. Bei diesen Rohstoffen empfiehlt es sich, die Ausschüttelung der unverseifbaren Stoffe viermal zu wiederholen, da erfahrungsgemäß eine quantitative Erfassung des Unverseifbaren durch eine geringere Zahl von Extraktionen nicht möglich ist. Auch bei gewissen Oleinen und schlecht destillierten Fettsäuren ist eine drei- bis viermalige Ausschüttelung des Unverseifbaren erforderlich.

Die Behandlung des Extrakts mit Salzsäure ist dem Auswaschen der Seife durch Wasser unbedingt vorzuziehen, da bei letzterer Methode durch Hydrolyse immer noch etwas Fettsäure im Unverseifbaren bleibt, ganz abgesehen von der mühsamen Arbeit des Waschens und von der schwierigen Trennung der Schichten. Die von Davidsohn vorgeschlagene direkte Titration der Seife ist weniger scharf als die Titration der Fettsäuren, da man bei ersterer Titrationsmethode den wenig angenehmen Indikator Methylorange anwenden muß.

Nach Entfernung der unverseifbaren Stoffe wird die Seifenlösung mit etwas Methylorange gefärbt und im Scheidetrichter mit Salzsäure bis zur eintretenden kräftigen Rotfärbung versetzt, worauf mit 100 ccm Äther ausgeschüttelt wird. Die Ausschüttelung des Sauerwassers wird nach Bedarf noch einmal wiederholt. Die vereinigten Ätherauszüge werden mit Wasser neutral gewaschen. Dieses Neutralwaschen ist deswegen erforderlich, weil mitunter beim Trocknen der Fettsäuren hartnäckig Wasser zurückgehalten wird, dessen Verdampfung durch Zusatz von etwas Alkohol befördert werden muß. Enthält die Fettsäure noch Spuren von Salzsäure, so tritt eine Veresterung des Alkohols ein, wodurch fehlerhafte Ergebnisse entstehen.

Die ätherischen Auszüge werden, da die meisten Fette suspendierte Verunreinigungen enthalten, in ein Extraktionskölbchen filtriert, wobei man vorteilhaft zur Entfernung mitgenommenen Wassers die Spitze des Filters mit etwas kalz. Glaubersalz füllt. Aus der filtrierten Lösung wird nunmehr der Äther abdestilliert. Die Fettsäuren werden darauf getrocknet. Soweit es sich um gesättigte Fettsäuren handelt, wie sie überwiegend in festen Fetten vorkommen, wird zur Trocknung der Wassertrockenschrank benutzt; liegen dagegen Fettsäuren aus flüssigen Ölen vor, so ist unbedingt die Trocknung in der Vakuumtrockenvorrichtung nach Dr. Gerber[1]) vorzuziehen (Fig. 1). Dieser Apparat

---

[1]) Zu beziehen von der Firma Dr. Rob. Müncke G. m. b. H., Berlin N, Chausseestraße 8.

besteht aus einer in ein Wasserbad eingehängten geräumigen Porzellanschale, auf die eine Glasglocke dicht schließend aufgeschliffen ist. Der Hals der Glasglocke ist mit einem doppelt durchbohrten Gummistopfen geschlossen, der ein Thermometer und die Ableitung zur Wasserstrahlluftpumpe enthält. Die zu trocknenden Gefäße stehen in der Porzellanschale auf einer Drahtnetzeinlage, unter der sich ein kleines Gefäß mit geschmolzenem Chlorcalcium befindet (siehe Figur). Soweit eine Trockenvorrichtung nicht vorhanden ist, muß die Trocknung im Kohlensäurestrom erfolgen. Im Vakuum wird bei einer Temperatur von 60 bis 70° getrocknet, wobei in der Regel nach $1^{1}/_{2}$—2 Stunden Gewichtskonstanz erreicht ist. Die Gesamtfettsäuren werden darauf gewogen. Sie enthalten noch Oxyfettsäuren, die bei der Bewertung der Fette nach Methode Stiepel in Abzug gebracht werden müssen. Nach dem Verfahren von Goldschmidt und Weiß geschieht die Bestimmung der Oxysäuren folgenderweise:

Die gewonnenen Gesamtfettsäuren werden, soweit sie fest sind, geschmolzen und unter ständigem guten Umschwenken mit 50 ccm Petroläther versetzt. Es ist darauf zu achten, daß hierbei keine Klumpenbildung eintritt. Bei festen Fettsäuren ist diese Klumpenbildung unvermeidlich, wenn man nicht den Petroläther vor Zugabe zur Fettsäure durch Einstellen in warmes Wasser über den Schmelzpunkt der Fettsäure erwärmt. Der Petroläther kann bis zu 150° C. siedende Bestandteile enthalten. Bei Zugabe des Petroläthers lösen sich die normalen Fettsäuren, während sich die Oxysäuren in der Regel in Form von braunen Flocken abscheiden. Läßt man einige Stunden stehen, so klärt sich die Lösung vollkommen, und die Oxysäuren pflegen sich an das Glas des Kölbchens anzusetzen. Die Lösung wird nunmehr filtriert, worauf das Kölbchen und das Filter einige Male mit kleineren Mengen Petroläther zwecks quantitativer Auswaschung der normalen Fettsäuren nachgewaschen werden. Hierauf werden die am Glase des Kölbchens haftenden oder auf dem Filter befindlichen Oxysäuren in warmem Alkohol gelöst und in ein gewogenes Kölbchen filtriert; nach Abdestilieren des Alkohols und Trocknung im Trockenschrank werden sie in diesem zur Wägung gebracht. Sollten sich die Oxysäuren im Alkohol nicht vollständig lösen, so benutzt man als Lösungsmittel eine Mischung gleicher Raumteile Alkohol und Chloroform. Die ge-

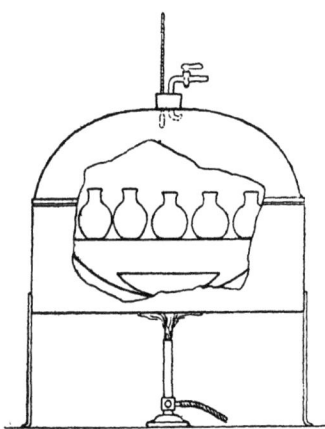

Fig. 1. Vakuumtrockenapparat.

wogenen Oxysäuren werden von den gefundenen Gesamtfettsäuren abgezogen. Die Differenz stellt die seifensiederisch verwertbaren Fettsäuren nach Stiepel dar.

Harz. Vor dem Kriege ist von den deutschen Seifenfabriken hauptsächlich amerikanisches Harz verarbeitet worden; im Kriege ist man notgedrungen dazu übergegangen, die Harzgewinnung in den heimischen Wäldern zu forcieren. Die der Seifenfabrikation gelieferten einheimischen Harze stehen aber den besseren französischen und amerikanischen Produkten erheblich nach. Es handelte sich in der Regel um ziemlich dunkle Harze. Die besseren Qualitäten sind durch Harzung des lebenden Baumes gewonnen; die geringeren Sorten sind Scharrharze oder Extraktionsharze aus Wurzelstöcken. Während die erste Gruppe im allgemeinen zwar dunkle, aber doch durchscheinende Beschaffenheit hatte, waren die Scharrharze und Extraktionsharze tief dunkle, undurchsichtige Produkte. Pulverisiert wiesen sie eine ziemlich dunkle, graunbraune Farbe auf, im Gegensatz zu dem durch Harzung gewonnenen Kolophonium, das in der Regel ein ziemlich helles, gelbes Pulver liefert. Bei der Verarbeitung dieser einheimischen Harze, besonders der Scharrharze, traten sehr erhebliche Verluste ein, die ohne Zweifel dadurch entstanden waren, daß die Seifen oxydierter Harzsäuren, analog den Seifen aus Oxyfettsäuren, in der Unterlauge erheblich löslich sind. Zur Bewertung der Harze für die Seifenfabrikation haben daraufhin F. Goldschmidt und G. Weiß[1]) folgendes analytisches Verfahren ausgearbeitet:

25 ccm einer 10 proz. Natronlauge werden mit 225 ccm destilliertem Wasser verdünnt und in einer etwa 1 l fassenden Kochschale aus Porzellan oder emailliertem Blech zum Sieden gebracht. In die heiße Lauge werden allmählich unter Umrühren 10 g des zu untersuchenden Harzes und 5 g weißes Stearin eingetragen. Man läßt 20 Minuten unter öfterem Umrühren kochen, wobei das verdampfende Wasser von Zeit zu Zeit ersetzt werden muß. Hierauf werden wieder 5 g Stearin eingetragen und das Kochen noch 5 Minuten fortgesetzt. Es empfiehlt sich, durch Tüpfeln in alkoholischer Phenolphthaleinlösung sich darüber zu vergewissern, daß die Lösung nach beendeter Verseifung neutral ist. Bei Harzen von normaler Verseifungszahl ist dies bei Anwendung der oben vorgeschriebenen Alkalimenge gewöhnlich der Fall. Ist die Lösung noch alkalisch, so kocht man mit weiteren 3 g Stearin auf. Hierauf wird durch Zusatz von 25 g Kochsalz die Seife ausgesalzen und noch weitere 5 Minuten gekocht. Nun läßt man erkalten und überzeugt sich, ob die unter dem Seifenkern befindliche Lauge klar ist. Ist die Unterlauge stark getrübt bzw. leimig, so deutet dies darauf hin, daß die Unterlauge noch Alkali enthält. Man erhitzt in diesem Falle nochmals

---
[1]) Seifenfabrikant 1919, S. 50.

zum Sieden und trägt abermals 3 g Stearin ein, worauf man nach 5 Minuten langem Kochen wieder erkalten läßt. Die Unterlauge wird nun durch ein nicht zu kleines Faltenfilter abgegossen. Der in der Schale verbliebene Seifenkern, sowie die auf dem Faltenfilter verbliebenen Seifenteilchen werden zweimal mit kalter 10 proz. Kochsalzlösung nachgewaschen. Die Seife auf dem Filter wird nun mit destilliertem Wasser zu dem in der Schale befindlichen Hauptanteil der Seife gespritzt, die darauf unter Erwärmen aufgelöst und mit heißer Salzsäure zersetzt wird. Man kocht, bis das obenauf schwimmende Fettsäureharzgemisch klar ist, und läßt erkalten. Man wäscht nunmehr den Fettsäureharzkuchen durch Umschmelzen mit destilliertem Wasser salzsäurefrei, nachdem man das Säurewasser in einen nicht zu kleinen Scheidetrichter abgegossen hat. Das Waschwasser wird nach Erkalten des Fettsäureharzkuchens mit dem Säurewasser vereinigt. Der Fettsäureharzkuchen wird kurze Zeit auf Filtrierpapier getrocknet und darauf in eine gewogene Porzellanschale gebracht, in der er auf ganz kleiner freier Flamme bis zur Gewichtskonstanz getrocknet wird. Etwa an der Zersetzungsschale haftende Teilchen des Fettsäureharzkuchens werden mit Äther gelöst und zum Säurewasser in den Scheidetrichter gegeben. Das Säurewasser wird nunmehr durch Zusatz von weiterem Äther bis zur Erreichung einer Äthermenge von 100 ccm ausgeäthert und die Ausschüttelung nochmals mit 100 ccm wiederholt. Die Ätherauszüge werden in ein gewogenes Kölbchen gebracht und nach Abdestillieren des Äthers getrocknet. Das Gewicht des Fettsäureharzkuchens zuzüglich Ätherextrakt, vermindert um die Einwage an Stearin und multipliziert mit 10, ergibt die Prozente an seifensiederisch verwertbarer Harzsubstanz. Die im Sauerwasser suspendierten Harzsäuren lösen sich in der Regel restlos in Äther. In Ausnahmefällen, in denen Teile der Harzsäuren aus dem Sauerwasser ungelöst bleiben, werden sie abfiltriert, durch Alkohol in Lösung gebracht und nach Verdampfen des Alkohols gewogen.

Verwendet man z. B. 10 g Harz und 13 g Stearin und das Gewicht von Fettsäureharzkuchen + Ätherextrakt ist zu 21,2 g gefunden, so beträgt die Harzsubstanz $(21{,}2 - 13) \times 10\% = 82\%$.

Die Alkalien.

Neben den Fetten spielen die Alkalien die wichtigste Rolle in der Waschmittelfabrikation, besonders die Soda. Sie findet Verwendung als kalzinierte Soda (Na_2CO_3), Kristall- und Feinsoda ($Na_2CO_3 + 10\,H_2O$) und als Ätznatron (NaOH). Infolge der großen Mengen Soda, die von der Heeresverwaltung in Anspruch genommen, sowie für die Herstellung von K.-A.-Seifenpulver benötigt waren, ist auch die Pottasche wesentlich zur Herstellung von Waschmitteln herangezogen worden. Sie wird verwandt als kalzinierte Pottasche (K_2CO_3) und als Ätzkali (KOH). Letzteres kommt hauptsächlich als Ätzkalilauge von 50° Bé. in den Handel. Diese enthält in der Regel 48,4% Kaliumhydrat, 1,4% kohlensaures Kali und Spuren von Chlorkalium und anderen Verunreinigungen und wird gewöhnlich in eisernen Fässern von ca. 600 kg Inhalt in den Handel gebracht.

Die Pottasche ist hygroskopisch und eignet sich deshalb bei weitem weniger zur Herstellung fettloser Waschmittel als Soda, da mit Pottasche hergestellte Waschmittel sehr zum Naßwerden neigen.

Auch Natriumbikarbonat ($HNaCO_3$) ist häufig bei Waschmitteln an Stelle von Soda zur Verwendung gekommen. Es hat eine erheblich geringere Waschwirkung als Soda.

Die aus ganz kleinen Kristallen bestehende sog. Feinsoda ist in neuerer Zeit sehr in Aufnahme gekommen. Sie hat vor der gewöhnlichen Kristallsoda in Stücken den Vorzug, daß sie sich bedeutend leichter löst und sich besser verpacken läßt. Sie wird nach B. Cordes[1]) in folgender Weise fabriziert: In einem Kessel mit Rührwerk wird hochprozentige Ammoniaksoda zu einer Lauge von 36° Bé. aufgelöst, wozu man 2 T. Wasser und 1 T. Soda nötig hat. Das Wasser wird durch Dampf auf 25° C. erwärmt. Bei der Lösung der Soda erhitzt sie sich von selbst auf 40—45° C., falls sie nicht durch feuchtes Lagern Wasser angezogen hatte und hart geworden war. In diesem Falle muß man mit Dampf etwas nachhelfen. Die größte Löslichkeit der Soda liegt bei dieser Temperatur, und zwar löst sie sich bis zu 38° Bé.; es ist aber vorteilhafter nur bis 36° Bé. zu lösen, weil sich dann der Schmutz besser absetzt. Häufig ist durch Anwesenheit von Salzen, besonders von doppeltkohlensaurem Natron ($NaHCO_3$), die Löslichkeit herabgedrückt. Bei Gegenwart von größeren Mengen der letzteren, das durch wiederholtes Verwenden der Mutterlauge sich ansammelt, entsteht oft eine weißliche, breiartige Lauge, die nicht absetzt. Es ist dann notwendig, Natronlauge zuzugeben, wodurch das doppeltkohlensaure Natron in gewöhnliche Soda umgesetzt wird nach der Gleichung:

$$NaHCO_3 + NaOH = Na_2CO_3 + H_2O \, .$$

Vorteilhafter dürfte es aber sein, den Satz und die Mutterlauge von Zeit zu Zeit zu entfernen und zur Verseifung von Fettsäuren zu benutzen. Falls die Lösung nach mehrmaliger Verwendung des Schmutzes nicht mehr eine weiße Soda gibt, ist es notwendig, etwas Chlorkalklösung mit hinzuzunehmen.

Die Lösung muß sich gut absetzen, was über Nacht erfolgt. Die oben befindliche Schmutzdecke muß dann entweder vorsichtig ab-

---

[1]) Seifenfabrikant 1902, S. 865.

genommen oder die Schicht zwischen Schaum und Schlamm in den Kristallisierkessel abgelassen werden; dies darf aber nur in kleinen Partien geschehen, da nur eine möglichst rasche Abkühlung das gewünschte Resultat ergibt. Die Kristallisierkessel sind weite, flache, mit Rührwerk und unten verschließbaren Öffnungen versehene Kessel. Ein Exhaustor vermittelt die rasche Abkühlung, und das Rührwerk hindert die Bildung von großen Kristallen. Ist sämtliche Lauge kristallisiert, so werden die Luken im Boden des Kessels geöffnet und die Kristalle durch das Rührwerk in ein unterhalb befindliches Reservoir befördert. Hierauf werden die Luken wieder geschlossen und eine neue Partie Lauge wieder eingelassen. Dies wiederholt sich, so lange Lauge vorhanden ist. Die im Reservoir befindlichen Kristalle bringt man zum Trocknen in eine Zentrifuge mit Untenentleerung. Das Zentrifugieren dauert 5—10 Minuten, wonach die fertige Ware in Säcke abgefüllt werden kann und gleich versandfähig ist. Die Mutterlauge wird unten in einem Bassin gesammelt, von wo aus sie mit Dampfstrahlpumpen wieder nach oben in den Auflösekessel befördert wird, um zur nächsten Lösung wieder Verwendung zu finden. Dampf muß natürlich vorhanden sein; denn erklärlicherweise verstopfen sich Rohre u. dgl. infolge der leichten Kristallisation der kalten Sodalösungen sehr schnell. Durch richtige Anbringung von Dampfleitungen kann diesem Übelstande leicht abgeholfen werden.

Einige Hilfsrohstoffe.

Schwefelsaures Natrium erscheint teils als wasserfreies Salz (Na_2SO_4), gewöhnlich Natriumsulfat oder kurz Sulfat genannt, teils als kristallisiertes ($Na_2SO_4 + 10 H_2O$), Glaubersalz, im Handel. Im allgemeinen soll nach den Bestimmungen des Reichsausschusses für Öle und Fette der Zusatz zu Waschmitteln so bemessen sein, daß höchstens 25% kristallisiertes oder höchstens 11% wasserfreies Salz zugegen sind (100 T. kristallisiertes = 44 T. kalziniertes). Höhere Beigaben sind nur dann zulässig, wenn damit ein technischer Vorteil erzielt werden kann. Solche Ausnahmen kommen namentlich bei den wasserglashaltigen Waschpulvern in Frage, die mit 11% Sulfatgehalt schwer genügend trocken zu erhalten sind. Gewicht ist auf Abwesenheit irgend erheblicher Eisenbeimengungen zu legen, wenn diese Salze für Wäschereinigungszwecke in Frage kommen, da die Wäsche dadurch vergilbt. Wie das Sulfat eisenfrei zu machen ist, ist den arbeitenden Betrieben der Seifenindustrie bekannt gegeben worden: In leerstehenden Äschen, Kesseln oder Behältern wird das Sulfat, möglichst in warmem Wasser, unter Rühren aufgelöst. Hat es sich gelöst, so wird langsam starke Ätznatronlauge oder, bei Mangel an solcher, Kalkwasser untergekrückt. Das Eisen scheidet sich in feinen, rotbraunen Flöckchen aus und setzt sich langsam ab. Durch Probenahme in einem Reagenzglase prüft man, ob der Zusatz von Natronlauge resp. Kalkwasser ausreichend war.

Das schwefelsaure Natron besitzt keinen Waschwert und ist lediglich Streckungsmittel.

Steinsalz, Kochsalz, Chlornatrium (NaCl) hat ebenfalls keinen Waschwert und ist auch nur Streckungsmittel. Es wird als Füllmittel vom Reichsausschuß für Öle und Fette bis zu 25% zugelassen. Das billige, vergällte Steinsalz genügt, wenn die Ware eisenfrei ist. — In der Seifenfabrikation findet das Kochsalz Verwendung zum Aussalzen der Seife, zum Härten und Füllen von Leimseifen, sowie zur Läuterung und Vorreinigung der zu verarbeitenden Fette.

Ammoniak und Ammoniumsalze zu Waschmitteln zu verwenden, war seitens des Kriegsausschusses für Öle und Fette verboten. Dieses Verbot besteht nicht mehr; aber ihre Verwendung hängt von der Genehmigung des Reichsausschusses für Öle und Fette ab. Ammoniak besitzt eine große Waschwirkung; aber seiner Verwendung bei Waschmitteln steht seine große Flüchtigkeit im Wege.

Ätzkalk $[Ca(HO)_2]$ dient zur Herstellung der Wasserglas- und Magnesiapasten. Bezüglich der ersteren sagt Stadlinger: „Solange es sich nur um geringe Zusätze handelt, die der Verfestigung einer Paste dienen, so z. B. bei Wasserglaspasten durch Calciumsilikatbildung, ist hiergegen nichts einzuwenden. Meist genügen 1,5—2% Kalk, als CaO berechnet, in Form von Kalkmilch oder feinstem Kalkhydratpulver zur Anwendung gebracht. Größere Zusätze sind, abgesehen von ihrer schädlichen Wirkung auf die Wäschefaser, bei Wasserglaspasten schon deshalb zu verwerfen, weil sie vom zugesetzten Wasserglas zu hohe Beträge in unlösliches Calciumsilikat überführen und ersteres dadurch unwirksam machen[1]." Alle Vorschriften aber für Wasserglaspasten, die mit Kalkhydrat hergestellt sind, enthalten mehr als 2% CaO, ohne Zweifel, weil mit einem so geringen Zusatz die Pastenform nicht zu erzielen ist.

Chlormagnesium $(MgCl_2)$, gewöhnlich als kristallisiertes Salz $(MgCl_2 + 6 H_2O)$ angewandt, ist ein wichtiges Ausgangssalz zur Herstellung der sog. Magnesiapasten[2]). Hierbei ist besonders auf Abwesenheit von Sulfat zu achten. Der wirksame Bestandteil dieser Pasten ist das Magnesiumhydroxyd $[Mg(OH)_2]$. Voraussetzung ist kolloide Form, wenn gute Adsorptionswirkung erreicht werden soll. Ausfällungen des Chlormagnesiums mit Ätzalkalien oder Alkalikarbonaten sind wegen der damit verbundenen Alkaliverschwendung bei der Herstellung vom Reichsausschuß verboten. Man verwendet deshalb Ätzkalk.

---
[1]) Seifenfabrikant 1918, S. 548.
[2]) Vgl. „Waschpasten".

Seltener als Chlormagnesium findet das **Magnesiumsulfat**, **Bittersalz** ($MgSO_4 + 7\,H_2O$) Verwendung. Es besitzt ebenfalls keine Waschkraft. Man darf es nicht zusammen mit Seifenpulver verwenden, da sich sonst unlösliche Magnesiumsalze bilden.

Magnesiumkarbonat dient dazu, Wasserglaspasten haltbar zu machen. Bringt man Chlormagnesium und Magnesiumkarbonat zusammen, so erhält man in Wasser sich milchig verteilende Massen, die schwach blasig schäumen. Dies Schäumen entsteht dadurch, daß zwischen den beiden Magnesiaverbindungen Umsetzungen stattfinden. Unter Entbindung von blasig entweichender Kohlensäure bildet sich Magnesiumoxychlorid.

Alaun und Aluminiumsalze zu verwenden, war früher nicht gestattet; sie können jetzt, aber nur mit Genehmigung des Reichsausschusses für Öle und Fette, zu Waschmitteln verwandt werden. — Alaun (K_2SO_4, $Al_2\,3\,SO_4 + 24\,H_2O$) und schwefelsaure Tonerde ($Al_2\,3\,SO_4$) sind die Ausgangssalze für das vielfach als Schmierseifenersatz angebotene Aluminiumhydroxyd [$Al(OH)_3$]. Nach Max Buchner[1]) erhält man es am besten durch Fällung mit Ammoniak aus verdünnten Aluminiumsalzlösungen. Dabei entstehen im allgemeinen wasserreiche, gelatinöse Massen mit nur geringem Gehalt des eigentlichen Hydroxyds, indem dieses als gequollenes Hydrat in überaus günstigem Zustand vorhanden ist. Es ist sehr beständig. — In der Versammlung der Vereinigung der Fabrikanten fettloser Waschmittel in Berlin am 29. April 1917 hat Dr. Jewnin auf die große Waschkraft der Aluminiumsilikate hingewiesen. Begegnet sind uns Waschmittel mit solchen Silikaten bisher nicht, woran ohne Zweifel das Verbot des Kriegsausschusses für Öle und Fette schuld war; nach Aufhebung des Verbots werden sie jedenfalls im Handel erscheinen. Hergestellt wird das Aluminiumsilikat durch Versetzen von verdünnter Wasserglaslösung mit der Lösung eines Tonerdesalzes, z. B. schwefelsaurer Tonerde.

Wasserglas.

Das Wasserglas spielt heute eine große Rolle in der Waschmittelindustrie; es ist der am meisten gebrauchte Bestandteil bei Herstellung fettloser Waschmittel. Es besteht aus Silikaten des Natriums oder Kaliums; letzteres aber findet wenig Verwendung, und wenn von Wasserglas schlechthin gesprochen wird, ist immer das Natronwasserglas gemeint. Letzteres findet ausgiebig Verwendung sowohl zum Füllen von Seife wie auch bei Herstellung fettloser Waschmittel. Es ist nicht einheitlich zusammengesetzt, und die verschiedenen Handelssorten zei-

---

[1]) D. R. P. Nr. 212 220.

gen einen verschieden großen Gehalt an Kieselsäure. Es ist amorph und durchsichtig wie Glas, von muschligem Bruch und in Wasser löslich. Die Auflösung des festen Produktes erfolgt am besten in einer horizontal gelagerten Trommel, in der es unter Dampfdruck erhitzt wird. Gewöhnlich stellt man die Lösung auf 36—38° Bé. oder 38—40° Bé. Die Lösungen sind fast immer trübe und müssen durch Absetzen oder Filtrieren geklärt werden.

Das Wasserglas wird durch Schmelzen von Kieselsäure mit Natriumsulfat unter Zusatz von Kohle hergestellt. Als Ausgangsmaterial dient Quarzsand oder Infusorienerde. Zur Darstellung von Natronwasserglas werden 100 T. Sand, 60 T. kalziniertes Natriumsulfat und 25 T. Kohle im Flammenofen geschmolzen. Die erhaltene Schmelze wird im Steinbrecher oder Desintegrator zerkleinert und in rotierenden, teilweise gefüllten Bouilleurs von ca. 30 000 l Inhalt mit Hilfe von gespanntem Dampf gelöst. Die Lösung wird mit Dampf in die Klärbassins, aus großen eisernen Reservoirs bestehend, gedrückt und daselbst zur Entfernung des noch vorhandenen Schwefelnatriums in der Wärme mit einer Lösung von Chlorkalk behandelt. Nach dem Absetzenlassen wird die Wasserglaslauge in großen eisernen Pfannen auf 40° Bé., seltener auf 60° Bé. eingedampft. Das Eindampfen darf nicht unterbrochen werden, da sich sonst eine Haut auf dem Wasserglas bildet, die das weitere Eindampfen außerordentlich erschwert.

Bei Verwendung von Wasserglas zum Füllen von Seife wird es abgerichtet, d. h. alkalisch gemacht, um eine Ausscheidung zu verhindern. Gewöhnlich nimmt man auf 100 kg Wasserglas von 38° Bé. 5—7,5 kg Natronlauge der gleichen Stärke.

Die Verwendung des Wasserglases als Waschmittel beruht darauf, daß es beim Waschprozeß durch die Einwirkung des Wassers in Ätznatron und Kieselsäure zerfällt. Letztere soll mechanisch wirken. Man verwendet Wasserglas nicht für sich allein als Waschmittel, sondern stets in Verbindung mit anderen Waschmitteln, besonders mit Seife oder Soda oder mit beiden zugleich. Beim Waschen von Geweben in kalk- oder magnesiahaltigem Wasser bildet sich kieselsaurer Kalk resp. kieselsaure Magnesia, Verbindungen, die sich auf der Faser niederschlagen.

Über die Wirkung des Wasserglases sowie wasserglashaltiger Waschmittel auf die Gewebe ist viel gestritten worden, und noch heute gehen die Meinungen weit auseinander. Während die einen, namentlich viele Chemiker, behaupten, daß Wasserglas und wasserglashaltige Waschmittel die Zeugfaser stark angreifen, und das Wasserglas ganz aus der Wäscherei ausschließen möchten, sind andere, namentlich Seifenfabrikanten, der Ansicht, daß Seifen mit Wasserglas keineswegs von besonderer Schädlichkeit für die Wäsche sind. Wertvolle Beiträge zur

Lösung dieser Frage sind in neuester Zeit von W. Zänker und Karl Schnabel[1]), sowie von Ad. Grün und Jos. Jungmann geliefert worden. Die zuerst genannten Chemiker haben auf Veranlassung des Vorstandes des Verbandes der Seifenfabrikanten den Einfluß der Wasserglasfüllung auf die Waschwirkung von Seife und Seifenpulver durch sorgfältige Versuche festzustellen gesucht. Ihren vergleichenden Untersuchungen haben sie 1. eine wasserglasfreie, aus 60% Baumwollsaatöl und 40% Palmkernöl gesottene, neutrale weiße Kernseife, 2. eine gleiche Kernseife, der vor dem Formen 20% Wasserglas von 38 bis 40° Bé. und die zur Verhütung des Auskristallisierens notwendige Menge von 5% Natronlauge eingekrückt waren, 3. ein normales, 30% Fettsäure enthaltendes Seifenpulver und 4. ein gleiches Seifenpulver, dem noch flüssig 20% Wasserglas und 5% Natronlauge zugesetzt waren, zugrunde gelegt. Ihre Waschversuche haben sie mit Gespinsten ausgeführt, „weil der zufällig etwas größer oder geringer gewordene Zusammenhang zwischen Kette und Schluß der durch Abteilen der Gewebestreifen für die Prüfung ausgeübte mechanische Einfluß und andere Nebenumstände eine genaue Prüfung von Geweben unmöglich machen". Gewaschen wurde in Wasser von etwa $1/2 - 1$ deutscher Härtegrade. Gearbeitet wurde mit je 10 g Seife und je 10 g Seifenpulver auf je 2 l Wasser. Das zu waschende Baumwollgewebe wurde hierin jeweils eine Stunde gekocht. Nach gutem Spülen wurde an der Luft getrocknet und nach zwei- bis dreitägigem Lagern und Wiederaufnahme der Luftfeuchtigkeit die Zerreißfestigkeit des Garnes bestimmt. Da der mechanische Verschleiß durch Reiben, Tragen usw. fortfällt, ist eine Mindestzahl von 200 Wäschen ausgeführt worden, ehe das erhaltene Waschresultat als abgeschlossen angesehen wurde. Die Prüfung wurde nach je 5—10 Wäschen vorgenommen und jede Festigkeitszahl aus dem Durchschnitt von wenigstens 50 Zerreißversuchen berechnet.

Die so angestellten Versuche haben ergeben, daß die Waschwirkung mit Wasserglas gefüllter Seifen und Seifenpulver gegenüber reiner Seife und Seifenpulver eine geringere ist und daß, der größeren Reinigungskraft von Seife und Seifenpulver entsprechend, bei diesen die fadenschwächende Wirkung eine etwas größere als die der wasserglasgefüllten Waschmittel ist. **Fadenzerstörende Eigenschaften besitzt demnach das Wasserglas bei nicht zu starker Füllung und richtiger Wäsche nicht.** Bei steigender Anzahl der Wäschen tritt bei wasserglashaltigen Waschmitteln eine Anhäufung mineralischer Bestandteile in den Wäschestücken ein, während dieser Gehalt bei Verwendung reiner Waschmittel ziemlich gleich bleibt. Diese Anhäufung von Silikaten in den Wäschestücken hat viele Chemiker veranlaßt, das Wasserglas für schädlich zu halten, weil sie annahmen,

---
[1]) Seifenfabrikant 1917, S. 225, 249 u. 279.

daß dadurch ein starkes Zerreißen, Wolligwerden und Zerschneiden der Wäsche stattfindet; dies ist jedoch nach Zänker und Schnabel nicht der Fall. Unter dem Mikroskop zeigen sich die Kieselsäureausscheidungen mehr als borkige Auflagerungen als in der Form von Einlagerungen.

Ad. Grün und Jos. Jungmann[1]) haben sich bei ihren Untersuchungen über die Wirkung der Waschmittel auf die Gewebe ihr Ziel etwas weiter gesteckt; sie haben für Seife, Soda und Wasserglas sowohl die Wirkung, die jedes dieser Waschmittel für sich allein, wie auch in Verbindung miteinander ausüben, untersucht. Sie haben ihre Versuche sowohl an Baumwollzeug wie auch an Leinwand vorgenommen und zu jeder Waschreihe je vier gleich große Stücke in der Gesamtbreite der Webe und 35 cm Länge, im Gesamtgewicht von rund 360 g verwandt. Vom Waschmittel wurden 100 g = 28% vom Stoffgewicht genommen. Alle Waschreihen wurden doppelt ausgeführt, einmal in Leitungswasser von 8,5 Härtegraden, das andere Mal in destilliertem Wasser. Verwandt wurden neutrale Kernseife mit 62% Fettsäuregehalt, 98 proz. Ammoniaksoda, 38 grädiges Wasserglas und festes Wasserglas ($Na_2Si_4O_9$). Vor den eigentlichen Waschungen wurde durch halbstündiges Kochen der Gewebe mit destilliertem Wasser die Appretur entfernt. Dann wurden je vier Stück Baumwollzeug und Leinewand in die vorbereitete (5 l) kalte, 2 proz. Waschlösung eingelegt und die Lösung erhitzt, so daß sie in ungefähr 15 Minuten ins Kochen geriet. Die Gewebestreifen blieben eine halbe Stunde in der kochenden Waschlauge und wurden während der Zeit häufig umgewendet. Dann wurden sie gründlich mit Leitungswasser gespült und getrocknet, aber nicht geglättet. Jede Waschung wurde 30 mal wiederholt. Dann erst wurden die Wäschestücke mit einem nicht zu heißen Eisen geplättet. Auf diese Weise erhielten Grün und Jungmann folgende Resultate:

Festigkeit von Baumwollgewebe nach je 30 Waschungen:

Waschmittel	mit hartem Wasser		mit weichem Wasser	
	Festigkeitszahl	Festigkeit in % vom urspr. Wert	Festigkeitszahl	Festigkeit in % vom urspr. Wert
Ungewaschen . . .	20,3	100	20,3	100
Kernseife	20,2	99,5	20,2	99,5
Soda	20,7	102,0	20,2	99,5
Wasserglas	20,1	99,0	18,4	91,6

Festigkeit bei Leinwand nach je 30 Waschungen:

Ungewaschen . . .	23,0	100	23,0	100
Kernseife	21,9	95,5	21,8	94,8
Soda	22,2	96,4	21,7	94,2
Wasserglas	19,5	94,8	18,7	81,0

[1]) Seifenfabrikant 1917, S. 507, 529 u. 553.

Bei Verwendung von hartem Wasser wird sowohl bei Baumwollzeug wie bei Leinwand die Faser etwas weniger angegriffen als beim Waschen in weichem Wasser. Bei Seife und Soda sind diese Unterschiede allerdings sehr gering. Die Leinwand zeigt sich gegen jedes Waschmittel erheblich weniger widerstandsfähig als Baumwolle.

Während die mit Seife gewaschenen Zeuge unveränderten, ja erhöhten Glanz zeigen und im auffallenden Licht blendend weiß erscheinen, sind die mit Soda gewaschenen im zerstreuten Licht stark vergilbt mit einem Stich nach Rosa; im auffallenden Licht scheinen sie leicht grau angefärbt. Nach dem Waschen mit Wasserglas sind die Gewebe zwar weiß, aber vollkommen glanzlos, stumpf, gleichsam kalkig. Fast noch schlechter als die Farbe ist der Griff aller mit Soda oder Wasserglas gewaschenen Zeuge.

Bei kombinierten Waschmitteln 1 : 1 resp. 1 : 1 : 1 zeigte nach 30 maligem Waschen Baumwollgewebe in Leitungswasser gegen die ursprüngliche Festigkeit bei Seife und Soda eine Abnahme von 9,4%, bei Seife und Wasserglas eine Abnahme von 5,4%, in weichem Wasser bei Seife und Soda eine Abnahme von 6,4%, bei Seife und Wasserglas eine Abnahme von 10,6%, bei Soda und Wasserglas eine Abnahme von 6,0%, bei Seife, Soda und Wasserglas eine Abnahme von 0,5%; Leinwand in Leitungswasser bei Seife und Soda eine Abnahme von 22,5%, bei Seife und Wasserglas eine Abnahme von 15,2%, bei Soda und Wasserglas eine Abnahme von 15%, bei Seife, Soda und Wasserglas eine Abnahme von 18,3%; in weichem Wasser bei Seife und Soda eine Abnahme von 14,4%, bei Seife und Wasserglas eine Abnahme von 21%, bei Soda und Wasserglas eine Abnahme von 12,5%, bei Seife, Soda und Wasserglas eine Abnahme von 8,6%. Daraus schließen Grün und Jungmann: „Danach schaden Gemische von zwei und mehr Waschmitteln den Geweben im allgemeinen mehr, als jedes dieser Mittel, allein verwandt, schadet." Das stimmt nach ihren Zahlen wohl für die Kombination von zwei Waschmitteln, aber nicht für die Kombination Seife, Soda und Wasserglas. Diese Zusammensetzung ist ja, was Festigkeitserhaltung betrifft, für Baumwollgewebe geradezu ein ideales Waschmittel und gibt selbst bei Leinwand in weichem Wasser das günstigste Resultat.

Die in Seife- und Sodalösung nur eingeweichten Gegenstände zeigen nach der Behandlung reinweiße Farbe mit schönstem Hochglanz und tadellosem Griff.

Ton und Speckstein.

Ton. Mit Ton bezeichnen wir die leicht zerreiblichen, teils ungefärbten, teils gefärbten erdigen Substanzen, die mit Wasser eine plastische Masse bilden und die Basis der mannigfaltigen irdenen Geschirre, vom

Porzellan bis zur Töpferware, und der Ziegel sind. Die verschiedenen Tonarten bestehen aus kieselsaurer Tonerde, gemengt mit verschiedenen anderen Stoffen, die teils von der Art und Weise der Bildung des Tons herrühren, teils sich ihm später beimischten.

Der Ton ist ein sekundäres Erzeugnis. Er ist ein Produkt der Zersetzung anderer Mineralien, namentlich der Feldspate. Aus diesen Mineralien, deren Bestandteile kieselsaure Tonerde und kieselsaure Alkalien sind, ist durch Einwirkung von Kohlensäure und Wasser der größte Teil des Alkalis und ein Teil der Kieselsäure entfernt worden und so kieselsaure Tonerde, gemengt mit mehr oder weniger unzersetztem Mineral und freier Kieselsäure, zurückgeblieben. Dieser Rückstand ist Ton. Auf diese Weise entstanden, findet sich der Ton nicht selten am Orte der Entstehung, im Urgebirge oder dessen Trümmern, gemengt mit Quarz, auch mit Glimmer, was seine Bildung aus dem Feldspat des Granits, eines Porphyrs usw. anzeigt, und besitzt bisweilen noch die Gestalt des Feldspats. Dieser am Orte seiner Bildung lagernde Ton, der weiß, erdig ist und, mit Wasser angerührt, eine nur mäßig plastische Masse gibt, wird Kaolin[1]) ($Al_2Si_2O_5 + 2\,H_2O$) oder, nach seiner Anwendung, Porzellanerde genannt.

Bei der Leichtigkeit, mit der sich der Ton im Wasser suspendiert, ist er häufig durch Fluten vom Orte der Entstehung fortgeschwemmt und an entfernten Orten, beim ruhigen Stehen des Wassers, gemengt mit anderen gleichzeitig aufgeschwemmten oder in Wasser aufgelösten Substanzen, wieder abgelagert worden. Diese allgemein verbreiteten Ablagerungen haben, im Gegensatz zum Kaolin, vorzugsweise den Namen Ton oder plastischer Ton erhalten.

Der im jüngeren Gebirge, besonders im aufgeschwemmten Lande vorkommende Ton ist weit mehr verbreitet als der Kaolin. Je nach der Beschaffenheit und der Menge der der kieselsauren Tonerde beigemengten fremden Substanzen, wodurch er zu der einen oder anderen Anwendung besonders fähig wird, hat er besondere Namen erhalten. Der sehr reine Ton dieser Art, der neben kieselsaurer Tonerde nur sehr unbedeutende Mengen von kieselsaurem Kalk und Eisenoxyd enthält, führt den Namen Pfeifenton, Porzellanton. Enthält der Ton größere Mengen Eisenoxydhydrat oder Eisenoxyduloxyd, so erscheint er davon gelblich oder bläulich gefärbt und heißt Töpferton, Ziegelton. Ist er reich an Sand und an Eisenoxydhydrat, wird er Lehm genannt. Roter Bolus ist im wesentlichen ebenfalls mit Eisenoxyd gefärbter Ton. Gewöhnlich enthalten diese Tone auch kohlensauren Kalk.

Die Eigenschaft des Ton, zu waschen und Schmutz aufzunehmen, ist seit langem bekannt. Sie beruht, abgesehen von mechanischer

---
[1]) Vom Chinesischen Kao-ling.

Wirkung, darauf, daß alle Tone mit Wasser aufquellen, eine mehr oder weniger plastische Masse bilden und in einen kolloidalen Zustand übergehen. Sie besitzen dann die Eigenschaft, Farbstoffe, Öle und Schmutz, auch Gerüche, anzuziehen. Tone, die mit Wasser eine sehr plastische Masse bilden, werden **fette** genannt, die eine weniger plastische Masse ergeben, **kurze** oder **magere**. Am wenigsten plastisch ist der Kaolin. Die größere Plastizität der anderen Tone beruht nach Untersuchungen von Rohland, Neubert usw. hauptsächlich auf einem Gehalt an Humussubstanzen.

Nach Hugo Kühl[1]) zeigt der Ton im natürlichen, lufttrocknen Zustand noch keine reinen Kolloideigenschaften, d. h. er vermag nicht ohne weiteres in eine scheinbare Lösung zu gehen, wenn man ihn mit Wasser anreibt oder anrührt. Selbst der reinste Ton, der Kaolin, muß monatelang „auswintern" bzw. „aussommern", bevor er die geeignete Beschaffenheit erhält.

Da nicht alle Tone die Eigenschaft, kolloide Lösungen zu bilden, im gleichen Maße haben, ist es zweckmäßig, sich zuvor von der Beschaffenheit des zu verarbeitenden Tons zu überzeugen. Zunächst sind nach Kühl[1]) folgende Anforderungen zu stellen: 1. Der Ton soll eine gleichmäßig grauweiße Farbe im lufttrockenen Zustande besitzen und darf keine Steinchen enthalten. 2. Er muß sich mit Wasser leicht zu einer plastischen Masse verkneten lassen, und diese darf auf den Bruchflächen keine von Eisensauerstoffverbindungen herrührende braunrote Flecke zeigen. 3. Im Mörser mit 99 T. Wasser angerieben und in einen Glaszylinder gespült, soll der Ton nach kräftigem Durchschütteln zu 30% innerhalb 2 Stunden suspendiert bleiben, mithin einen bestimmten Feuchtigkeitsgrad besitzen. Nach 48 Stunden soll die obere klare, aber schwach opalisierende Flüssigkeit, nach erfolgtem Filtrieren durch Filtrierpapier, nach dem Abdampfen einen Rückstand hinterlassen von kolloid gelöst gewesenem Ton.

Aller Ton, der zu Waschmitteln dienen soll, sollte zuvor geschlämmt werden, damit die beigemengten Quarzstücke usw. entfernt werden. Der von den Tonwerken geschlemmte und dann lufttrocken gemachte Ton enthält, wenn er dann als Brocken in den Handel kommt, ungefähr 10% Wasser. In dieser Form ist er in Kugelmühlen, Schleudermühlen, aber auch in anderen Mühlen, wie sie z. B. in der Zementindustrie gebraucht werden, gut mahlbar.

Speckstein. Der Speckstein oder Talk, auch Federweiß genannt, ist ein wasserhaltiges Magnesiumsilikat [$Mg_2H_2(SiO_3)_4$] von weißer bis gelblicher Farbe und wird namentlich in Böhmen, Frankreich und Amerika gewonnen. Zu Waschmitteln wird er gemahlen angewandt. Er bildet dann ein feines, weißes, sich fettig anfühlendes

---

[1]) Seifens.-Ztg. 1916, S. 879.

Pulver. Er muß vor Feuchtigkeit geschützt aufbewahrt werden, da sich sonst Klumpen bilden. Er zieht in ähnlicher Weise wie Ton künstliche, pflanzliche und tierische Farbstoffe, sowie Fette, Öle und Schmutz an. Die Aufnahmefähigkeit für die verschiedenen Farbstoffe ist, wie P. Rohland[1]) durch eingehende Untersuchungen festgestellt hat, außerordentlich verschieden. Einfach konstituierte Salze, wie Cuprisulfat, Kalidichromat, werden überhaupt nicht aufgenommen.

Der Talk hat schon immer als Füllmittel für Seifen gedient, aber nicht wegen seiner kolloidalen Eigenschaften, sondern lediglich als Streckungsmittel. Namentlich ist er als Füllungsmittel für kaltgerührte Kokosseifen benutzt worden. Seine Verwendung erfolgt meist in der Weise, daß man ihn mit etwas geschmolzenem Kokosöl anrührt und dann dem Ölansatz einkrückt. Die mit Talk vermehrten Seifen sind sehr hart, halten sich sehr gut auf Lager, wirken günstig auf die Haut und entwickeln, gut getrocknet, beim Pressen viel Glanz, haben aber den Nachteil, daß ihnen jede Transparenz abgeht und daß damit gefüllte weiße Seifen ein mehr graues Aussehen haben. — Als die Kokosseifen auf kaltem Wege mehr und mehr zurückgedrängt, hauptsächlich wohl infolge der schwierigen Beschaffung von gutem Kokosöl für die Toiletteseifenfabrikation[2]), und an ihre Stelle pilierte Seifen geringerer Qualität getreten waren, hatte man angefangen, auch diese mit Talk zu füllen, z. T. recht ausgiebig, so daß pilierte Toiletteseifen mit 25 bis 40% Talkgehalt in den letzten Jahren vor dem Kriege keine Seltenheit waren.

Der Talk spielt in der deutschen Waschmittelindustrie eine erheblich geringere Rolle als der Ton.

Schaum- und schleimbildende Stoffe.

Als schaumbildende Stoffe kommen hauptsächlich Saponin und saponinhaltige Pflanzenteile in Betracht. Die Quillajarinde, auch Panamarinde genannt, die getrocknete Rinde von Quillaja saponaria, einer in Chile und Peru heimischen Spiraeacee, hat schon seit langer Zeit zum Waschen feiner wollener und seidener Gewebe gedient. Ihr wirksamer Bestandteil ist Saponin. Dieses, ein Glukosid, das auch noch in vielen anderen Pflanzen enthalten ist, bei uns namentlich in den Roßkastanien, den Früchten von Aesculus Hippocastanum, und in den Wurzeln des Seifenkrautes (Saponaria officinalis), einer Caryophyllacee, bildet ein neutrales, weißes, amorphes, geruchloses, aber starkes Niesen erregendes Pulver, von anfangs süßlichem, später kratzendem Geschmack und ist giftig. Es wird her-

---
[1]) Seifenfabrikant 1915, S. 459.
[2]) Vgl. S. 30.

gestellt, indem man die zerkleinerte Quillajarinde mit Wasser auszieht, den wässerigen Auszug durch Fällung mit Formaldehyd oder auf andere Weise von Eiweiß und anderen Verunreinigungen befreit und die Lösung nach dem Filtrieren eindampft. Es ist in Wasser und wässerigem Weingeist löslich, unlöslich in wasserfreiem Weingeist. Die Lösungen sind kolloid, lassen sich wie Eiweiß aussalzen und entwickeln, ähnlich den Eiweiß- und Seifenlösungen, starken Schaum. 0,1% Saponin enthaltende wässerige Lösungen schäumen wie Seifenwasser. Vor der Seife haben die Saponinsubstanzen den Vorzug, daß sie selbst die empfindlichsten Farben nicht schädigen und die feinsten Woll- und Seidenstoffe nicht angreifen. Die türkischen und persischen Teppiche sollen nur mit dem armenischen und ägyptischen Seifenkraut gewaschen werden.

Man verwendet das Saponin vielfach in Mengen von 2—3% zu fettlosen Waschmitteln, um sie schäumend zu machen, sowie zu Seifenpulvern, um ihre Schaumkraft zu erhöhen.

R. Kobert[1]) erklärt, daß zu Tonpräparaten, die als Waschmittel benutzt werden sollen, mit großem Vorteil 1—3% Saponin, z. B. der Quillajarinde, zugesetzt werden können. Sie reinigen dann außerordentlich viel besser, weil sie einen reichlichen Schaum geben. Nichts wäre verkehrter, als etwa zu glauben, daß der Saponinschaum bei Waschmitteln ein Blendwerk sei, dem Publikum Seife vorzutäuschen.

Die schleimbildenden Pflanzenstoffe, wie Agar-Agar, Carrageen, Traganth usw., sind für die Waschmittelindustrie von sehr untergeordneter Bedeutung, weil ihr Waschvermögen zu unbedeutend und ihre Preise zu hoch sind. Vom Kriegsausschuß für Öle und Fette wurden sie als Zusätze zu Waschmitteln nicht genehmigt, weil die Zusätze in geringen Mengen unwirksam, in größeren Mengen aber zu teuer waren; der Reichsausschuß für Öle und Fette genehmigt sie nur insoweit, als durch ihren Zusatz die Gestehungskosten des Waschmittels um nicht mehr als 20 Pf. für 1 kg verteuert werden.

Lösungen von Agar-Agar und Carrageen sind früher bisweilen zum Füllen von Schmierseife benutzt, aber nicht, um damit eine Waschwirkung zu erzielen, sondern lediglich als Streckungsmittel.

Fettlösungsmittel.

Von den in Frage kommenden Fettlösungsmitteln: Benzin, Terpentinöl, Tetrachlorkohlenstoff und Trichloräthylen, ist Benzin ein beliebtes Fleckenreinigungsmittel und das Hauptmaterial für die Trockenwäsche. Es hat nicht an Versuchen gefehlt, Benzin der Seife einzuverleiben und so die Wirkungen von Seife und Benzin zu

---

[1]) Seifens.-Ztg. 1917, S. 532.

verbinden. In Amerika werden dergleichen Seifen unter dem Namen „Naphta - Soap" in größerem Maßstabe hergestellt, ohne Zweifel in der Weise, daß man Fettsäuren in Benzin löst und diese Lösung der fertigen Seife einrührt. Die Bindung des Benzins ist sehr lose, und es verdunstet in merklicher Menge. Die Benzinseifen sind infolgedessen ziemlich feuergefährlich, und die beim Waschen sich entwickelnden Benzindämpfe belästigen die Wäscherinnen sehr.

Das Terpentinöl wurde vielfach in der Hauswäsche benutzt, namentlich in Verbindung mit Ammoniak (Salmiakgeist). In den Seifensiedereien hat man sich dadurch veranlaßt gesehen, Schmierseife und Seifenpulver mit Terpentin, sowie auch mit Terpentin und Ammoniak herzustellen. Bei der Flüchtigkeit der beiden Stoffe pflegen Schmierseife und Seifenpulver, auch wenn diese Stoffe ihnen zugesetzt waren, wenig oder nichts davon zu enthalten.

Tetrachlorkohlenstoff und Trichloräthylen sind sehr gute Fettlösungsmittel und haben vor Benzin und Schwefelkohlenstoff den großen Vorzug, daß sie nicht brennbar sind, obendrein fast nur auf fettartige Körper wirken und daher bei der Extraktion reinere Produkte liefern; Tetrachlorkohlenstoff hat aber den großen Nachteil, daß er die meisten Metalle angreift und man nur in verbleiten Apparaten damit arbeiten kann. Das Trichloräthylen muß in geschlossenen Gefäßen unter Luftabschluß aufbewahrt werden, da es sich sonst allmählich unter Gelbfärbung zersetzt. Man hat beide Stoffe durch Einverleibung in Seife für die Wäscherei nutzbar zu machen gesucht. Eine wirklich wertvolle Kombination von Seife und Fettlösungsmittel haben Stockhausen & Traiser in Krefeld in ihrem Tetrapol und V. M. Melsbach, ebenfalls in Krefeld, unter dem Namen Polarin in den Handel gebracht. Das Tetrapol besteht aus einem Rizinussulfoleat (Monopolseife) mit einem je nach den Marken wechselnden Gehalt von Tetrachlorkohlenstoff. Das Polarin enthält ebenfalls Tetrachlorkohlenstoff.

Bleichmittel.

Als Bleichmittel für Leinen und Baumwolle dienten früher, abgesehen von der „Rasenbleiche", fast ausschließlich Chlorverbindungen; sie sind in neuerer Zeit wesentlich durch Superoxyde und Persalze: Wasserstoffsuperoxyd, Natriumsuperoxyd, Persulfat, Perborat und Perkarbonat verdrängt worden. Von Chlorverbindungen wird besonders das Natriumhypochlorit (NaClO) als Eau de Javelle in der Hauswäsche benutzt. Bei dem sog. elektrischen Bleichverfahren in der Wäscherei ist das Natriumhypochlorit ebenfalls das bleichende Agens. Der Bleichprozeß aller dieser Bleichmittel beruht auf einem Oxydationsvorgang, und in allen Fällen ist der aktive Sauerstoff das wirkende Mittel, bei den Peroxyden unmittelbar, bei Chlor resp. Hypochloriten mittelbar. Während die Gewebe tierischen Ursprungs, wie Wolle und Seide, gegen Alkalien sehr empfindlich sind, dagegen eine erhebliche Säurebehandlung vertragen, sind die Pflanzenfasern vor allem säureempfindlich, indem die Zellulose leicht in morsche und pulverisierbare Hydrozellulose übergeht; aber auch gegen Oxydationsmittel, wie aktiven Sauerstoff, Chlor bzw. Hypochlorite, ist sie sehr empfindlich und wird dadurch in Oxyzellulose verwandelt, die ebenso wie die Hydrozellulose durch geringe Haltbarkeit und schnellen Verfall charakterisiert ist.

Superoxyde. Das Wasserstoffsuperoxyd (H_2O_2) wäre, da es fast 50% aktiven Sauerstoff enthält und nach dessen Abgabe reines Wasser hinterläßt, ein vorzügliches Bleichmittel, wenn es nicht den Nachteil der geringen Haltbarkeit hätte. — Beim Natriumsuperoxyd ist der große Übelstand, daß bei seiner Zersetzung stark wirkendes Ätznatron entsteht. Auch ist seine Wirkung sehr stürmisch, so daß seine Verwendung nicht gefahrlos ist. Es läßt sich ferner nur schwer unzersetzt aufbewahren und erfordert infolgedessen besondere Maßregeln für Verpackung, Aufbewahrung und Benutzung. Es läßt sich nicht mit den gewöhnlichen wasserhaltigen Seifen und Seifenpulvern vermischen, da es sich sonst sofort zersetzt. Meist kommen deshalb die Natriumsuperoxydwaschmittel in zweiteiligen Packungen in den Handel, deren eine Hälfte das Natriumsuperoxyd, meist vermischt mit einem Verdünnungsmittel, z. B. Natriumbikarbonat oder kohlensaurem Kalk, dagegen die andere Hälfte das Seifenpulver enthält; doch kommen auch Mischungen von Natriumsuperoxyd mit wasserfreier Seife oder anderen wasserfreien Stoffen vor. Man kann vor solchen Waschmitteln nur warnen, da sie in der Hand des Unerfahrenen gefährlich sind.

Persalze. Von den Persalzen ist Persulfat wenig geeignet, da bei seiner Zersetzung freie Schwefelsäure auftritt, die auf die Seife zersetzend einwirkt, wenn nicht genügende Sodamengen zur Bindung der Schwefelsäure vorhanden sind. Man muß deshalb den persulfathaltigen Waschmitteln einen Überschuß an Soda geben, der nur zur Neutralisation dient und für die Waschwirkung verloren geht.

Das am meisten angewandte Bleichmittel war vor dem Kriege das Perborat ($NaBO_3 + 4 H_2O$), das über 10% aktiven Sauerstoff enthält und in wässeriger Lösung in Wasserstoffsuperoxyd und Borax zerfällt. Bei dem Mangel an Borsäure in der Kriegszeit ist an Stelle des Natriumperborats das Natriumperkarbonat getreten.

Das Natriumperborat ist von Prof. Tanatar in Odessa 1898 entdeckt worden. Er stellte es aus Borax, Natriumhydroxyd und Wasserstoffsuperoxyd her, nach der Gleichung:

$$Na_2B_4O_7 + 2 NaOH + 4 H_2O_2 = 4 NaBO_3 + 5 H_2O.$$

Auf demselben Wege stellten es fast gleichzeitig Melikoff und Pissarjewski her. In der Technik nimmt man statt Wasserstoffsuperoxyd häufig Natriumsuperoxyd. Stets muß das Borat zunächst in Metaborat übergeführt werden, indem man die genügende Menge freies Alkali, sei es in Form von Natronlauge oder von Soda, hinzubringt. Man kann auch von Borsäure ausgehen und diese mit Natriumperoxyd umsetzen, nach der Gleichung:

$$B(OH)_3 + Na_2O_2 = NaBO_3 + NaOH + H_2O.$$

Das hierbei entstehende Natriumhydroxyd muß durch Salzsäure oder durch Einleiten von Kohlensäure gebunden werden; sonst wird die Ausbeute schlecht[1]).

Das reine Natriumperborat ist ein weißes Pulver, das sich, weil es aus kleinen Kristallen besteht, beim Zerreiben zwischen den Fingern sandig anfühlt. Es entwickelt beim Reiben einen ozonartigen Geruch. Im reinen, trockenen Zustande ist es unbegrenzt haltbar. Zum Lösen braucht 1 g bei Zimmertemperatur ca. 40 ccm Wasser. Die wässerige Lösung entwickelt bei gewöhnlicher Temperatur langsam Sauerstoff, indem das Perborat in Borat übergeht. Erwärmen beschleunigt den Zerfall.

Wenn man auf Natriumkarbonat Wasserstoffsuperoxyd einwirken läßt, so erhält man Körper, die schwankende Mengen von aktivem Sauerstoff neben kohlensaurem Natrium und Wasser enthalten. Die Zusammensetzung hängt ab von der Stärke der Wasserstoffsuperoxydlösung, vom Verhältnis der Natriumkarbonatmenge zur Wasserstoffsuperoxydmenge, sowie von der Art und Weise des Trocknens der Erzeugnisse. Allen diesen Verbindungen liegt eine chemische Verbindung $2\,Na_2CO_3, 3\,H_2O_2$ zugrunde. Man gelangt nach einer Patentanmeldung von Henkel & Co.[2]) zu der Verbindung, dem Natriumperkarbonat, wenn man zu der Wasserstoffsuperoxydlösung nur soviel kohlensaures Natrium zusetzt, daß auf 2 Moleküle Na_2CO_3 3 Moleküle H_4O_4 in der Reaktionsmasse vorhanden sind.

Der erste Versuch, ein kombiniertes Waschmittel aus Seife und Perborat herzustellen, ist von Gießler und Bauer ausgegangen, die 1903 ein Patent auf Herstellung fester Seife mit Perboratzusatz erhielten[3]). Von der Firma Paul Hartmann in Heidenheim a. Br. wurde eine nach diesem Patent hergestellte Seife unter dem Namen „Sapozon" in den Handel gebracht. Die harten Seifen mit Perborat haben keinen Erfolg gehabt, desto mehr die Seifenpulver mit Perboratzusatz.

---

[1]) Seifenfabrikant 1916, S. 85.
[2]) D. R. P. Nr. 303 556.
[3]) D. R. P. Nr. 149 335.

Trotz des Mißerfolgs der früheren perborathaltigen harten Seifen sind neuerdings zwei Patente auf persalzhaltige Seifen erworben: Dr. Richard Wolffenstein[1]) will peroxydhaltige Seifen herstellen, indem er zu einem Gemisch von fester Fettsäure und peroxydhaltigem Salz, wie Natriumperborat oder Natriumperkarbonat, ein fettsaures Salz unterhalb des Schmelzpunktes der Fettsäure hinzufügt, und die Deutsche Gold- und Silberscheideanstalt[2]) in Frankfurt a. M. hat sich die Herstellung gepreßter sauerstoffhaltiger Seife aus Seife und aktiven Sauerstoff abgebender Verbindung patentieren lassen. Vollkommen entwässerte, zerkleinerte, vorzugsweise pulverförmige Seife wird mit Salzen der Überborsäure oder Überkohlensäure versetzt und das Mischgut einem so hohen Druck ausgesetzt, saß es zu einem homogenen Ganzen zusammenschmilzt. — Wir glauben nicht, daß diesen neuen Fabrikaten ein besserer Erfolg beschieden ist als den früheren persalzhaltigen Seifen.

Wenn so die perborathaltigen Seifen wenig Anklang gefunden haben, so haben sich die Seifenpulver mit Perboratzusatz eines um so größeren Erfolgs zu erfreuen gehabt. Sie erschienen, wohl vom Jahre 1906 an, in großen Mengen auf dem Markte, dabei aber häufig Waschpulver, in denen kein Perborat mehr enthalten war, da ihre Hersteller nicht gewußt hatten, daß die Mischung des Seifenpulvers mit dem Persalz in vollkommen trockenem Zustande erfolgen muß und daß beim Eintragen des Perborats in einen flüssigen Seifenleim rasche Zersetzung eintritt, sowie daß der Fettansatz für ein Perboratseifenpulver nur aus gesättigten Fettsäuren bestehen darf und Fette mit einem höheren Gehalt an ungesättigten Fettsäuren (Olein, Leinöl, Bohnenöl), wie auch von Harz untauglich sind. — Man pflegt den Seifenpulvern ca. 10% Perborat zuzusetzen.

Die Kombination von Wasch- und Bleichmitteln, also der Zusatz von Bleichmitteln zu Waschmitteln, um neben der Waschwirkung zugleich eine Bleichwirkung zu erzielen, hat die sog. Bleichwäsche oder die selbsttätige Wäscherei geschaffen. „Der sich hier abspielende Prozeß ist der seit Jahrhunderten eingeführten Fabrikbleiche an die Seite zu stellen, die das Bleichen der Rohfasern von Leinwand, Baumwolle usw. bezweckt, aber mit dem Unterschied, daß die Fabrikbleiche nur einmal bei der Erzeugung oder Veredelung der Faser oder Fasererzeugnisse ausgeführt wird und die hierdurch verursachte Schwächung der Faser damit ein für allemal ihr Ende erreicht hat, während dieser Vorgang beim Bleichwaschen immer wiederholt und mit jedem neuen Waschen Oxyzellulose gebildet und die Haltbarkeit des Waschguts weiter herabgesetzt wird." (Heermann.)

---
[1]) D. R. P. Nr. 278 280.
[2]) D. R. P. Nr. 297 164.

Als die Bleichwaschmittel in den Handel kamen, wurden sie, da man die Sauerstoffbleiche für vollkommen unschädlich hielt, mit großer Freude aufgenommen. Sie führten sich schnell ein und erfreuten sich bald allgemeiner Beliebtheit; allmählich brach sich aber die Erkenntnis Bahn, daß die selbsttätigen Waschmittel doch nicht so unschuldig sind, wie man ursprünglich annahm. Immer häufiger wurden Stimmen laut, daß die Bleichwaschmittel die Wäsche sehr angreifen. Wenn die allgemeine Haltbarkeit der Wäsche, besonders der Leinwand, durch die Bleichwäsche schon durchgehends erheblich sinkt, so kommt nach den Beobachtungen von P. Heermann[1]) zu dieser durchgehenden Schwächung der Faser zum Teil noch eine örtliche Vernichtung der Stoffe bis zur Lochbildung. Insbesondere erweisen sich kupferhaltige Flecke, z. B. kupferhaltige Rostflecke, gefährlich. Je nach der Art der Faser (ob Baumwolle oder Leinen), der Dicke der Stoffe, der Konzentration der Sauerstoffbäder, der Menge des aufgetragenen Kupfers usw., tritt die Durchlöcherung schneller oder langsamer ein. Besonders empfindlich ist Leinen; bereits nach einmaligem Bleichwaschen in einem Natriumperboratbade von 1 bis 0,1% Perborat, also mit einem Sauerstoffgehalt von 0,1 bis 0,01%, entstehen in dünnen Leinenstoffen vollständige Durchlöcherungen. Bei Baumwollstoffen erhielt Heermann nach zweimaligem Waschen die ersten Durchlöcherungen, die bei jedem nächstfolgenden Waschen zusehends wuchsen und nach vier- bis sechsmaligem Waschen groschenstückgroße Löcher aufwiesen, und zwar soweit der Kupfergehalt reichte und nicht weiter. Der Sauerstoff nagt und frißt an der gefährdeten Stelle unausgesetzt weiter, bis er sie völlig aufgelöst hat. Folgenschwer dabei ist, daß die einmal in der Wäsche enthaltene katalytisch wirkende Anschmutzung beim Waschen nicht entfernt wird, so daß sie bei jeder nachfolgenden Waschbehandlung von neuem zur Wirkung gelangt.

Die für die Vernichtung der Faser erforderlichen Kupfermengen sind winzig klein. Heermann hat z. B. Löcher hergestellt, nachdem er auf den Leinenstoff schätzungsweise $1/_{50\,000}$ bis $1/_{100\,000}$ mg Kupfer aufgetragen hatte und nur einmal in einer 0,1 proz. Perboratlösung (+ Soda) von kalt bis 80° C eine Stunde oder z. T. nur 20 Minuten behandelt hatte. Das Sauerstoffbad enthielt also nur 0,01% aktiven Sauerstoff, wie es beispielsweise in der Hauswäsche angewandt zu werden pflegt. Charakteristisch ist bei dem Vorgang, daß große Mengen Kupfer sehr viel träger wirken als geringere.

Die im Materialprüfungsamt in Berlin-Dahlem ausgeführten Versuche haben ferner ergeben, daß die chemische Schädigung der Zellulosefaser durch Sauerstoffmittel erheblich größer ist als die mechanische

---

[1]) Chem.-Ztg. 1918, S. 85; Seifenfabrikant 1918, S. 145, 189, 209, 235, 281, 498 u. 501.

Schädigung durch sachgemäßes Reiben mit Bürsten, wenn jedesmal betriebsmäßig bis zur praktisch erreichbaren Reinheit gewaschen wurde. Nach 25 betriebsmäßig ausgeführten Waschbehandlungen wurde, die ursprüngliche Festigkeit = 100 gesetzt,

bei Bleichwaschmittel, die Festigkeit von Baumwolle = 66, von Leinen = 42,
bei demselben Waschmittel, sauerstoffrei, die Festigkeit von Baumwolle = 92, von Leinen = 82

gefunden.

Aus den von Heermann gemachten Beobachtungen ergibt sich mit Evidenz, daß die Bleichwaschmittel im üblichen praktischen Waschverfahren die Wäsche in bezug auf Festigkeit auf die Dauer erheblich mehr schädigen als die entsprechenden sauerstoffreien und daß sie unter besonderen Verhältnissen örtliche völlige Verwüstung der Gewebe bis zur Auflösung an gewissen Stellen verursachen.

Auch die Untersuchungen von Ad. Grün und Jos. Jungmann[1]) haben ergeben, daß Perboratlösungen die Festigkeit der Gewebe erheblich beeinträchtigen. Ihre Beobachtungen sind besonders dadurch von Bedeutung, daß sie zeigen, daß diese Lösungen, für sich allein angewandt, erheblich weniger schädlich sind als in Kombination mit Soda und namentlich mit Seife. Sie haben bei ihren Versuchen sowohl weiches (destilliertes) wie auch Leitungswasser mit 8,5 deutschen Härtegraden verwandt. Um den Einfluß der Temperatur zu ermitteln, wurden Parallelversuche angestellt. Bei den einen, den ,,Kochversuchen", ließen sie die siedende Perboratlösung je $1/4$ Stunde auf das Gewebe einwirken, bei den anderen, ,,dem Einweichen", wurde das Gewebe in die handwarme Perboratlösung eingelegt und 12 Stunden in der bald auf Zimmertemperatur erkaltenden Flüssigkeit belassen. Die Konzentration war in allen Fällen 0,2%. Bei den Versuchen mit reinen Perboratlösungen wurden 10 g Perborat auf 5 l Wasser gelöst, bei den Versuchen mit kombinierten Waschmitteln 100 g einer 10% Perborat enthaltenden Mischung. Jede Waschung wurde dreißigmal wiederholt, danach das Gewebestück geglättet und von jedem Stück wenigstens fünfzehnmal die Festigkeit bestimmt. Danach hatte

das Baumwollgewebe in destill. Wasser bei Zimmertemperatur 5%, bei Siedetemperatur 20,7%,
das Baumwollgewebe in Leitungswasser bei Zimmertemperatur 1%, bei Siedetemperatur 0,5%,
die Leinwand in destill. Wasser bei Zimmertemperatur 18%, bei Siedetemperatur 34,0%,
die Leinwand in Leitungswasser 8,5%, bei Siedetemperatur 6,9%

abgenommen.

Zu ihren Versuchen über kombinierte Waschmittel verwandten sie 90 T. Seife und 10 T. Perborat, 90 T. Soda und 10 T. Perborat, 90 T.

---
[1]) Seifenfabrikant 1917, S. 579 u. 603.

Wasserglas und 10 T. Perborat, 45 T. Seife, 45 T. Soda und 10 T. Perborat, sowie 30 T. Seife, 30 T. Soda, 30 T. Wasserglas und 10 T. Perborat. Es wurde wieder destilliertes Wasser und Leitungswasser von 8,5 Härtegraden genommen und die Versuche in der gleichen Weise, wie auf S. 59 angegeben, ausgeführt. Dabei hatte das Baumwollgewebe bei halbstündigem Kochen in destilliertem Wasser mit Perborat um 20,7%, mit Seife 0%, mit Seife und Perborat 20,6%, mit Soda 0,5%, mit Soda und Perborat 15,9%, Wasserglas 9,4%, Wasserglas und Perborat 15,2%, Seife und Soda 6,4%, Seife, Soda und Perborat 24,0%, Seife, Soda und Wasserglas 0,5%, Seife, Soda, Wasserglas und Perborat 15,4%; in Leitungswasser mit Perborat 0,5%, Seife 0,5%, Seife und Perborat 13,3%, Soda 0,2%, Soda und Perborat 4,9%, Wasserglas 1%, Wasserglas und Perborat 0,5%, Seife und Soda 9,4%, Seife, Soda und Perborat 5,4%, Seife, Soda und Wasserglas 5,4%, Seife, Soda, Wasserglas und Perborat 2,5%, die Leinwand in destilliertem Wasser mit Perborat 34%, Seife 5,2%, Seife und Perborat 27%, Soda 5,8%, Soda und Perborat 25,0%, Wasserglas 19,0%, Wasserglas und Perborat 32,6%, Seife und Soda 14,4%, Seife, Soda und Perborat 34,2%, Seife, Soda und Wasserglas 9,6%, Seife, Soda, Wasserglas und Perborat 40,4%; in Leitungswasser mit Perborat 6,9%, Seife 5,0%, Seife und Perborat 19,8%, Soda 3,6%, Soda und Perborat 8,6%, Wasserglas 15,2%, Wasserglas und Perborat 12,4%, Seife und Soda 22,5%, Seife, Soda und Perborat 22,2%, Seife, Soda und Wasserglas 18,3%, Seife, Soda, Wasserglas und Perborat 7,0%. Es zeigt sich also, daß die Festigkeitsabnahme bei Gegenwart von Perborat fast in allen Fällen größer ist als bei Verwendung perboratfreier Waschmittel. Die größte Schädigung durch Perboratzusatz zeigt sich bei Seife, geringere bei Soda, die geringste bei Wasserglas. Die mit Seife und Perborat gewaschenen Stücke zeigen auch in der äußeren Beschaffenheit eine Verschlechterung gegenüber den nur mit Seife gewaschenen.

Die Untersuchungen von Grün und Jungmann bestätigen, was auch schon Heermann gesagt hat, daß, wenn man auf die Waschbleiche nicht verzichten will, es unbedingt richtiger ist, nicht kombinierte Wasch- und Bleichmittel anzuwenden, sondern erst zu waschen und dann zu bleichen. Verwendet man Perborat oder Perkarbonat allein, so kann man bei jedem Bleichprozeß das Maximum des Effektes durch sorgfältige Auswahl der Bedingungen erzielen, d. h. möglichste Ausnutzung des aktiven Sauerstoffs bei geringster Schädigung der Gewebe; dagegen kann man bei Verwendung persalzhaltiger Gemische, wobei es sich nicht nur um das Bleichen, sondern in erster Linie um das Waschen handelt, die Bedingungen bezüglich Temperatur, Härte des Wassers, evtl. Vermeidung katalytischer Zusätze, nicht mehr frei wählen.

Maschinen und Apparate für die Waschmittelfabrikation.[1)]

Maschinen und Apparate für die Seifenpulverfabrikation.

Als man mit der Herstellung von Seifenpulvern begann, wurden sie in so kleinen Mengen angefertigt, daß man der Seife im gewöhnlichen Siedekessel die Soda und evtl. das Wasserglas mit der Hand einrühren konnte; allmählich aber hat sich die Waschpulverfabrikation zu einer mächtigen Industrie entwickelt, und heute wird der größte Teil der Seifenpulver und fettlosen Waschpulver mit Hilfe maschineller Einrichtung hergestellt. Bei der Fabrikation von Seifenpulver schlägt man zwei verschiedene Wege ein: man versiedet entweder das Fett in einem gewöhnlichen Siedekessel und überführt den entstandenen Seifenleim in eine Misch- und Knetmaschine, in der ihm Soda, Wasserglas usw. eingearbeitet werden, oder man verseift in einem Kessel mit kräftigem Rührwerk, in dem dann auch die Vermischung mit den Zusätzen erfolgt. Der im Kessel mit Rührapparat oder im Mischapparat erzielte Seifenpulverbrei wird meist entweder auf dem betonierten Fußboden eines Kühlraumes oder in großen flachen Eisenpfannen zum Erstarren ausgebreitet. Dieses primitive Verfahren ist für den Großbetrieb wenig geeignet, da es, wenn es sich um sehr große Mengen Seifenpulvermasse handelt, eine sehr bedeutende Bodenfläche erfordert. Man hat sich deshalb vielfach bemüht, Verfahren ausfindig zu machen, die eine möglichst rasche Erkaltung der Masse herbeiführen, um so an Raum und Zeit zu sparen. Wir werden auf diese Bestrebungen weiter unten näher eingehen.

Die zum Erstarren gebrachte Seifenpulvermasse kommt in Brocken auf einen Vorbrecher, auf dem sie zu nußgroßen Stücken zerkleinert wird, um dann auf der Mühle zu Pulver von gewünschter Feinheit gemahlen zu werden. Die Abfüllung des Seifenpulvers erfolgt entweder in Säcke oder Fässer oder durch selbsttätige Abfüllmaschinen in Beutel.

Kessel mit Rührwerk. Die Kessel mit Rührwerk zur Fabrikation von Seifenpulver, wie sie u. a. von J. M. Lehmann in Dresden in

---

[1)] Es kann nicht unsere Aufgabe sein, die in der Haus- und Toiletteseifenfabrikation allgemein üblichen Maschinen und Apparate zu behandeln; wir verweisen in dieser Hinsicht auf die Abbildungen und Beschreibungen im Handbuch der Seifenfabrikation, Bd. 1 u. 2, und beschränken uns darauf, hier einige sehr brauchbare Spezialmaschinen vorzuführen. Von den bekannten Maschinenfabriken, die es sich angelegen sein lassen, für die Fabrikation der Seifen, Seifenpulver und anderer Waschmittel Maschinen und Apparate zu bauen, wird so vieles und so Hervorragendes geleistet, daß es schwer fällt, eine Auswahl zu treffen.

bester Ausführung hergestellt werden, sind aus Flußeisenblech, von zylindrischer Form, mit schwach konischem Boden und sind für Dampfheizung durch offene Dampfschlange eingerichtet. Der innen glatt genietete Kessel hat oben einen starken Winkeleisenrand, vier Tragpratzen zum Einhängen in den Fußboden und einen weiten Bodenablaß. Die Dampfkopfschlange mit schräg gegen den Kesselboden gerichteten Ausströmlöchern ist mit einem sog. Dampfstrahlheiz- und Rührgebläse zur Karbonatverseifung ausgestattet. Das kräftig gebaute Rührwerk besteht aus zwei in entgegengesetzter Richtung sich drehenden Mischflügelgruppen, die den Kesselinhalt infolge der Schrägstellung der schaufelartigen Mischflügel außer in der Drehrichtung auch von unten nach oben wirksam durchmischen, wobei gleichzeitig Abstreifer das Anhaften am Boden verhindern. Infolge seiner außerordentlich kräftigen Bauart eignet sich das Rührwerk für die dickflüssige Seifenpulvermasse ganz besonders. Die Kessel werden in der Größe von 3000 bis 25 000 l Inhalt hergestellt.

Mischapparate. Wenn die Grundseife für das Seifenpulver im gewöhnlichen Siedekessel gesotten wird, ist, wie erwähnt, ein besonderer Mischapparat erforderlich, um Soda, Wasserglas usw. der Seife einzuarbeiten. Einen solchen Apparat, und zwar mit kippbarem Mischbehälter, zeigt Fig. 2, und zwar zur Entleerung gekippt. Der Mischbehälter, aus starkem Kesselblech gefertigt, ist nahtlos autogen geschweißt und hat infolgedessen den Vorzug der leichten Reinigung und vollständiger Sicherheit gegen Undichtheiten. Im Innern bewegen sich zwei kräftig konstruierte Mischflügel, die der Rundung gut angepaßt und in der Mitte durch einen zweihörnigen Querarm, der die Mischwirkung beträchtlich erhöht, verbunden sind. Zwei außerdem eingebaute schwere Schlagketten verhindern die Klumpenbildung. Zwecks bequemer Entleerung kann der Behälter durch leicht zu handhabenden Kurbelbetrieb nach vorn gekippt werden, so daß der Inhalt sich in einen untergeschobenen Behälter ergießt.

Der Apparat wird mit dicht schließendem Deckel und der gesetzlich vorgeschriebenen Schutzvorrichtung, die das Öffnen des Deckels während der Bewegung der Maschine verhindert, geliefert.

Hervorragendes auf dem Gebiete der Misch- und Knetmaschinenkonstruktion leistet die Canstatter Misch- und Knetmaschinenfabrik Werner & Pfleiderer in Cannstatt-Stuttgart. Sie stellt verschiedene Typen solcher Apparate her, die sich in der Hauptsache durch die Art der Troglagerung und der Trogkippung bzw. Trogentleerung unterscheiden. Sie haben dasselbe Grundprinzip, daß zwei horizontal angeordnete Mischflügel gegeneinander arbeiten. Die Knetorgane streifen den Boden und die Seitenwände des Troges ab und tauschen, mit Differentialgeschwindigkeit arbeitend, den Inhalt über den sog. Trogsattel

74 Maschinen und Apparate für die Waschmittelfabrikation.

hinüber unter inniger Knet- und Mischarbeit gegenseitig aus. Die Gestalt der Mischflügel, von denen die Fabrik verschiedene Modelle besitzt, hängt von dem Zweck ab, dem die Maschine dienen soll. Für einfache, trockne Pulvergemische genügen leichter gebaute Apparate; für plastische Mischungen sind kräftiger konstruierte Maschinen nötig. Die Entleerung des Mischtroges erfolgt entweder durch Umkippung,

Fig. 2. Mischapparat.

wie bei den in Fig. 3 und 4 abgebildeten Apparaten, oder durch am Boden des Mischbottichs angebrachte Schieber oder Klappen, wie bei der durch Fig. 5 dargestellten Maschine. Bei dem Apparat Fig. 3 erfolgt die Kippung durch Hochwinden mittels Kette und Winde von Hand, bei Fig. 4 dagegen auf mechanische Weise nach Einschalten eines Hebels, wobei, nachdem der höchste bzw. tiefste Punkt erreicht ist, der Kippmechanismus selbsttätig ausgeschaltet wird. Bei den Apparaten mit Bodenentleerung können die Tröge nicht gekippt werden, sondern sind feststehend. In derartigen Maschinen können nur

Maschinen und Apparate für die Seifenpulverfabrikation. 75

Fig. 3. Misch- und Knetmaschine.

Stoffe verarbeitet werden, die pulverig, trocken oder breiartig sind, wie Seifenpulver, Bleichsoda und ähnliche Waschmittel.

Die Maschinen werden in verschiedener Größe gebaut. So wird die Maschine Fig. 3 mit einem Fassungsvermögen von 80—800 Litern, die Maschine Fig. 4 mit einem Fassungsvermögen von 200—1500 Litern und die Maschine Fig. 5 mit einem Fassungsvermögen von 170 bis 1300 Litern hergestellt. Der Trog der in Fig. 3 abgebildeten Maschine faßt 200 Liter, der

Fig. 4. Misch- und Knetmaschine.

Trog der Maschine Fig. 4 800 Liter und der Trog der Maschine Fig. 5 1300 Liter.

Von großer Wichtigkeit ist, daß die Maschinen heizbar gemacht werden können, was dadurch erreicht wird, daß die Tröge mit Doppelmantel versehen werden, die an den Trog genietet oder auch angegossen werden. Die Heizung kann durch Einleitung von Dampf oder auch

Fig. 5. Misch- und Knetmaschine.

durch Einfüllen von Warmwasser in den gebildeten Zwischenraum erfolgen. Die Zuleitung des Wärmemittels erfolgt durch ein Gelenkröhrensystem, das dem Trog bei der Kippung folgt, so daß ein Abstellen der Heizung während der Entleerung nicht nötig ist.

Die Heizbarkeit ist von besonderer Bedeutung bei der Herstellung der K.-A.-Seife, worauf wir noch später näher eingehen werden.

Der Kraftverbrauch der Maschine ist je nach der Beschaffenheit des Mischgutes verschieden. So schwankt er z. B. bei der in Fig. 3 abgebildeten Maschine bei einem Troge von 80 Liter Inhalt von 1 bis

$1\frac{1}{4}$ PS, bei einem solchen von 170 Liter Inhalt von $1\frac{1}{4}$—2 PS, bei einem solchen von 330 Liter Inhalt von 2—3 Ps, bei einem solchen von 660 Liter Inhalt von 3—4 PS, bei einem solchen von 850 Liter Inhalt von $3\frac{1}{4}$—$4\frac{1}{4}$ PS, und bei einem solchen von 1100 Liter Inhalt von 4—5 PS.

Wir zweifeln nicht, daß, wenn wir wieder zu normalen Verhältnissen gekommen sind und wieder in gewohnter Weise pilierte Toiletteseifen herstellen, auch bei dieser Fabrikation die heizbare Misch- und Knetmaschine von großer Bedeutung werden wird.

Vorrichtungen zum Abkühlen der Seifenpulvermasse. Wir haben bereits erwähnt, daß man sich vielfach bemüht hat, das Abkühlen der Seifenpulvermasse in rationellerer Weise zu bewirken, als dies bei den gewöhnlichen Verfahren in Blechpfannen oder auf dem Fußboden der Fall ist. So hat die Maschinenfabrik von J. M. Lehmann in Dresden einen Kühlapparat gebaut, bei dem die im Kessel fertiggestellte Seifenpulvermasse eiserne, doppelwandige, von Kühlwasser durchflossene Tröge durchfließt, wobei sie von wassergekühlten Schnecken gefördert wird.

Weber & Seelaender[1]) in Helmstedt lassen die warme Seifenmasse, unmittelbar nach der Herstellung im Mischgefäß, über ein System von Kühlplatten, die übereinander gelagert sind, fließen, wobei die flüssige Masse mittels Preßluft auf die oberste Platte gebracht, von der sie in die nächst tiefer stehende befördert wird usf. Der zur Ausführung des Verfahrens dienende Apparat besteht im wesentlichen aus einem Druckkessel zur Aufnahme der warmen, breiigen Seifenmasse. Er hat einen unteren Auslauf, unter dem eine Reihe durch Wasser gekühlter Platten oder Teller übereinander angeordnet ist. Durch sämtliche Kühlplatten erstreckt sich von unten nach oben eine stehende Welle, die oben ein Aufnahmegefäß mit einem seitlichen, sich mit der Welle drehenden Gießarm hat. Dieser trägt die Masse in gleichmäßig dünner Schicht auf die oberste Kühlplatte auf. Über jeder Kühlplatte kreisen Arme mit winklig gestellten Schabern, welche die Masse auf der obersten Kühlplatte von der Mitte nach dem Umfang, von dort auf die nächst untere Platte, und zwar auf dieser entgegengesetzt, vom Umfang nach der Mitte, sodann auf die nächst untere usw. im Zickzack durch die ganze Reihe von Kühlplatten bewegen, dabei das Material immerfort wendend. Die Masse wird somit genötigt, einen langen Weg zurückzulegen, wobei sie ständig in Bewegung gehalten wird, so daß sie mit immer neuen Kühlflächen in Berührung kommt, wobei sie nicht Zeit findet, in Klumpen zu erstarren, vielmehr in Teilchen von Erbsen- bis Haselnußgröße erstarrt, also in einer Größe, in der sie direkt auf der Mühle vermahlen werden kann.

---
[1]) D. R. P. Nr. 285 984.

Die Preßluft hält nach Angabe der Patentinhaber die Temperatur der warmen Masse vom Austritt aus dem Mischgefäß an bis zum Aufgießen auf die Kühlplatte auf annähernd gleicher Höhe, so daß Verstopfungen vermieden werden, und bewirkt den Ausguß auf die Platte in dünner, gleichmäßiger Schicht. — Die Angabe, daß Verstopfungen vermieden werden, wird von anderer Seite bestritten und behauptet, daß solche nicht zu den Seltenheiten gehören.

Reinhold Ockel[1]) in Bonn stellt Seifenpulver vermittels der Zentrifugalkraft aus flüssiger Seifenmasse her, indem sie aus einem Druckkessel gegen eine schnell laufende Scheibe gespritzt wird, die sie gegen eine geheizte Wand schleudert.

In einem geschlossenen Druckkessel wird durch eine Heizschlange oder durch einen Dampfmantel die Seife auf 155—160° C., d. h. auf ungefähr 6—7 Atmosphären erwärmt und dann in einem dicken Strahl gegen die Mitte einer sehr großen, in einem luftleeren Behälter sich sehr schnell drehenden Scheibe gedrückt, wobei sich die hoch erhitzte und daher sehr dünne flüssige Seife augenblicklich zu einer nach den Scheibenrändern hin sich immer mehr verdünnenden Haut ausbreitet, die dann wie die Haut einer Seifenblase von der Scheibe als äußerst dünnes Häutchen abfliegt und infolge des hohen Temperaturunterschiedes sowie des großen Druckunterschiedes ihr Wasser so energisch abgibt, daß der Fettgehalt einer Kernseife von 60% auf 80% und darüber steigt und das trockene Häutchen, wellenförmig sich zusammenschiebend, auf eine entgegengesetzte heiße Wand trifft, die ihm den letzten Rest Wasser entzieht, so daß es trocken von dieser durch zwei Schaber abgeschabt werden kann. — Das Verfahren von Ockel ist ohne Zweifel hochinteressant; daß es aber zu allgemeinerer Anwendung kommen könnte, halten wir für ausgeschlossen. Dazu ist es zu kompliziert.

Erheblich einfacher und praktischer ist das Verfahren von C. E. Rost & Co.[2]) in Dresden, das nicht nur für Seifenpulver, sondern auch für Bleichsoda und ähnliche Waschpulver sich eignet. In einem Mischkessel besonderer Bauart mit einem am Boden liegenden Luftverteilring wird zunächst flüssige Seife unter Einpressen von trockener Luft mittels des Verteilringes und durch kräftiges Rühren schaumig gemacht, worauf unter weiterem fortwährenden Rühren die Soda und unter Umständen auch Füllmaterial eingegeben wird. Durch eine am Boden des Mischkessels angebrachte Ablaßvorrichtung kann die flüssige Masse unmittelbar oder durch ein geeignetes Abfüllmundstück mit einer größeren Anzahl von Füllöffnungen, unter Vermeidung von Handarbeit, durch mechanische Mittel in vorbeiwandernde Tüten, Kästchen usw.

---

[1]) D. R. P. Nr. 304 762.
[2]) D. R. P. Nr. 301 911.

abgefüllt werden. In diesen Tüten oder Kästchen, in denen sie nach dem Abkühlen erkaltet und erstarrt, wird die Ware an die Verbraucher abgegeben und kann infolge ihrer porösen und schwammigen Beschaffenheit beim Verbrauch bequem abgebrochen und zwischen den Fingern zu feinem Pulver zerrieben werden. Die Abfüllung kann auch in entsprechende Gefäße erfolgen, aus denen die zu einer entsprechenden Stückform ausgebildete Seifenpulvermasse herausgenommen, einfach in Papier eingeschlagen und so zum Verkauf gebracht wird. Die jeweilig gewünschte Menge Seifenpulver läßt sich auf leichteste Weise von den so entstandenen Stücken abschaben bzw. behandeln wie vorerwähnt.

Auf ganz gleiche Weise läßt sich mit der Bleichsoda verfahren, was einen bedeutenden Fortschritt darstellt, da sie beim Kristallisieren der Soda noch wesentlich fester wird als die Seifenpulvermasse.

Das Verfahren von C. E. Rost & Co. bedeutet eine ganz erhebliche Ersparnis an Zeit, Raum und Arbeitslohn. Bei einer Tageserzeugung von beispielsweise 15 000 kg müssen nach dem gewöhnlichen Verfahren ständig zwei Tageserzeugungen, also 30 000 kg Masse, auf dem Fußboden ausgebreitet liegen, um zu erstarren und zu erkalten, so daß eine sehr bedeutende Ausbreitefläche erforderlich ist, da eine Erstarrung bei ungünstigen Witterungsverhältnissen zwei und drei Tage in Anspruch nehmen kann. Bei dem neuen Verfahren fällt das Ausbreiten ganz fort; der Raum zum Ausbreiten ist daher nicht erforderlich, und es werden infolgedessen die Arbeitslöhne, die das Ausbreiten von täglich 15 000 kg Masse und das Verbringen dieser Masse nach der Mahlanlage bedingen, erspart. Ebenso werden die Mühlen und Vorbrecher sowie die Fördereinrichtungen nach den Abfüllmaschinen sowie die letzteren überflüssig, wodurch weitere Ersparnis an Raum, Antriebskraft und Arbeitslöhnen erzielt wird.

Der Staub, der bei dem gewöhnlichen Verfahren nur zu oft durch die Mühlen erzeugt wird und infolge des Sodagehaltes den Aufenthalt in den Betriebsräumen oft unerträglich macht, so daß in manchen Betrieben mit Schutzmasken gearbeitet werden muß, fällt ganz fort, da er beim Erzeugen und Verpacken der flüssigen Masse nicht entstehen kann.

Die Seifenpulvermasse schaumig oder lufthaltig zu machen, ist schon früher versucht worden, indem z. B. durch Dampfstrahlgebläse Luft, in Verbindung mit kondensiertem Dampf, in die Masse eingeführt oder durch Schlagflügel Luft eingepeitscht wurde, um später das Zerkleinern beim Mahlen zu erleichtern; nach dem neuen Verfahren wird jedoch das Schaumigwerden der Masse so weit gesteigert, daß sie in einen Schaum verwandelt wird, der das Drei- bis Vierfache des ursprünglichen Umfangs beträgt, was zur Folge hat, daß die Masse nach dem Erkalten und Erstarren beim geringsten Druck in Pulver zerbröckelt.

Bei dem neuen Verfahren wird es sich in erster Linie darum handeln, ob das Publikum sich an die neue Form des Seifenpulvers und der Bleichsoda gewöhnen wird; aber sollte dies nicht der Fall sein und die Produkte noch gemahlen werden müssen, so würde es auch dann noch eine bedeutende Ersparnis an Zeit, Raum und Arbeitslohn bedeuten.

Sehr beachtenswert ist das Verfahren von Arthur Imhausen[1]) in Witten. Seine Vorrichtung zum Abkühlen der Seifenpulvermasse

Fig. 6. Vorbrecher.

besteht aus einer langen, gekühlten, trogartigen Rinne, durch welche die Seifenmasse unter einer zerkleinernd wirkenden Förderwelle von dem einen bis zum andern Ende hindurchgetrieben wird. Sie gestattet einen ununterbrochenen Betrieb, und das Gut verläßt die Rinne als eine grobkörnige Masse, da die Förderschaufeln die Bildung von größeren Klumpen verhindern. **Werden die Schaufeln nach dem Austragende der Rinne hin enger gestellt, so kann durch die Wirkung der Schaufeln eine solche Zerkleinerung des Gutes**

---

[1]) D. R. P. Nr. 303074.

herbeigeführt werden, daß ein Mahlen nicht mehr erforderlich ist. Da der Arbeitsgang in offener Rinne erfolgt, ist eine Verstopfung ausgeschlossen. Die Vorrichtung gestattet auch das Einblasen von Luft während des Durchgangs durch die Rinne. Das Verfahren bietet also auch eine Ersparnis an Raum, Zeit und Arbeitslohn. Es macht ferner zum mindesten den Vorbrecher überflüssig, ja bei geeigneter Einrichtung selbst die Mühle.

Fig. 7. Vorbrecher.

Die Vorbrecher. Die in den Blechpfannen oder auf dem Fußboden erstarrte Seifenpulvermasse kommt auf einen Vorbrecher. Einen solchen zeigt die Fig. 6. Er zerkleinert die eingegebene Seifenpulvermasse, je nach Einstellung der Maschine, zu nußgroßen bis erbsengroßen Stücken. Diese gleichmäßige Vorzerkleinerung erhöht die Leistung der Mahlanlage beträchtlich und ist unbedingt erforderlich, wenn das Mahlgut auf mechanischem Wege durch Elevatoren und Förderschnecken der Mühle zugeführt werden soll. Die kräftig gebaute Maschine besitzt zwei gezahnte Stahlwalzen von 225 mm Durchmesser und 450 mm Länge, von denen die Vorderwalze für jede gewünschte Stückgröße einstellbar ist, ferner großen Einschüttkasten und Sammelbehälter für das vorgebrochene Gut.

Einen anders konstruierten Vorbrecher stellt Fig. 7 aus der Maschinenfabrik von Heinrich Dick in Haaren bei Aachen dar. Er bricht Stücke bis zu 45 cm Breite in solche von Eiergröße. Seine Leistung soll in der Stunde ca. 10 000 kg betragen bei einem Kraftverbrauch von ca. 1 PS.

Fig. 8. Seifenpulvermühle.

Die Mühlen. Die zu richtiger Größe vorgebrochene Seifenpulvermasse kommt zur weiteren Zerkleinerung auf die Mühle. Von Mühlen hat man verschiedene Systeme. Viel gebraucht sind Walzenmaschinen, besonders für kleinere Betriebe; doch hat Heinrich Dick auch eine Walzenmaschine für größere Leistung konstruiert, die sich sehr bewähren soll. Während die stündliche Leistung der durch die Fig. 8 wiedergegebenen Mühle, je nach der Beschaffenheit des Mahlgutes, 300—1000 kg beträgt, ist die der in Fig. 9 abgebildeten 1000—2500 kg.

Bei der Mühle Fig. 8 liegt der Einfülltrichter 900 mm vom Boden, so daß das Mahlgut noch mit der Schaufel vom Boden aus hineinbefördert werden kann. Das Siebwerk befindet sich über dem Mahlwerk, und das gesiebte Pulver wird durch eine im Siebwerk liegende Transportschnecke in eine Abfüllvorrichtung befördert. Letztere ist so gebaut, daß das fertige Seifenpulver in Säcken, Tonnen oder Transportkarren aufgefangen werden kann. Diese Bauart ist besonders für die

Fig. 9. Seifenpulvermühle.

Fabriken empfehlenswert, bei denen das Pulver ausschließlich in Säcke abgefüllt wird.

Die Arbeitsweise dieser Mühle ist folgende: Das Mahlgut, das Eier- bis Faustdicke haben muß, wird in den Trichter gegeben. Nachdem es gemahlen ist, wird es unter der Mühle weg in den dahinter stehenden Kettenelevator gedrängt und von diesem in den Siebzylinder befördert. Das fertige Pulver fällt aus diesem in die bereits erwähnte Transportschnecke, die es den Abfüllvorrichtungen zuführt. Die Abbildung zeigt eine Abfüllvorrichtung für zwei Säcke. Am Ende der Schnecke ist eine Sicherheitsvorrichtung angebracht, die in Tätigkeit tritt, wenn etwa die Säcke durch Unachtsamkeit des Arbeiters nicht durch leere ausgewechselt werden. In diesem Falle verstopft sich die Schnecke nicht, sondern die Vorrichtung bewirkt automatisch die seitliche Abdrängung des Pulvers, das auf den Boden fällt. Die Schnecke kann sich also nicht festlaufen. Die im Siebzylinder zurückbleibenden Graupen fallen ohne weiteres auf die Mühle zur nochmaligen Verarbeitung zurück, so daß also Abfall nicht entsteht und nur fertig gemahlenes Pulver von der Maschine abgegeben wird. Die Abbildung zeigt die Mühle von der Riemenseite aus. Der ganze Antrieb befindet sich auf dieser Seite. Hierdurch wird erreicht, daß die entgegengesetzte Seite, die Bedienungsseite, frei ist. Der Elevator wird, wie ersichtlich, von unten angetrieben. Die oberen Lager sind zum Nachspannen der Kette eingerichtet.

Die Siebwerke und die Zusammensetzung der Mühlen werden in sehr verschiedener Weise ausgeführt. So baut die Fabrik die Siebwerke mit der Einrichtung zum Herausschaffen des Pulvers aus dem Siebwerk. Das Pulver fällt dann nicht in den Sieb- und Sammelkasten, sondern es wird unter dem Siebe weg aus dem Siebwerk durch einen Schneckengang herausbefördert, durch ein Becherwerk hochgeführt und fällt wieder in eine Schnecke. Unter dieser befinden sich die Abfüllmaschinen, die durch letztere Schnecke selbsttätig gefüllt werden, und nur das überflüssige Pulver geht weiter in einen besonders dazu eingerichteten mechanischen Sammelkasten. Steht die Mühle nach geleisteter Arbeit still, so wird dieser Sammelkasten in Betrieb gesetzt, und das Pulver geht aus ihm so lange über die Abfüllmaschine, bis sich der Inhalt des Sammelkastens in den Packungen befindet. Bei dieser Einrichtung tritt also das Pulver vom Mahlgange der Mühle bis in die Pakete nirgends zutage. Es gibt daher kein Hin- und Hertragen, kein Ausschöpfen, kein stetes Nachfüllen der Maschine mit Pulver korb- oder kistenweise, keinen Staub, sowie durch das exakte Arbeiten der Abfüllmaschinen kein Übergewicht, daher keinen Verlust, und zur Bedienung ist außer dem mit dem Abfüllen beschäftigten nur ein Arbeiter erforderlich.

Eine in der gleichen Bauart wie Fig. 8 gehaltene, nur bedeutend schwerere und für den Großbetrieb bestimmte Maschine ist durch Fig. 9 dargestellt (leider in kleinerem Maßstab als Fig. 8). Sie hat eine Walzenlänge von 420 mm, und dementsprechend sind auch die übrigen Teile stärker gehalten. Die Mühle ist von der Bedienungsseite aus aufgenommen, und an dieser Seite ist außer den zwei sichtbaren Zahnrädern, die mit sicherer Schutzvorrichtung versehen sind, kein Antrieb vorhanden. Die Bedienung ist daher gefahrlos und bequem. Die Sackabfüller sind auf dem Bilde nicht sichtbar, weil sie durch den Elevator verdeckt werden; jedoch zeigt die Abbildung die Anordnung dieser Einrichtung deutlich.

Die Anordnung der kleinen Mühlen, bei denen das fertige Seifenpulver in einen Sammelkasten fällt und von dort aus auf irgendeine Weise ausgeschöpft und verpackt wird, kann bei dieser Maschine nicht in Frage kommen. Da sich, je nach der Beschaffenheit des zu mahlenden Gutes, stündlich 1000—2500 kg fertiges Seifenpulver ergeben, wären allein 2—3 Personen erforderlich, um fortwährend den Sammelkasten zu entleeren. Diese Mühle bedingt also ohne weiteres eine Abfüllvorrichtung oder einen automatischen Weitertransport, eine Vorrichtung, die sich den örtlichen Verhältnissen anschließen muß. Die für kleinere Betriebe sehr geeignete Anordnung, daß das Mahlwerk auf dem Siebwerk montiert ist, läßt sich bei dieser großen Mühle nicht durchführen, weil infolge der größeren Abmessungen des Mahl- und Siebwerks das Einfüllen vom Fußboden aus unmöglich wäre, es sei denn, daß man den Trichter so hoch legen kann, daß er von einer höher gelegenen Etage aus bedient werden kann. — Bei der abgebildeten Ausführung befindet sich die Siebtrommel über dem Mahlwerk, wodurch der Fülltrichter ca. 1,20 m vom Fußboden zu liegen kommt, so daß er bequem bedient werden kann.

Eine vorzügliche Mühle für Seifenpulver, Bleichsoda und ähnliche Waschmittel ist die Simplex-Perplex-Mühle der Alpinen Maschinenfabrik-Gesellschaft in Augsburg. Sie ist eine Schleudermühle von eigentümlicher Bauart. Die Schleudermühlen bestehen aus sich schnell drehenden Scheiben mit Rosten, Stiften oder Kämmen (1800—2500 Umdrehungen in der Minute), zwischen denen das Mahlgut hin- und hergeschleudert wird. Die Zerkleinerung erfolgt also durch Wurf und Anprall, durch Stoß und Gegenstoß auf sonst freischwebende Körper. Die Wirkung dieser Apparate läßt sich mit der Einwirkung, die ein rasch geworfener Körper von einer festen oder einer entgegenbewegten Wand erleidet, vergleichen.

Die in Fig. 10 geöffnet und in Fig. 11 geschlossen (in etwas kleinerem Maßstabe) abgebildete Simplex-Perplex-Mühle hat mehrere Rostringe und demgemäß stufenweise Zerkleinerung. Aus dem Aufgebeapparat wird das Mahlgut mittels eines durch Exzenterbewegung betätigten Rüttelteiiers in den Einlauftrichter des Mühlengehäuses geworfen, der es in die Mitte der türartig ausgebildeten Stirnwand des Mühlengehäuses einführt. Auf dieser Stirnwand sind zwei ringförmige Mahlroste angeschraubt, die eigentümlich geformte durchbrochene Schlagstifte tragen, und zwar sind die Öffnungen des inneren Ringes weiter als die des äußeren, wodurch eine stufenweise Zerkleinerung erfolgt. An der Hinterwand des Mahlgehäuses ist eine stählerne Schlagscheibe mit 3—4 Gruppen kreisförmig angeordneter Schläger auf einer rotierenden Welle befestigt. Die Schläger kreisen zwischen den einzelnen Rostringen, und ein aufschiebbarer Rostring schließt das Gehäuse nach außen ab. Das Mahlgut passiert die immer enger werdenden Schlitze und wird mit zunehmendem Radius immer stärkeren Schlägen aus-

Fig. 10. Simplex-Perplex-Mühle (geöffnet).

gesetzt. Das nach außen geworfene Mahlgut wird, unterstützt von der durch die von der Mahlscheibe mitgerissenen und nach außen geschleuderten Luft durch einen den Mahlraum umgebenden auswechselbaren Siebzylinder, auch bei feinster Lochung, durchgetrieben und verläßt die Mühle in gleichmäßig feiner Körnung, bedarf also keiner Durchsiebung mehr.

Zur Entlüftung ist am oberen Teil des Mühlgehäuses ein Stutzen so angebracht, daß die Luft aus der Mühle ohne Pressung direkt nach oben in einen Filterschlauch geleitet wird, aus dem sie dann, von Staub gereinigt, ins Freie gelangen kann. Die Mühle arbeitet also staublos.

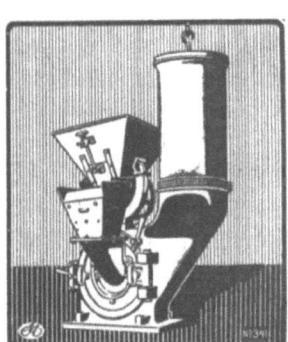

Fig. 11. Simplex-Perplex-Mühle (geschlossen).

Das Mahlgut kommt, in Nußgröße vorgebrochen, in den Einschütttrichter der

Schüttel-Speisevorrichtung zur Aufgabe und wird von dieser der Mühle gleichmäßig und ununterbrochen zugeführt, wodurch Verstopfungen durch Überlastung der Maschine vorgebeugt wird.

Die Mühle wird in vier Größen gebaut. Der Kraftverbrauch und die Leistungen sind, je nach der Beschaffenheit des Mahlgutes, sehr verschieden. Für Soda betragen die Leistungen, je nach der Größe der Maschine 1—4, pro Stunde 250—1400 kg bei 3—17 PS Kraftverbrauch, wobei das Produkt zu grobem Grieß zerkleinert ist. Bei feinem Grieß als Endprodukt verringern sich die Leistungen auf 100—600 kg pro Stunde, der Kraftverbrauch steigt auf 4—20 PS.

Abfüllmaschinen. Das Abfüllen des fertigen Seifenpulvers in Beutel oder Kartons erfolgt in großen Betrieben ausschließlich durch automatisch wirkende Abfüllmaschinen, wie sie J. M. Lehmann in Dresden und Heinrich Dick in Haaren bei Aachen in zweckmäßiger Konstruktion bauen. Letzterer führt sie in zwei Größen, eine größere, die automatisch bedient wird, und eine kleinere, die durch Eintragen beschickt wird. Das Seifenpulver wird bei letzterer vom Fußboden aus in einer Höhe von rund 1 m kasten- oder eimerweise in den auf dem Fußboden ruhenden Behälter eingeschüttet. Dieser Behälter hat einen Inhalt von 150 kg. Die Zuführung des Materials braucht also nicht eine ununterbrochene zu sein, sondern kann mit Pausen ausgeführt werden. Der Behälter ist auf der hinteren Seite der Maschine, gegenüber dem abfüllenden Arbeiter, angebracht, und so wird dieser durch das Eintragen nicht belästigt. In dem Behälter, der vollständig staubdicht geschlossen werden kann, ist eine Einrichtung getroffen, die das Material in Bewegung hält und dadurch verhindert, daß es sich festsetzt. Aus dem Behälter wird es durch einen ebenfalls geschlossenen Kettenelevator in den mit dichtschließendem Deckel versehenen Trichter befördert. Die Menge, die der Elevator zuführen soll, kann eingestellt werden. Der Trichter hat außerdem die Einrichtung, daß, wenn ihm nach erfolgter Füllung überschüssiges Material zugeführt wird, dieses durch ein Überlaufrohr in den Behälter zurückfällt. Der Trichter ist infolgedessen immer in einer gleichmäßigen Höhe gefüllt. Der Meßschieber ist so konstruiert, daß er je nach dem Volumen des Materials eingestellt werden kann. Er läuft zwischen zwei Schlitten, die nach eventueller Abnutzung wieder eingestellt werden können, wie dies bei dem heutigen scharfen Material oder beim Abfüllen von Scheuersand usw. der Fall sein kann. Da die Füllöffnung des Behälters nach jedem Einschütten durch einen Schiebedeckel wieder geschlossen wird, so bildet die Maschine ein vollständig geschlossenes Ganzes.

Die Maschine wird in zwei Größen gebaut, eine leichtere für Pakete bis 250 g, und eine schwerere für Packungen über 250—500 g für Betriebe, in denen vorwiegend Packungen von 500 g betätigt werden.

Wenn vorwiegend 250 g-Pakete gefüllt werden und nur selten 500 g, ist es vorteilhafter, die leichtere Maschine zu wählen und 2 × 250 g einfüllen zu lassen, da die schwerere Maschine langsamer arbeitet als die leichtere.

Die größere Maschine hat, abgesehen davon, daß sie automatisch beschickt werden muß, dieselbe Einrichtung wie die kleinere. Sie arbeitet durchlaufend, kann jedoch jeden Augenblick durch einen Handgriff am Riemenausrücker in oder außer Betrieb gesetzt werden; ist sie aber einmal eingerückt, so arbeitet sie bis zum Wiederausrücken durch. Sie braucht also nicht für jede einzelne Füllung durch eine Hand- oder Fußbewegung besonders eingerückt zu werden.

Die Maschine leistet in der Minute 18—20 Abfüllungen, in 10 Arbeitsstunden also 10 000—12 000; durch Auswechselung einer entsprechend größeren Antriebsscheibe kann jedoch eine bedeutend größere Leistung erzielt werden. Bei obiger Maschine haben die Riemenscheiben 500 mm Durchmesser und machen normal 90—100 Touren in der Minute.

Da das Volumen des Seifenpulvers je nach seinem Fettgehalt und seiner Bearbeitung verschieden ist, so ist die Vorkehrung getroffen, daß die Gewichtsmenge durch Drehen an einem abnehmbaren Schlüssel während des Ganges der Maschine stets genau eingestellt werden kann. Der über dem Meßschlitten befindliche Trichter ist mit einer Rührvorrichtung versehen, die durch Ketten in Betrieb gesetzt wird. Dadurch wird eine Stauung des Materials vermieden und gleichmäßiger Einlauf in den Meßschlitten erreicht.

Die Maschine füllt mit unbedingter Genauigkeit und Gleichmäßigkeit die gewünschte Gewichtsmenge. Sie arbeitet ruhig, geräuschlos und staubfrei, ohne Streuverlust, und stellt an die Gewandtheit des Arbeiters keine Ansprüche. Die Bedienung ist die denkbar einfachste; nach Inbetriebsetzung der Maschine hat man nur nötig, die offene Hülse ein wenig über den Auslauf zu schieben, nach der Füllung vorzuschieben und die weiteren Hülsen ebenso zu behandeln.

Die kleinere Maschine hat einen Kraftverbrauch von ca. $1/4$, die größere einen solchen von $1/2$—$3/4$ PS.

Einrichtungen zur Fabrikation der Bleichsoda und ähnlicher Waschpulver.

Im Vorstehenden sind die Maschinen und Apparate vorgeführt, die zur Seifenpulverfabrikation erforderlich sind. Für Bleichsoda und ähnliche Waschpulver dienen, abgesehen davon, daß der Kessel für die Verseifung fortfällt, die gleichen Einrichtungen. Soda, Wasserglas usw. werden in Mischapparaten vermischt, der entstandene Brei in flachen Pfannen oder auf dem Fußboden oder bei Großbetrieb in besonderen

Kühlapparaten zum Erstarren gebracht. Die so erhaltenen Brocken oder Tafeln werden auf Vorbrechern bis zu Nußgröße zerkleinert und dann auf der Mühle gemahlen. Das entstandene Pulver wird in Beutel oder Kartons gefüllt, bei größerem Betrieb durch Abfüllmaschinen.

Maschinen und Apparate zur Fabrikation der K.-A.-Seife.

Die Mischmaschinen. Bei Herstellung der K.-A.-Seife ist die Mischung des vielen Tons mit der kleinen Seifenmenge keine leichte Arbeit, und daß sie oft genug recht nachlässig ausgeführt wird, beweisen die häufig im Handel sich zeigenden Seifenstücke, in denen der Ton in kleineren oder größeren Bällchen mit bloßem Auge zu sehen ist, bei deren Gebrauch man glaubt, sich mit einer Sandseife zu waschen und die wesentlich mit zur Abneigung des Publikums gegen die K.-A.-Seife beigetragen haben. Die Mischung von Ton und Seife erfolgt meist in Mischmaschinen; man sollte da aber nur heizbare Misch- und Knetmaschinen verwenden, die die Grundseife mit dem Ton oder Kaolin nicht nur mischen, sondern innigst verkneten. Die Wärme verflüssigt die Grundseife und verarbeitet sie mit dem Kaolin zu einem homogenen Teig, in dem keine Kaolinteilchen mehr sichtbar sind. Wenn dieser plastische Teig dann ein- bis zweimal die Walzen passiert, so ist er einwandfrei für die Strangpresse fertig. Die Vorteile der heizbaren Knetmaschine machen sich auch weiter in der Fabrikation angenehm bemerkbar. Zunächst ist das Stäuben aus der dicht geschlossenen Knetmaschine auf ein Geringes beschränkt und währt nur kurze Zeit. Ferner läuft der heiße Teig viel leichter und schneller über die Walzen und durch die Strangpresse und erfordert dadurch weniger Kraft. Außerdem ist ein Vortrocknen der Grundseife unnötig; denn in der heißen Knetmaschine trocknet sowohl Seife wie Kaolin, und oft ist es sogar notwendig, bei härteren Seifen und sehr trockenem Kaolin der Masse etwas Flüssigkeit zuzusetzen. Das zu Anfang, aber auch jetzt noch vielfach übliche Verfahren, Grundseife und Kaolin nur eben gerade durchzumengen und dieses trockene Gemisch dann sechsmal und noch öfter über die Walzen zu schicken, ist nicht rationell. Abgesehen von der wenig erfreulichen Arbeit mit diesem staubigen Gemenge, bietet das Walzen nicht die Gewähr, daß sich Grundseife und Kaolin innig vereinigen. Die Arbeit der heizbaren Knetmaschine ist bei weitem vorzuziehen und bewirkt gute Beschaffenheit und gutes Aussehen.

Der Kollergang. Statt in Misch- und Knetmaschinen kann man die Mischung von Seife und Ton auch durch geeignete Kollergänge bewirken. Sehr geeignet für diese Arbeit ist die in Fig. 12 abgebildete Maschine, die Fig. 13 und Fig. 14 in Aufriß und Grundriß zeigen und die in sich die Wirkung von Misch- und Piliermaschine vereinigt. Sie mischt die K.-A.-Seife mit 16% Fettsäuregehalt in 2—3 staublos zu einer plastischen, gleichmäßig verriebenen Masse. Diese Kollergänge sind aber auch für die Herstellung von Seife mit geringerer Füllung sehr zu empfehlen, da die Piliermaschinen durch sie stark entlastet und geschont werden.

Fig. 12. Kollergang.

Die Maschine besitzt einen sich drehenden Granitfußbodenstein A (Fig. 13) von 1650 mm Durchmesser und zwei sich am Platze um sich selbst drehende Granitläufer B, deren jeder mit besonderer in Hebelarmen ruhender Achse C versehen ist und mittels Läuferhebezug D, durch Handkurbel E betätigt, aufgewunden werden kann. Auf dem Bodenstein befinden sich an jedem Läufer Aufkratzer F und Abstreichmesser G. Ferner ist oberhalb des Bodensteines die Entleerungsvorrichtung H, betätigt durch den Wandmesser- und Handkurbelmechanismus J_1 und J_2 der selbsttätigen Entleerungsvorrichtung, einstellbar während des Betriebs.

Die sämtlichen Betriebsteile der Maschine sind fest verschlossen, oberhalb durch den Aufbau K (Fig. 13), in dem zwei Deckelöffnungen L_1 und L_2 (Fig. 14) den Eingang in die Maschine gestatten und gleichzeitig als Füllöffnung dienen. Das Steigrohr M (Fig. 13) mit dem Exhaustor N dient zur Absaugung der während des Mischens sich entwickelnden Staubentwicklung, dessen Fortführung ins Freie oder in einen Staubaufsammler in dem Stutzen O erfolgt. Die feste und lose Riemenscheibe P_1 und P_2 bewirken den Antrieb des Kollergangs, während die Festscheibe Q des Exhaustors besonders angetrieben werden muß, um diesen in Bewegung zu setzen.

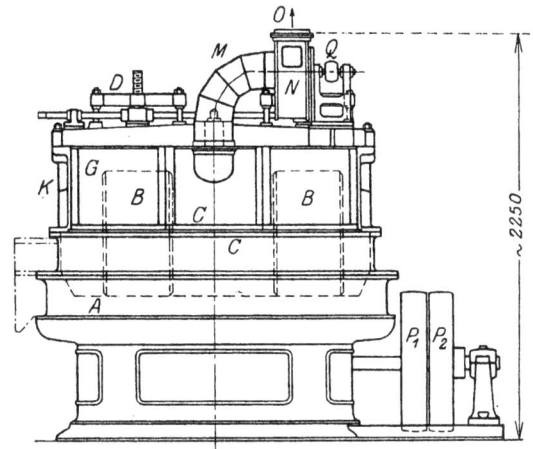

Fig. 13. Kollergang (Aufriß).

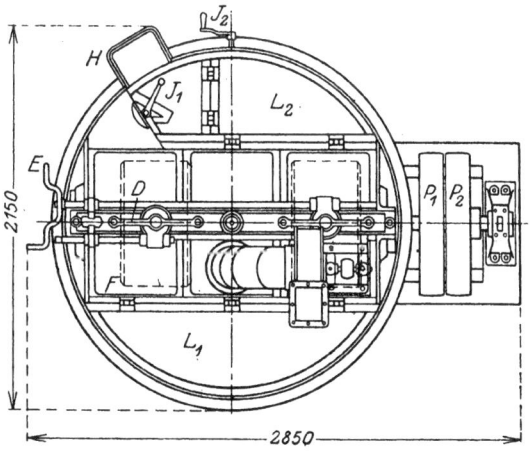

Fig. 14. Kollergang (Grundriß).

Die Tagesleistung des Kollergangs für die Herstellung von K.-A.-Seife hat ungefähr 6000 kg in 10 Stunden ergeben.

Die Strangpresse. Die genügend vorbereitete Seifenmasse kommt in die Strangpresse. In dieser wird die innig verarbeitete Seifentonmasse zu Seifenstangen mit sauberer, glatter Oberfläche und gleichmäßigem inneren Gefüge verdichtet. Die Seifenstangen werden alsdann in Stücke von geeigneter Länge geschnitten und in Formen gepreßt. Eine Strangpresse von außergewöhnlich kräftiger Bauart baut die Maschinenfabrik von C. E. Rost & Co. in Dresden; sie eignet sich für K.-A.-Seife ganz besonders.

Die Seifenstrangpresse oder Peloteuse ist eine Schneckenpresse, bei der die Preßschnecke, in einem zylindrischen Gehäuse laufend, die in einen Einschüttkasten eingegebene Seifenmasse in Schraubengänge aufnimmt und infolge ihrer Drehbewegung in der Längsrichtung des Preßzylinders nach dem Kopfstück zu fortbewegt und sie dabei mit sehr hohem Druck zusammenpreßt. Durch diesen hohen Druck wird aus einer geeigneten Mundstücköffnung am Kopfstück ein endloser Seifenstrang herausgepreßt, der entweder durch einen Schneidbügel zunächst in etwa 1 m lange Stangen und dann durch eine besondere Schneideeinrichtung in kurze Stücke oder durch eine selbsttätige Abschneidemaschine unmittelbar in gleichlange Stücke, wie sie die Seifenstanze für das nachfolgende Pressen bedingt, geschnitten wird.

Der hohe Druck in der Längsrichtung der Preßschnecke wird bei den Rostschen Seifenstrangpressen durch ein Kugellager aufgenommen, wie auch der Achsdruck in der Antriebsschnecke des Schneckentriebes auf ein Kugellager übertragen und hierdurch ein leichter und geräuschloser Lauf bei geringer Betriebskraft erzielt wird. Die Antriebsschnecke läuft in einem Ölbade. Alle beweglichen inneren Teile der Maschine sind in Schutzgehäuse vollständig eingeschlossen.

Die Pressen. Die Seifenstücke werden in größeren Betrieben heute allgemein in **automatischen Pressen** gepreßt. Diese sind Kurbelpressen, bei denen sowohl die Einführung der zu pressenden Stücke in die Stanze als auch die Entfernung der gepreßten Stücke aus der Stanze selbständig erfolgt, so daß die Gefahr der Fingerverletzung der Arbeiter beseitigt ist.

Unter den automatisch arbeitenden Seifenprägepressen dürfte die von der Firma C. E. Rost & Co. in Dresden erzeugte heute die verbreitetste sein. Diese Maschine ist ähnlichen Zwecken dienenden Pressen durch mehrere geschützte Einrichtungen in ihrer Wirkungsweise bei weitem überlegen. Sie wird in mehreren Größen gebaut und ist sowohl für die schwersten vorkommenden Seifenriegel als auch für alle Toiletteseifen sowie Musterstückchen verwendbar. Es können bis zu drei Stückchen gleichzeitig nebeneinander gepreßt werden. Die zu pressenden Stücke werden in Seifenmagazine, die neben den Stanzen angeordnet sind, aufgegeben, gelangen von hier aus automatisch in die Stanzen, wo die Pressung erfolgt, und gleiten hierauf als sauber gepreßte Stücke auf ein Transporttuch, von dem sie abgenommen werden.

Auch die Zuführung der ungepreßten Stücke nach den Seifenmagazinen kann automatisch bewirkt werden.

Die für gleichzeitige Prägung mehrerer Stücke eingerichteten Maschinen sind mit Einzelfederung für jeden Preßstempel versehen, so daß jeder Oberstempel unabhängig von den anderen mehr oder weniger durchfedert, je nachdem das betreffende Seifenstück etwas größer oder kleiner als die anderen zugeschnitten sein sollte. Hierdurch wird ein sonst eintretendes, nicht genügendes Ausprägen sowie ein Haftenbleiben von Stücken am Oberstempel bestens vermieden.

Mit der für mehrere Stücke eingerichteten Maschine können auch Riegel von entsprechender Größe ohne weiteres geprägt werden. Auch werden diese Pressen nach Bedarf mit automatisch wirkenden Zerteilvorrichtungen geliefert, die in der Weise wirken, daß der mehrteilige Riegel nach dem Pressen durch eine Anzahl von aufgespannten Schneidedrähten gedrückt und in einzelne Stücke zerlegt wird.

Toiletteseifenstücke mit besonders tiefer Gravierung oder von stark gewölbter Form, die unter Umständen außerordentlich fest an den Preßstempeln haften bleiben und das ordnungsgemäße Auswerfen aus der Stanze erschweren, werden durch kleinere Preßeinsätze, die in den Unterstempel oder auch in den Oberstempel eingesetzt, in diesen beweglich sind und sich nach dem Pressen aus der Preßfläche durch Federdruck oder mechanischen Antrieb hervorbewegen, von der großen Fläche der Preßstempel abgehoben, und da die Fläche dieser kleinen beweglichen Einsätze zu gering ist, um die Seifenstücke durch Adhäsion festzuhalten, sicher aus der Stanze herausbefördert. Durch die Einrichtung ist es möglich, die schwierigsten Prägungen, die sonst nur auf Hand- oder Fußpressen möglich sind, mit dieser mechanischen selbsttätigen Presse auszuführen.

Auch sonst können diese Pressen noch mit verschiedenen Hilfsmitteln, die den automatischen Betrieb und die Sauberkeit der Prägung erhöhen, ausgestattet werden. So ist es möglich, das Abstreifen des Grates bei sogenannten Muldenstücken durch die Maschine bewirken zu lassen und Muldenstücke so zu prägen, daß an der Oberfläche die Linien, die sonst die ursprüngliche Länge des ungepreßten Stückes markieren, nicht zu sehen sind.

Sowohl bei Transmissionsantrieb als auch bei elektrischem Einzelantrieb durch einen besonderen, direkt antreibenden Motor wird die Presse mit allen Sicherheitsvorrichtungen, die Unfälle beim Übergange von dem zum Einstellen der Stanzen usw. nötigen Handantriebe zum mechanischen Arbeitsbetriebe wirksam verhindern, ausgestattet. Auch sonst sind alle in Bewegung befindlichen Teile derartig geschützt, daß Verletzungen von Personen im ordnungsgemäßen Fabrikationsbetriebe nicht vorkommen können.

Die Figuren 15, 16 und 17 veranschaulichen die Hauptteile der Presse während der Arbeit. In Fig. 15 befindet sich der Stempel in aufgerichteter Stellung. Der zurückgleitende Schieber holt ein Seifenstück aus dem

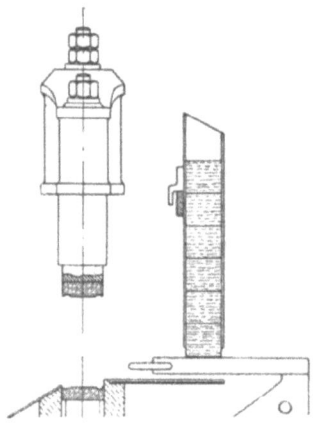

Fig. 15. Zuführung des Seifenstücks zur Stanze.

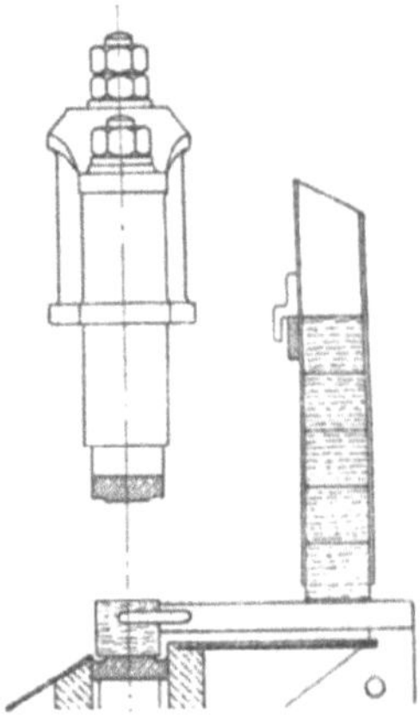

Fig. 16. Niederlegung des Seifenstücks auf die Stanze.

Seifenmagazin. In Fig. 16 legt der Schieber das aus dem Magazin entnommene Seifenstück auf den Unterstempel bzw. in die Stanze. Fig. 17 veranschaulicht das Abheben eines geprägten Seifenstücks vom Unterstempel. Der Vorschieber hat ein neues Seifenstück aus dem Magazin entnommen und bewegt es nach der Stanze zu. Hierbei

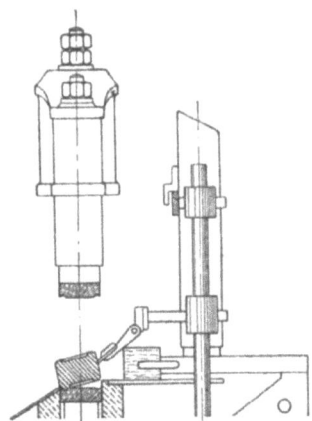
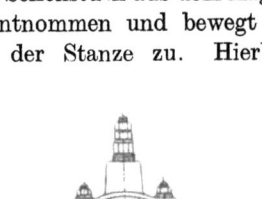

Fig. 17. Abhebung des gepreßten Seifenstücks.

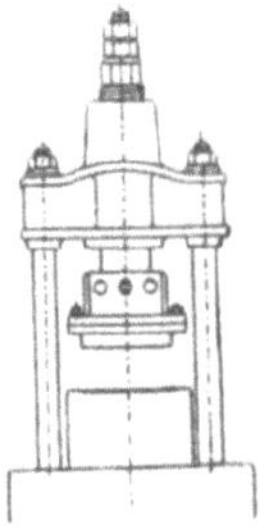

Fig. 18. Preßkolben zum Pressen von einem Stück.

betätigt dieses einen Auswerferhebel, der, um einen festen Drehpunkt schwingend, das gepreßte Stück vom Unterstempel abhebt, hochkippt und aus der Maschine auswirft. Da der Hebel vorn einen Gummieinsatz trägt und eine abhebende Bewegung ausführt, werden die Stücke so sorgfältig wie durch die Hand abgelöst und jede Beschädigung vermieden.

Fig. 18 zeigt die Presse, eingerichtet zum Pressen von einem Stück. Fig. 19 führt eine kleinere, aber sehr leistungsfähige Autopresse vor, die gleich vorteilhaft für Haus- und Toiletteseifen ist und für

Fig. 19. Autopresse.

K.-A.-Seife vielfach Verwendung gefunden hat. Sie prägt noch Stücke in Länge von 90 mm, Breite 58 mm und Höhe 30 mm und leistet bei 75 Hüben in der Minute 9000 Stück in der Stunde, bei 65 Hüben 7800 Stück und bei 55 Hüben 6600 Stück.

Die Fabrikation der Waschmittel.

Seife und seifenhaltige Waschmittel.

K.-A.-Seife. Bis zum 31. Juli 1916 durften die Seifenfabriken mit Erlaubnis des Kriegsausschusses für Öle und Fette ihre Vorräte an Ölen und Fetten nach Belieben verarbeiten. Von da an mußten die noch verbliebenen Bestände zur Verfügung des Kriegsausschusses gehalten werden. Infolge der sich immer mehr geltend machenden Knappheit an Fettstoffen sah sich dieser veranlaßt, für alle Fett verarbeitenden

Industrien das Fett zu rationieren. Zunächst wurde verordnet, daß eine 20% Fettsäure enthaltende K.-A.-Seife als Feinseife für Körperpflege und ein 5% Fettsäure enthaltendes Seifenpulver zum Reinigen der Wäsche hergestellt wurden, wovon einer Person im Monat 50 g von ersterer und 250 g von letzterem zugebilligt wurden. Diese Menge verringerte sich vom Januar 1918 an auf 125 g Seifenpulver, während die 50 g Feinseife bestehen blieben. Vom Juli 1918 an verminderte sich der Fettgehalt der Seife auf 16%, der des Seifenpulvers auf 4,5%.

Um Seife mit einem so niedrigen Fettsäuregehalt herstellen zu können, mußte nach einem geeigneten Streckungsmittel gesucht werden. Da bot sich als das geeignetste der Ton, der wegen seiner kolloidalen Eigenschaften Waschkraft besitzt. Da Leimseifen zu leicht löslich sind und ein sparsamer Verbrauch bei ihnen ausgeschlossen ist, entschied man sich für eine Kernseife mit der entsprechenden Menge Ton als Füllungsmittel; aber auch die Tonseifen quellen bei nachlässiger Behandlung des Verbrauchers und geben dadurch zu Verschwendung Anlaß.

Die Vorschrift für die 20% Fettsäure enthaltende K.-A.-Seife lautete: 32,3 kg einer 62% Fettsäure enthaltenden Kernseife werden mit 67,7 kg feinstgeschlemmtem Ton verarbeitet.

Zur Herstellung der Grundseife, also der Kernseife, die zur Verarbeitung kommen sollte, wurden zu Anfang die besseren und festeren Fette zugeteilt. Aus diesen wurde nach ihrer Spaltung, sofern nicht schon Fettsäuren geliefert wurden, mit Ammoniaksoda, soweit dies möglich war, und nachfolgender Abrichtung durch Ätznatronlauge eine reine Kernseife auf Unterlauge hergestellt, die zum sukzessiven Verbrauch meist im Kessel blieb, um warm gehalten zu werden. Diese Grundseife darf nicht spröde sein, sei es durch Versieden zu harter Fette, sei es durch zu strammes Aussalzen, sondern so, daß sie im Gemisch mit Ton eine gut plastische Seife ergibt. Da den Seifenfabriken ausreichende Mengen von Ätznatron zu liefern, eine Zeitlang nicht möglich war, mußte Ätzkali mit zur Verwendung kommen. Die Teilanwendung von Kalilauge beim Sieden der Grundseife für K.-A.-Seife ist sehr zweckmäßig, da sie die Seife geschmeidig macht. Man hat den Seifenleim in diesem Falle möglichst dick, also wasserarm zu halten. Zum Trennen gehört dann nur eine sehr geringe Menge Kochsalz. Diese kann auf ein Minimum herabgedrückt werden, wenn der Seifenleim durch Kali- oder Natronlauge zum Trennen gebracht wird. Eine vollkommen neutrale Grundseife ist als Grundlage für K.-A.-Seife nicht empfehlenswert; eher sollte eine salzfreie gefordert werden. Ein Überschuß von Alkali erhöht die Reinigungswirkung, während der Salzgehalt die Löslichkeit vermindert, und der geringe Alkaliüberschuß macht sich in der großen Tonmenge der K.-A.-Seife nicht unliebsam geltend. Wenigstens vertragen diejenigen, die eine so zarte Haut haben, daß selbst diese Spuren freien Alkalis sie angreifen, ein Waschen mit der K.-A.-Seife überhaupt nicht, was freilich nicht zu den Seltenheiten gehört.

So lange noch gut verseifbare Fette im Ansatz waren, erhielt man eine klare Grundseife, die sich auch gut verseifte, die Unterlauge gut absetzte und sich zu einem knetbaren Gemisch mit Ton verarbeiten ließ. Als aber die Fettnot immer größer und die den Seifenfabriken gelieferten Fette immer schlechter, ja häufig halbverseifte Fette darunter waren, die auch im Kern nicht vollständig absetzten, da wurde auch die weitere Verarbeitung schwierig. Besonders die sogenannten Soapstocks, die Rückstände von der Raffination der Öle, verursachten viel Schwierigkeiten.

Eine Vorreinigung der Fette durch Waschen und Aufkochen mit Salzwasser und Absetzenlassen oder mit schwachen Säuren, wie man das bei Fetten und Ölen vor dem Kriege konnte, war nicht möglich, weil diese Arbeit in den meisten Fällen nutzlos und zeitvergeudend war, auch die dazu erforderlichen Chemikalien fehlten. Aus diesem Grunde wünschte der Überwachungsausschuß der Seifenherstellungs- und Vertriebsgesellschaft ein Sieden auf 2—3 Wassern, um die Seife auf diese Weise von Schmutz und Farbstoff zu befreien, sie auch in ihrem Griff, d. h. in ihrer Festigkeit sowie in ihrem Geruch zu verbessern.

Geliefert wurden meist Fettsäuren oder doch so saure Öle, daß sie eine Spaltung nicht mehr zuließen. Die Unterlauge wurde in letzterem Falle einer Glyzeringewinnungsanlage zur Weiterverarbeitung zugeführt. Über 40% freie Fettsäure enthaltende Fette und Öle sind von der Spaltung auszuschließen und mit Lauge zu verseifen, da eine ausreichende Spaltung nicht zu erzielen ist. Fette mit einem größeren Gehalt an Unverseifbarem werden am besten nicht zur Seifenfabrikation verwandt.

Die Fettsäuren wurden mit kohlensaurer Lauge verseift, einmal, um Ätzlauge zu sparen, sodann auch, um billiger zu arbeiten. Die kohlensaure Verseifung wird mit Natriumkarbonat ausgeführt, nachdem man die Säurezahl ermittelt hat. Dies geschieht, indem man eine gewogene Menge Fett mit Normalkalilauge unter Zusatz von Phenolphtalein als Indikator titriert. Die verbrauchten Kubikzentimeter Normallauge, multipliziert mit 0,56 und dividiert durch die Zahl der in Arbeit genommenen Fettsäuremenge, sind die Säurezahl. Hat man letztere, also den Gehalt an freien Fettsäuren im Fett, ermittelt, so rechnet man auf 100 kg reine Fettsäure 18 kg Ammoniaksoda. Dies stimmt mit der Theorie nicht überein, da danach ca. 22 kg Ammoniaksoda erforderlich sind; aber bei größeren Suden würde sich die Kohlensäure der Ammoniaksoda nicht vollständig austreiben lassen, sich infolgedessen eine schmierige Seife ergeben und Verlust an Soda entstehen. Man wendet deshalb weniger Soda an, um die vollständige Verseifung durch Ätznatronlauge herbeizuführen und so ein besseres Endresultat zu erzielen. Die Endabrichtung erfolgt mit Natronlauge von 30° B.

Angenommen, es sind 5000 kg Fett zu verseifen und das Fett enthalte 85% Fettsäure, so sind auf 100 kg Fett $85 \times 18 : 100 = 15{,}3$ kg, auf 5000 kg Fett also $15{,}3 \times 50 = 765$ kg Ammoniaksoda zu nehmen. Diese wird in Wasser zu 30—32° B. aufgelöst und kommt zuerst in den Kessel. Nachdem sie zum Kochen gebracht ist, werden die heißgemachten Fettsäuren in dünnem Strahl zufließen gelassen und bei starkem Feuer oder weitgeöffnetem Dampfventil zum Sieden gebracht. Das Sieden mit Dampf ist dem auf freiem Feuer vorzuziehen, weil das Übersteigen der Seife durch Abstellen der Dampfzuführung leichter verhindert wird und die Seife danach schnell wieder ins Sieden gebracht werden kann. Durch das Sieden mit Dampf bekommt die Seife auch einen frischeren oder, wie der Seifensieder sagt, ,,gesünderen" Geruch, d. h. sie hat im fertigen Zustande einen frischen, angenehmen, an gute Fette erinnernden Geruch, wenn diese selbst nicht störend darauf einwirken. Das Sieden mit Dampf ermöglicht auch mehrmaliges Aussalzen in rascherer Folge, da die Seife nach Absperren des Dampfes schneller zur Ruhe kommt als in einem Kessel mit Unterfeuerung infolge der heißen Kesselwände. Der Dampf befördert ferner das Entweichen der aus der Ammoniaksoda frei werdenden Kohlensäure und verhindert gleichzeitig das rapide Steigen der Seife. Tritt dies dennoch in unerwünschtem Maße ein, so wird die Zugabe von Fettsäure unterbrochen und der Dampf abgestellt, bis sich die Seife wieder beruhigt hat.

Ist alle Fettsäure in den Kessel gebracht und verseift, so liegt eine dicke Masse im Kessel, die keine Neigung mehr zum Steigen zeigt und nunmehr mit 30- bis 32grädiger Ätznatronlauge auf Stich und Druck abgerichtet wird.

Bei guten Fetten, wie sie vor dem Kriege geliefert wurden, hatte man nach diesem Vorgang eine fertige, gebrauchsfähige Seife im Kessel, der man während der kohlensauren Verseifung oder gleich danach 1 bis 2% Salz (vom Fettansatz gerechnet) zugab, um die Verseifung zu befördern; jetzt aber ist dies nicht angängig, da der vom vorherigen Sud vorhandene Leimkern genügend Salz hineinbringt. Man salzt jetzt nach dem Fertigsieden vorsichtig aus, zieht die dicke Unterlauge, die viele aus den Fetten herrührende Unreinigkeiten und Farbstoffe enthält, ab, verleimt dann abermals mit schwacher Lauge und siedet im Leim nochmals auf, um die Seife danach mit etwas starker Lauge, soviel als nötig, zu trennen. Hiernach resultiert eine den Fetten entsprechende gebrauchsfähige Grundseife für K.-A.-Seife. Nach Ermittlung des Fettsäuregehaltes wird die Grundseife dann weiter verarbeitet.

Den Fettsäuregehalt bestimmt man für den Fabrikgebrauch hinreichend genau mit Hilfe der Lüring-Bürette oder der Wachsmethode. Bei Anschaffung der Lüring-Bürette wird die Gebrauchsanweisung mitgeliefert. Die Wachsmethode wird ausgeführt, indem ein gewogenes Quantum Seife in Wasser gelöst, mit verdünnter Schwefel- oder Salzsäure zerlegt und die abgeschiedene Fettsäure mit einer gewogenen Menge Wachs oder Stearin zusammengeschmolzen wird. Von dem erkalteten Fettkuchen wird das Säurewasser abgezogen und er selbst einige Male gewaschen, bis alle Mineralsäure entfernt ist. Der Fettsäurekuchen wird dann getrocknet und gewogen und die zugesetzte Wachsmenge in Abzug gebracht. — Zur Ausführung der Fettsäurebestimmung eignet sich vorzüglich der Stiepelsche Seifenanalysator[1]).

Das abgewogene Quantum Seife kommt nun zusammen mit der erforderlichen Menge Ton oder Kaolin in die heizbare Misch- und Knetmaschine zur innigen Verarbeitung. Es muß eine Masse resultieren, bei der Ton und Seife innig durchmischt sind, die sich feucht anfühlt, aber eine durchaus nicht klebende, sondern sich leicht von der Hand lösende Masse ergibt. Dann geht auch die weitere Verarbeitung glatt vonstatten. Zweckmäßig ist es, die Seife warm zu verarbeiten. Von Knetmaschinen bevorzugt der Schreiber dieser Zeilen solche mit gewundenen Mischflügeln; weniger tauglich sind Mischmaschinen mit rechtwinklig auf der Welle stehenden Stiftflügeln. Zum Durchkneten der Masse sind auch Kollergänge sehr geeignet[2]). In der Mischmaschine wird auch die Seife am besten gefärbt und parfümiert, da sie die Walzenmaschine nicht oft genug passiert, als daß eine ausreichende Mischung bowirkt würde.

Nach einer Mischung von einigen Minuten wird die Mischmaschine umgekippt und entleert, was wohl meist selbsttätig geschieht, und die Seifenmasse auf die Walzenmaschine gebracht und weiterverarbeitet.

Die Walzenmaschine besteht aus drei oder vier Walzen, die nebeneinander oder übereinander gelagert sind, evtl. auch zwei hintereinander oder übereinander angeordneten Maschinen. Auf diesen wird die Seife ganz flach gewalzt und dadurch durcheinandergearbeitet, um schließlich durch ein Abstreichmesser in Bändern von den Walzen abgenommen zu werden. Die größern Maschinen haben zwei Abstreichmesser. Davon ist das eine so angeordnet, daß es die Seifenmasse wieder in den Sammelkasten zum nochmaligen Durchgang zurückbringt, wenn sie noch nicht trocken genug ist, während das andere Messer sich auf der andern Seite der letzten Walze befindet, um die fertige Seife abzunehmen. Je nach-

---

[1]) Seifenfabrikant 1904, S. 370.
[2]) Vgl. über Verarbeitung durch Kollergang S. 89.

dem die Messer gebraucht werden, wird das eine oder das andere abgestellt. Um nun Bänder herzustellen, sind die Messer mit Einschnitten versehen, die eine vorspringende und eine zurückstehende Zunge haben, zu vergleichen mit einem kurzen und einem langen Finger; sonst würde die Seife in Platten von der Walze kommen, die nicht so schnell verarbeitet werden können wie die Bänder.

Die Walzenmaschine hat Walzen aus Hartgußstahl, die bei den neuern Maschinen Hohlräume haben, die zur Aufnahme von Kühlwasser dienen. Der Schreiber dieser Zeilen hat außerdem einen Anschluß an die Dampfleitung durch ein viertelzölliges Rohr herstellen lassen, um im Bedarfsfalle die Walzen anwärmen und die Seife trocknen zu können.

Nach ein- oder mehrmaligem Passieren der Walzen wird die Seife, wenn sie hinreichend trocken ist, d. h. nicht mehr klebt, von der Maschine abgenommen.

Statt die Seifenmasse die Walzen passieren zu lassen, hat man auch angefangen, sie zu komprimieren, indem man die aus der Misch- und Knetmaschine kommende Masse durch Maschinen, wie sie in der Sandsteinfabrikation benutzt werden, zu Stücken preßt. Die Ansichten über die Zweckmäßigkeit des Verfahrens sind geteilt. Es hat für Seifen mit so großer Tonfüllung wie die K.-A.-Seife gegenüber dem Bearbeiten mit der Walzenmaschine den großen Vorteil, daß die Pressen bei weitem weniger verschleißen und bei weitem weniger reparaturbedürftig sind und weniger Kraft bedürfen. Nach einer Angabe im „Seifenfabrikant"[1]) liefert eine zum Pressen von Seife gebaute Presse, je nach Größe, 30 bis 80 000 Stück in zehn Arbeitsstunden bei äußerst geringer Bedienung. Kommt aber die Seife nicht gut gemischt aus der Mischmaschine, so findet bei der Weiterverarbeitung durch die Walzenmaschine immerhin noch eine weitere Mischung statt, während das beim Komprimierverfahren ausgeschlossen ist.

Von den Ton- oder Kaolinsorten sucht man sich vorteilhaft solche aus, die sich fettig anfühlen, teigige, nicht zu dunkle Seifen ergeben, feinstens geschlemmt sind und möglichst wenig Sand enthalten[2]). Der Sand verschleißt die Abstreichmesser in kurzer Zeit. Deshalb sind auch Hartgußwalzen gut angebracht, weil sie weniger vom Sande angegriffen werden als Granitwalzen, die zum Pilieren von Fettseifen vorzuziehen sind, weil sie besser abgeben und kühlen.

Ist die Seife so weit vorbereitet, so kommt sie in die Strangpresse, die aus einem Aufnahmetrichter besteht, aus dem die Seife entweder

---

[1]) 1919, S. 255. Geeignete Komprimierpressen sollen von der Firma F. Komnick in Elbing in mustergültiger Ausführung gebaut werden.

[2]) Von den Tonen ist der Kaolin der am wenigsten plastische, und doch dürfte er der geeignetste für die K.-A.-Seife sein, da er der reinste ist (vgl. S. 61).

einer konischen oder einer zylindrischen Schnecke zugeführt wird. Bedenken, daß letztere nicht genügend komprimieren würde, haben sich nicht bewahrheitet; sie leistet dasselbe wie konische Schnecken, anscheinend sogar bei weniger Kraftaufwendung.

Die Seife wird nun durch die Schnecke einem sich nach vorn verjüngendem Teile durch einen mit kleinen Löchern versehenen Einsatz, einem Mundstück zugetrieben, das den ungefähren Querschnitt des zu pressenden Stückes K.-A.-Seife hat. Der durchlöcherte Einsatz hat die Aufgabe, die Rotation des ganzen Stranges aufzuheben, wodurch er auch an Festigkeit gewinnt, die sich durch die Verjüngung dann noch steigert. Der eben beschriebene vordere Teil der Maschine ist doppelwandig und sowohl zum Heizen wie zum Kühlen eingerichtet. An der Stelle, an der sich der durchlochte Einsatz befindet, ist er aufklappbar, damit man nach Beendigung der Arbeit von dort aus die Maschine reinigen kann, indem man bei zylindrischen Schnecken diese herauszieht und den konischen Teil des Seifenstranges zurücknimmt. Bei kleinen Maschinen mit konischen Schnecken sind diese in ihrem Lager fest, und ihr Gehäuse muß zurückgenommen werden. So wie ersichtlich, ist das Vorderteil der Maschine eigentlich zweiteilig und jeder Teil für sich heizbar resp. doppelwandig.

Vorteilhaft ist es, wenn man die Maschine sowohl durch ein schwaches Rohr an die Dampfleitung wie auch durch ein anderes Rohr an die Wasserleitung anschließen kann, um so nach Bedarf Dampf oder Wasser zur Verfügung zu haben. Wo dies nicht angängig ist, muß man sich durch eine unterzustellende Lampe oder im andern Falle durch Einfüllen von kaltem Wasser zu helfen suchen.

Aus dieser Maschine muß die Seife in einem homogenen, glatten, glänzenden Strange herauskommen, was bei richtiger Beschaffenheit der Maschine, wenn sie ein wenig angewärmt wird, auch der Fall ist. Zweckmäßig ist es immer, das Mundstück, d. h. den einzusetzenden Teil, der zuletzt passiert wird und dem Strange die Form gibt, vorher in heißem Wasser anzuwärmen. Dies bewirkt, daß die Seife willig und schnell hindurchgeht und glatt wird.

Kommt die Seife an den Strangecken aufgerissen aus der Maschine, so daß die Kanten beim Austritt in den Ecken des Mundstücks hängen bleiben und sich rückwärts biegen, so ist die Seife zu feucht. Um dem abzuhelfen, wärmt man den Teil der Maschine, in dem das Mundstück sitzt, und das Mundstück selbst etwas an, aber ohne es heiß zu machen, dann wird der Übelstand beseitigt.

Wird die Maschine zu heiß, so löst sich die Seife vom Eisen; sie erhält ein trockenes Gefüge, tritt schnell aus der Maschine, und die Oberfläche ist mit Bläschen besetzt. Hier ist es nötig, die Maschine zu kühlen, und zwar in beiden Teilen, in dem Teile, in dem sich das Schneckenende bewegt, wie auch ganz besonders in dem Teile, in dem das Mundstück sitzt. Die Seife tritt natürlich nicht von Anfang an in brauchbarem Zustande aus, sondern erst, nachdem einige Pfunde herausgekommen und in die Maschine zurückgegeben sind.

Das am wenigsten zeitraubende Mittel zur Verbesserung und Wiederherstellung glatter Seifen, namentlich bei großen Maschinen, ist, diese aufzumachen und die Seife herauszunehmen und, in besonders hartnäckigen Fällen, sie noch ein- bis zweimal durch die Walze gehen zu lassen; das hilft jedenfalls.

Ist die Seife zu trocken in die Strangpresse gekommen, dann tritt eine brüchige, an der Oberfläche Schuppen bildende Seife aus, die verbessert und ansehnlich gemacht werden kann, indem man beide Teile, Schneckenende und Mundstück, erwärmt. Ist die Seite danach glatt, so ist sie so beschaffen, daß sie von der Maschine weg gepackt werden kann.

Ist die Seife schließlich von gewünschter Beschaffenheit, so wird sie in Stücke geschnitten und auf ihr bestimmtes Gewicht gebracht. Die Stücke kommen nach kürzerem oder längerem Auf- resp. Auseinanderstellen unter die Pressen, meist automatische, um dann zum Versand hergerichtet zu werden.

Zum Färben der K.-A.-Seife eignen sich am besten Erdfarben, z. B. Hessels Wachsgelb Nr. 8 oder Nr. 83, in kochendem Wasser im Verhältnis von 1 : 200 aufs sorgfältigste verrührt, 10—15 g Farbe auf den Zentner Seife. Die Farbe muß vollkommen fein verteilt im Wasser sein, daß sie wie gelöst erscheint. Von etwaigem Bodensatz wird dann sorgfältig abgegossen, damit nicht größere Teilchen in die Seife kommen, die beim Waschen störend wirken, indem sie das Waschwasser färben. Am besten dürfte es sein, ein größeres Quantum Farbe, im Wasser fein suspendiert, vorrätig zu halten. Auf dem Vorratsgefäß ist ein Vermerk anzubringen, in welchem Mengenverhältnis sich die Farbe zum Wasser verhält, um jederzeit eine bestimmte Menge Farbe davon abwiegen zu können.

Zum Parfümieren verwendet man schwere Riechstoffe, die billig zu haben sind und an Honig, Rosen, Veilchen usw. erinnern. Da suche sich jeder ein Parfüm aus, das von den darin bekannten Handelshäusern billig angeboten wird.

K.-A.-Seifenpulver. Das K.-A.-Seifenpulver durfte anfänglich, im Jahre 1916, nach Vorschrift des Kriegsausschusses für Öle und Fette nur aus Seife, Wasser und Ammoniaksoda hergestellt werden, evtl. unter Zusatz von Wasserglas; durchaus nicht durften Glaubersalz, Kochsalz oder andere Streckungsmittel verwandt werden. Der Ansatz lautete nach Angabe des Kriegsausschusses:

5% Fett = 7,5% Kernseife, gelöst in
45% Wasser und darin verrührt
50% Ammoniaksoda,

und ergab aus den damals verhältnismäßig gut gelieferten Fetten, verglichen mit dem später hergestellten, ein vorzügliches Seifenpulver, das gut trocknete und auch gut zu mahlen war. Das Fett für die Grundseife durfte durch 20% seines Gewichtes Harz, soweit dieses geliefert werden konnte, ersetzt werden. Dies war auch später noch so, als der Fettgehalt auf 4,5% reduziert werden mußte. Das Harz gab man wohl zu, um die bei dem niedrigen Fettgehalt des Pulvers so geringe Schaumkraft etwas zu erhöhen; es blieb aber infolge seines sehr geringen Anfalls und anderweitig nötigerer Verwendung unseres inländischen Harzes, das doch allein vorhanden war, sehr oft aus. Das einheimische Harz ließ sich nicht, wie die ausländischen Harze, auf Kern verarbeiten, da dabei zuviel in die Unterlauge ging. Deshalb war es zweckmäßig, einen dünnen Leim daraus herzustellen, von dem nach Bedarf zugesetzt wurde [1]).

Der Bedarf der Heeresleitung an Soda war so groß, daß das Verbot, Sulfat zu verwenden, bereits Anfang des Jahres 1918 aufgehoben wurde und dieses dann in beträchtlicher Menge zur Verwendung kam. Vom 27. Februar 1918 an lautete der Ansatz für Seifenpulver:

5 Teile Fettsäure,
25 „ Ammoniaksoda,
ca. 15 „ Sulfat,
10 „ Wasserglas,
45 „ Wasser.

Die letzten drei Teile durften innerhalb einer Grenze von +2% schwanken, zusammen aber nur 70 Teile ausmachen. Wasserglas konnte man aber auch nur so lange zusetzen, als man es erhielt; auch seine Erlangung wurde immer schwieriger. Zu gleicher Zeit wurde die Menge Seifenpulver, die zur Verteilung kam, pro Kopf und Monat auf 125 g herabgesetzt.

Der hohe Sulfatgehalt gab aber doch wohl zu Bedenken bezüglich der Haltbarkeit der Wäschefaser Anlaß [2]), und er wurde schon vom Juni 1918 an reduziert, gleichzeitig aber auch der Fettgehalt, so daß von da ab der Ansatz lautete:

4,5 Teile Fett,
30 „ Ammoniaksoda,
5—10 „ Sulfat,
10—15 „ Wasserglas,
45 „ Wasser,

nach dem noch gegenwärtig gearbeitet wird.

---

[1]) Über das inländische Harz s. S. 51.
[2]) Über den wirklichen Grund zur Reduzierung des Sulfats s. weiter unten.

Das Sulfat wurde nicht immer eisenfrei geliefert und mußte auf Anordnung der Seifenherstellungs- und Vertriebsgesellschaft enteisent werden, indem es aufgelöst, mit Kalkmilch oder etwas Ätzlauge versetzt und in nicht zu konzentrierter Lösung zum Absetzen der Ruhe überlassen wurde. Den abgesetzten eisenhaltigen Schlamm wässert man, wenn es sich tun läßt, nochmals ab, um das in ihm enthaltene Glaubersalz noch zu gewinnen. Die zur Bereitung der Sulfatlösung benötigte Menge Wasser muß natürlich bei Herstellung des Seifenpulvers von der angegebnen Menge in Abzug gebracht werden.

Für das Sieden der Grundseife zum K.-A.-Seifenpulver war infolge der Sodaknappheit eine Zeitlang Kalilauge vorgeschrieben. So zweckmäßig ein Zusatz davon für die Grundseife zur K.-A.-Seife ist und auch auf die Grundseife zum Seifenpulver verbessernd einwirkt, so wenig angenehm ist für letztere eine ausschließliche Kaliverseifung. Die Grundseife muß fest sein, um, namentlich im Sommer, eine mahlfähige Masse zu ergeben. Aus Schmierseife läßt sich nur schwer ein trockenes Seifenpulver herstellen. Dazu kommt der Übelstand, daß Kali enthaltende Seifenpulver leicht feucht werden. Außerdem findet beim Einrühren der Soda in den Kaliseifenleim eine Umsetzung statt, indem die Kaliseife zum großen Teil in Natronseife umgesetzt wird, so daß die Kalilauge das Pulver auch in der Hinsicht wenig verbessert. Über diese Schwierigkeiten kommt man hinweg, wenn man den Seifenleim regelrecht mit Salz trennt und schließlich auf einem zweiten Wasser siedet, um eine festere Grundseife zu erhalten.

Da der Fettsäuregehalt für das K.-A.-Seifenpulver vorgeschrieben ist, so ist, ebenso wie bei der Grundseife für die K.-A.-Seife, auch hier nötig, den Fettsäuregehalt der Grundseife durch Analyse festzustellen.

Die Herstellung des K.-A.-Seifenpulvers erfolgt entweder in Mischmaschinen oder im offenen Kessel mit Rühr- oder Krückwerk oder in Spezialapparaten, die das Pulver sehr porös und deshalb leicht mahlbar liefern.

Zur Arbeit in Mischmaschinen hält man sich einen Seifenleim vorrätig, gibt davon eine abgewogene Menge nebst dem erforderlichen Quantum Wasser in die Maschine und bringt, während diese läuft, das Wasserglas hinzu und danach die Soda- und die Glaubersalzlösung. Man läßt alles sich innig mischen, bis die Masse anfängt zu verdicken, und sie dann auslaufen.

Im offenen Kessel mit Krückvorrichtung kann man sich aus einigen Zentnern Seife und der nötigen Menge Wasser bei gelindem Anwärmen den Seifenleim herstellen. Erforderlich ist, alles möglichst kalt zu verwenden. Man darf den Leim nur wenig anwärmen, da durch das Auflösen der Soda ohnehin Wärme erzeugt wird. Da die Salze aber zersetzend auf den Seifenleim wirken, besonders wenn er warm ist, und ihn zum Absetzen veranlassen, so ist überflüssige Wärme möglichst zu vermeiden.

In den Seifenleim läßt man zunächst die klar abgesetzte Glaubersalzlösung und das noch fehlende Wasser einlaufen, gibt hierauf das Wasserglas und schließlich unter stetem Krücken die Soda dazu, bis die Masse sich verdickt. Dann läßt man sie ablaufen oder schöpft sie aus.

Zum Kristallisieren des Seifenpulvers verwendet man vielfach kleine eiserne Pfannen; am praktischsten aber ist es, die Masse auf Steinplatten auszugießen und darauf erstarren zu lassen[1]). Am andern Tage wird sie aus den Pfannen ausgeschlagen und mit dem Hammer zerkleinert oder vom Steinfußboden mit der Schaufel aufgenommen und einige Male umgedreht. Zweckmäßig ist es, dabei die Seifenpulvermasse von dem Arbeiter möglichst hoch werfen zu lassen, damit sie zur schnelleren Abkühlung mit möglichst viel Luft in Berührung kommt, um sie rascher auf die Mühle bringen zu können.

Ist die Masse hinreichend trocken, um gemahlen werden zu können, so schaffen sie geeignete Transportvorrichtungen oder ein Arbeiter mit Schaufel auf den Vorbrecher und von da auf die Mühle. Bei räumlich getrennter Lage der einzelnen Maschinen zum Vorbrechen, Mahlen und Abfüllen des Seifenpulvers finden zur selbsttätigen Förderung des Mahlgutes Elevatoren (Becherwerke) und Förderschnecken Anwendung.

Die Elevatoren sind wegen des Hängenbleibens der balligen Seifenpulvermasse selbst in den steilsten Einläufen ausschließlich mit mechanischem Einlauf versehen. Dieser besteht aus einem großen Einschüttkasten mit darunter befindlicher, in den Elevator einmündender Förderschnecke, die durch Winkelbetrieb — mit Stufenscheiben zur Regelung des Einlaufes — vom Elevator aus angetrieben wird. Der Antrieb des Elevators erfolgt durch Festriemenscheibe am besten von dem besonderen, ausrückbaren Vorgelege der Mahlanlage aus. Erfolgt der Antrieb von einer vorhandenen Transmission aus, so muß der Elevator mit Fest- und Losriemenscheibe und Ausrücker versehen sein. Die Elevatoren werden meist so aufgestellt, daß das Mahlgut aus dem Vorbrecher oder aus der Mühle unmittelbar in den darunter montierten Einschüttkasten des mechanischen Einlaufs fällt.

Die Förderschnecken bestehen aus einem schmiedeeisernen halbrunden Trog mit Winkeleisenversteifungsrand und starken gußeisernen Stirnwänden für die Schneckenlagerung und haben Festriemenscheibe, zwei Ausläufe mit Schieber und Deckel zum Trogverschluß. Bei einer Lage der Schnecke quer zum Antrittsvorgelege erfolgt die Bewegung der Schnecke durch Festriemenscheibe und Winkelrädertrieb.

---
[1]) Vgl. darüber S. 77.

Zu beachten ist, daß das gemahlene Pulver, wenn es durch eigene Schwere fallen soll, im Winkel nicht über 30° fällt, da es sonst in vielen Fällen sich nicht willig vorwärts bewegen läßt.

Der Vorbrecher kann ein gewöhnlicher Ölkuchenbrecher sein.

Von Mühlen gibt es verschiedene bewährte Systeme. Zu großen Leistungen sind Schlagstift- oder Schlagkreuzmühlen mit verschiedener Sichtung zu empfehlen. 5 mm-Sichtung ist durchaus nicht zu grob; 8 mm ist auch noch fein. Die Schlagkreuzmühle gibt etwas gröbere Körnung, die oft auch beliebt ist.

Von der Mühle wird das Pulver nach dem Packraum expediert, wo es von Hand oder durch automatisch wirkende Füllmaschinen in Beutel oder Kartons gefüllt und in Kisten verpackt wird.

In wärmerer Jahreszeit sei jeder bei Anfertigung der Seifenpulvermasse mit der Zugabe der Wassermenge vorsichtig. 1—2 Zentner zuviel davon bei 100 Zentner Ansatz können auf die Kristallisation so störend einwirken, daß die Masse absetzt und nicht trocknet und lange in diesem Zustand verharrt. Vergessen darf man bei Verwendung von kristallisiertem Glaubersalz nicht, daß dieses sehr wasserhaltig ist und daß man deshalb an Stelle des kalzinierten Salzes das zweifache des kristallisierten verwenden muß. Was die Lagerung des Seifenpulvers betrifft, so sind feuchte Lagerräume in kühler Jahreszeit ebenso ungeeignet wie sonnendurchglühte im Sommer. In beiden Fällen leiden die Fabrikate, zum mindesten in ihrem Aussehen.

Bei dem K.-A.-Seifenpulver kommt häufig ein Feuchtwerden und Zusammenbacken vor. Die Ursachen dieses Übelstandes können verschieden sein: feuchte Lagerung, das Sieden der Grundseife mit Kalilauge, vor allem aber die Eigenschaft des wasserhaltigen Natriumsulfats, bei Gegenwart fremder Salze noch erheblich unterhalb seines in reinem Zustande bei 33° C. liegenden Übergangspunktes im Kristallwasser zu schmelzen. Dieser Umstand gab auch Anlaß zu der Herabsetzung des Sulfatgehalts auf 5—10%; doch verschwindet auch hierbei der Übelstand des Nässens nicht vollkommen. Solange wir zur Streckung des Seifenpulvers mit Sulfat gezwungen sind, wird bei warmer Temperatur stets mit dem Nässen gerechnet werden müssen (Stadlinger)[1]).

Eine der am häufigsten wiederkehrenden Beschwerden über die Qualität des K.-A.-Seifenpulvers bestand darin, daß das Pulver eine braune Farbe hatte und ein Vergilben der Wäsche herbeiführte. Dieser Übelstand war z. T. auf einen Eisengehalt des Sulfats zurückzuführen und wurde, soweit diese Quelle in Betracht kam, dadurch beseitigt, daß den Seifenfabrikanten von der Seifenherstellungs- und Vertriebsgesellschaft eine sorgfältige Enteisenung des Sulfats vorgeschrieben wurde. In einzelnen Fällen kam als Quelle des Eisengehalts auch eine

---

[1]) Seifenfabrikant 1918, S. 403.

unreine Soda in Frage. Dagegen ist der Seifenfabrikant natürlich machtlos. Vielfach hatte der Fehler aber auch darin seinen Grund, daß die in den letzten Jahren den Seifenfabrikanten vom Reichsausschuß für Öle und Fette gelieferten Fette eisenhaltig waren[1]), ohne daß der Reichsausschuß auf den Mangel hingewiesen hat. Die Schuld an dem sehr unangenehmen Vorkommnis trifft in diesem Falle einzig und allein den Reichsausschuß für Öle und Fette.

Rasierseife und Schmierseife. Außer der K.-A.-Seife und dem K.-A.-Seifenpulver werden im Syndikat eine Rasierseife und eine Schmierseife für technische Zwecke hergestellt. Erstere ist eine normale pilierte Seife mit 75—80% Fettsäuregehalt, letztere eine ungefüllte glatte Schmierseife mit 38—40% Fettsäuregehalt. Da die Schmierseife nur technischen Zwecken dienen soll, werden zu ihrer Herstellung hauptsächlich dunkle Fettsäuren verwandt. — Die Fabrikation bietet sonst nichts Besonderes, weshalb wir nicht weiter darauf eingehen.

Tonseifen. Während in der Haushaltseifenfabrikation die Vermehrung und Verbilligung der Seife durch Füllmittel eine sehr alte Unsitte ist — schon im 17. Jahrhundert sind in Frankreich vielfach Klagen über Verfälschung der Seife laut geworden —, ist bei den Toiletteseifen, wenigstens den besseren Sorten, im allgemeinen auf Reinheit der Ware gehalten. Erst infolge der Knappheit an Ölen und Fetten, sowie an Soda fing man — vor Einführung der K.-A.-Seife — an, auch die Toiletteseifen zu strecken. Da fanden sich als geeignetste Streckungsmittel Ton und Talk, in Deutschland besonders der erstere, und so erschienen im Jahre 1916 vielfach mit Ton oder Talk gefüllte Toiletteseifen im Handel, aber auch andere Tonseifen, die zum Waschen der Wäsche bestimmt waren. Diese Seifen, die wohl fast ausschließlich von Seifensiedern hergestellt waren, waren meist von relativ guter Qualität. Die Fabrikation hörte auf mit der Verordnung vom 20. Juli 1916, wonach die Fabrikation fetthaltiger Waschmittel auf zwei Sorten, auf die K.-A.-Seife und das K.-A.-Seifenpulver, beschränkt wurde.

Die Tonseifen waren auf zweierlei Wegen hergestellt, entweder in der Weise, daß man den Ton oder den Talk einem flüssigen Seifenleim zusetzte, oder man wählte den Weg des Pilierens, indem man den Ton oder den Talk mit Grundseifenspänen mischte und die Mischung zu Riegeln usw. verarbeitete. Im erstern Falle wurde der Ton dem Seifenleim entweder trocken eingearbeitet, oder er wurde zuvor mit Wasser oder schwacher Soda- oder Pottaschlösung oder auch dünnem Salzwasser angefeuchtet. Hat man wenig Ton und viel Seifenleim zu vereinigen, so ist die Beimischung des Tones sehr leicht. Sie erfolgt dann zweckmäßig in einem Kessel mit Rührwerk. Nachdem der Ton im Seifenleim gut verrührt ist, wird die ganze Masse in die Form geschöpft.

---

[1]) Vgl. darüber S. 15.

Geschlemmter Ton oder Kaolin sind wegen ihrer Feinkörnigkeit und ihrer Plastizität, die das Formen sehr erleichtert, sehr geeignete Streckungsmittel. Neben Ton hat auch der Talk den Vorzug der feinen, weichen Körnung, so daß beim Waschen mit einer talkgefüllten Seife ein eigentümlich weiches Gefühl zurückbleibt. Ebenso ist geschlemmte Kreide von guter Wirkung. Soll die Seife zum Waschen sehr schmutziger Hände dienen, so ersetzt man den Ton zweckmäßig durch schärfere Materialien, wie Bimsstein oder Sand.

Erheblich schwieriger gestaltet sich die Arbeit, wenn man viel Ton mit wenig Seifenleim zu vereinigen hat. Dies kann nur in einer guten Knet- und Mischmaschine ausgeführt werden oder in einem Kollergang, wie er S. 89 beschrieben und abgebildet ist. Ist die Mischung von Seife und Ton erfolgt, so richtet sich die weitere Verarbeitung nach der Beschaffenheit der Mischmasse. Ist sie dick und teigförmig, so kann sie durch eine Strangpresse in Riegelform gebracht werden. Die Riegel können dann geschnitten und, wenn sie etwas abgetrocknet sind, auch gepreßt werden. Liegt die Konsistenz der Seife zwischen Teig- und Pulverform, so kann sie direkt in Formen gepreßt werden, während eine pulverförmige Masse durch eine Komprimierpresse unter starkem Druck in Stücke gebracht werden muß.

Einige Ansätze von Tonseifen, die durch Einarbeiten von Ton in den Seifenleim herzustellen sind, sind[1]):

60 kg flüssige Kernseife,
16 ,, Pottaschlösung von 5° Bé.,
24 ,, Ton oder Talk.

12 kg flüssige Kernseife,
13 ,, Wasser,
75 ,, Ton.

20 kg flüssige Kernseife,
15 ,, Sodalösung von 5° Bé.,
65 ,, Ton oder Talk.

70 kg Kernseifenabfälle werden auf
wenig Wasser geschmolzen und
10 ,, Kieselgur,
15 ,, Schlemmkreide und
5 ,, Silbertripel eingerührt.

75 kg flüssige Kernseife,
100 ,, Pottaschlösung von 18° Bé.,
40 ,, Salzwasser von 15° Bé.,
200 ,, Ton oder Schlemmkreide.

Was den zweiten Weg, das Pilieren, betrifft, so bereiten Zusätze von Ton oder Talk in Höhe bis zu 25% der zu verarbeitenden Seife keine Schwierigkeit. Schwieriger gestaltet sich die Arbeit bei höheren Zusätzen. Hierüber liegen Versuche von Julius Schaal[2]) vor. Seine Versuche erstreckten sich auf 40, 50, 60, 75 und 100% Füllungszusätze, und zwar zum Teil mit Talk, zum Teil mit Kaolin. Als Grundseife

---

[1]) Seifens.-Ztg. 1916, S. 496. Wenn in den Ansätzen der Ton oder der Talk durch Bolus, Tripel oder Kieselgur ersetzt wird, so erhält man Vorschriften für gute Metallputzmittel, z. B. eine gute Silberputzseife.

[2]) Seifenfabrikant 1916, S. 442.

wurde eine mit 30% Kalilauge gesottene verwandt, die in reinem Zustande sehr gut schäumte. Die normal eingetrocknete Grundseife wurde mit der entsprechenden Ton- oder Talkmenge in einer Mischmaschine gut vermengt. Eine Mischmaschine ist für eine solche Arbeit eine unbedingte Notwendigkeit, da eine intensive Durcharbeitung mit der Hand unmöglich ist. Schlecht durchgemischte Ware strengt die Walzenmaschine ungeheuer an, erfordert ein viel öfteres Durchgehen durch die Walzen und gibt zum Schluß eine Seife von zweifelhaftem Aussehen. Bei der Arbeit des Mischens zeigte sich, daß der pulverförmige Zusatz zum Vermischen mit der Seife eine ganze Menge Feuchtigkeit benötigt, und zwar sich im Verhältnis zu den Zusätzen steigert. So wurden z. B. bei einem Mischungsverhältnis von 8 kg Ton oder Talk auf 20 kg Seife 2 kg Wasser benötigt, um die Masse so plastisch zu bekommen, daß eine weitere Verarbeitung ohne Anstrengung der Maschine möglich wurde. Bei einem steigenden Zusatz von 10% wurde stets $1/2$ kg Feuchtigkeit mehr beansprucht, um die Seife auf der gleichen geeigneten Beschaffenheit zu haben. Es ist ferner nötig, die Mischmaschine so lange arbeiten zu lassen, bis eine gleichmäßige, nicht mehr stark staubende Masse entstanden ist. Die Mischdauer beträgt je nach der Größe des Zusatzes 10—15 Minuten. Dann ist die Masse so, daß ein dreimaliges Durchgehen durch eine vierwalzige Maschine hinreicht, eine gleichmäßige Seife zu erzeugen. Ferner ist zu bemerken, daß mit dem steigenden Füllungsverhältnis auch die Farbenzusätze steigen müssen, da die Füllung viel Farbstoff aufnimmt. Braucht man z. B. bei einer Seifenmenge, wie oben angegeben, mit 40% Füllung 7 g Wachsgelb, um eine durchdringende Färbung zu erzielen, so sind bei 60% Füllung schon 10 g zum gleichen Farbenton erforderlich. Die Zusätze von Ton lassen eine viel tiefere Ausfärbung zu als die von Talk, da letzterer den Seifen einen blauen Unterton gibt, der die Ausfärbung erschwert und auch das Aussehen sehr benachteiligt, während bei Kaolin die Ausfärbung in viel reinerem Ton möglich ist. Es liegt an der Beschaffenehit der Füllmittel. Kaolin ist ein rein weißes Pulver, während der in gegenwärtiger Zeit zu beziehende Talk graue Färbung zeigt.

Auch auf ihre Waschfähigkeit wurden die Seifen geprüft. Naturgemäß wurde sie bei den steigenden Zusätzen eine immer geringere; doch stellte selbst eine mit 100% gefüllte Ware noch eine gebrauchsfähige Seife dar und eignete sich noch gut als Handwaschseife. Das sonst gewohnte Schäumen durfte man allerdings nicht beanspruchen; eine mit 40—50% gefüllte Seife war aber noch als eine ganz gute Feinseife zu betrachten. Um die Waschfähigkeit zu erhöhen, verwandte Schaal beim Mischen an Stelle von Wasser eine 10grädige Pottaschlösung. Dadurch wurde die Schaumkraft bedeutend erhöht, und sie kam einer ungefüllten Seife fast gleich, selbst bei 60% Füllung.

Die Mischung von Ton und Seifenspänen kann auch auf der Walzenmaschine erfolgen; ob diese aber dabei nicht sehr angegriffen wird, ist eine andere Frage.

Die aus der Walzenmaschine kommende Seife gelangt in eine Strangpresse, die sie in Riegel überführt, die angewärmt und gepreßt werden.

Geeignete Vorschriften für solche pilierte Tonseifen sind die folgenden[1]), wobei natürlich Farbe und Parfüm nach Belieben abgeändert werden können:

	60 kg Grundseifenspäne,	40 kg Grundseifenspäne,
	12 ,, Wasser,	15 ,, Wasser,
	28 ,, Ton oder Talk,	45 ,, Ton oder Talk,
Farbe:	35 g Orient Rosenrot,	Farbe: 40 g Sultanagelb.
Parfüm:	200 ,, Palmarosaöl,	Parfüm: 275 ,, Safrol,
	200 ,, Lavendelöl,	275 ,, Lavendelöl,
	200 ,, Zitronellöl,	55 ,, Nelkenöl,
ca.	3 ,, Moschus, künstlich.	35 ,, Kassiaöl, künstl.,
		28 ,, Thymianöl.

        32 kg Grundseifenspäne,
        18 ,, Wasser,
        50 ,, Ton.
Farbe: 40 g Brillantbraun.
Parfüm: 240 ,, Lavendelöl,
        160 ,, Kümmelöl,
        100 ,, Sassafrasöl,
        80 ,, Kassiaöl, künstlich.,
        20 ,, Zitronellöl,
ca. 2 ,, Moschus, künstlich.

An Stelle von Wasser kann man auch Melasse oder Leimwasser verwenden, um eine recht plastische Masse zu erhalten, die sich dann leicht auf der Strangpresse verarbeiten läßt und beim Gebrauch nicht bricht, sondern sich bis auf den letzten Rest in einem Stück verwäscht. Man kann auch gemahlene Kernseife mit dem trocknen Tonpulver in der Mischmaschine innig vermischen, z. B. 12 kg gemahlene Talgkernseife und 88 kg Ton, und das Pulver dann durch eine Komprimiermaschine in Stückenform bringen.

Bei sehr seifenarmen Präparaten empfiehlt sich der Zusatz eines Bindemittels, am besten dünnes Leimwasser, das mit der Seife vermischt wird, wonach die Einarbeitung des Tons erfolgt. Ein Ansatz ist:

      2 kg flüssige Kernseife,
    23 ,, Leinwasser,
    75 ,, Ton.

Sollen Tonseifen in Pulverform hergestellt werden, so hat man nur nötig, die gemahlene Kernseife oder ein sodahaltiges Seifenpulver mit dem Ton innig zu mischen und evtl. etwas Parfüm zuzusetzen.

---

[1]) Seifens.-Ztg. 1916, S. 496.

Auch bei diesen Mitteln kann der Gehalt an Seife im Verhältnis zum Ton beliebig variiert werden, je nach dem Zweck, dem sie dienen soll.

Seife aus Braunkohlenteer. Bereits im Jahre 1917 ging durch die Zeitungen die Nachricht, daß es Prof. Harries gelungen sei, die bei der Braunkohlendestillation abfallenden hochsiedenden Teeröle in Fettsäure zu verwandeln. Die Kohlenwasserstoffe dieser Teeröle enthalten sog. konjungierte Doppelbindungen, welche die Eigenschaft haben, unter Übergang in einfache Bindung chemische Elemente aller Art direkt anzulagern. Der genannte Chemiker bediente sich hierzu ozonisierter Luft, die er in das Teeröl einleitete; das entstandene Ozonanlagerungsprodukt wurde durch Behandlung mit Wasserdampf in Fettsäure und Formaldehyd zerlegt. Um auch die zweite lästige Doppelbindung zu entfernen, wurde die Anlage von Ozon und die schließliche Aufspaltung durch Wasserdampf wiederholt. Die daraus sich ergebende Fettsäure wurde mit Kalilauge in Kaliseife und mit Natronlauge in Natronseife übergeführt.

Es hieß damals weiter, daß die mit den nach diesem Verfahren hergestellten Seifen gemachten praktischen Versuche sehr befriedigende Ergebnisse gezeitigt hätten, daß aber die Erfindung immerhin noch der Verbesserung und Vervollkommnung bedürfe.

Neuerdings wird über die Versuche von Harries durch die „Chemische Umschau" folgendes berichtet[1]):

„Die Untersuchungen wurden in größerem Maßstabe mit dem Hallenser Gasöl der Fabrik Webau unternommen, das bei 125—200° C. siedet, ein hellbraunes, dickes, übelriechendes Öl darstellt und in beträchtlichen Mengen bei der Verarbeitung der Braunkohlendestillation abfällt. Bisher wurde es nur als Heiz- und Schmieröl verwandt. C. Harries und seine Mitarbeiter erhielten endlich eine feste Kaliseife, die aber rasch an der Luft Wasser anzieht, also flüssig wird und sehr gut schäumt. Auf einem Umwege wurde eine Natronseife erhalten, eine gelbliche bis braune, pulverisierbare Masse. Sie läßt sich in Formen gießen und schäumt gut. Auch andere Teeröle, z. B. bituminöse Schiefer, verhielten sich ähnlich. Die Proben der erhaltenen Kaliseifen wurden an verschiedene Firmen der Leder- und Textilindustrie gesandt. Das Produkt wurde als marktfähig erkannt und ihm ein sehr günstiges Zeugnis ausgestellt."

Als Folge der Arbeiten von Prof. C. Harries und seiner beiden Mitarbeiter, Dr. Ernst Albrecht und Dr. Rudolf Kötschau, liegen folgende drei Patentanmeldungen vor[2]): 1. Verfahren zur Gewinnung von Kohlenwasserstoffen und Alkalisalzen hochmolekularer Karbonsäuren, dadurch gekennzeichnet, daß man Karbüre, insbesondere Teer-

---

[1]) Seifenfabrikant 1919, S. 231.
[2]) D. R. P. A. Nr. 27 950, 28 189 und 63 502.

produkte aus Braunkohle, Schiefer, Torf und bituminösem Asphalt oder daraus erzeugte Ester, gegebenenfalls unter Durchmischung mittels Gase, der Alkalischmelze unterwirft. 2. Zusatz zu dieser Patentanmeldung: Abänderung des durch die Patentanmeldung geschützten Verfahrens zur Gewinnung von Kohlenwasserstoffen und Alkalisalzen hochmolekularer Karbonsäure, dadurch gekennzeichnet, daß man Karbüre, insbesondere Teerprodukte aus Braunkohle, Schiefer, Torf und bituminösem Asphalt oder davon abgeleitete Ester, gegebenenfalls unter Durchmischung mittels Gase, mit Alkalilaugen in der Weise erwärmt, daß während des Abblasens von Öl und Wasserteilen sich hochkonzentriertes oder schmelzendes Alkali in der Reaktionsmasse bildet. 3. Ein Zusatz zur ersten Patentanmeldung: Abänderung des durch die erste Patentanmeldung geschützten Verfahrens zur Gewinnung von Kohlenwasserstoffen und Alkalisalzen hochmolekularer Karbonsäure, dadurch gekennzeichnet, daß man von der Abfallsäure getrenntes Säureharz, oder daß man Petrolpech, gegebenenfalls unter Durchmischung mittels Gase, mit hochkonzentriertem oder geschmolzenem Alkali behandelt.

Seife aus Paraffin. Die Herstellung von Seifen aus Mineralölen ist auch von anderer Seite in Angriff genommen. Wie Dr. M. Bergmann in der Zeitschrift für angewandte Chemie mitteilt, ist es ihm gelungen, galizisches Paraffin, das aus höhern Kohlenwasserstoffen besteht, mit Luftsauerstoff zu oxydieren und in ein Produkt umzuwandeln, das möglicherweise ein wertvolles Ausgangsmaterial für die Herstellung von Seife werden kann. Die Oxydation erfolgte in Eisenkesseln, durch die bei 130—135° C. in raschem Strome Luft durchgeleitet wurde. Nach 2—3 Wochen hatte sich das Paraffin in eine braune, salbenartige Masse von sauren Eigenschaften umgewandelt, die, mit Alkalien behandelt, gutschäumende Seife bildete. Nach Entfernung der Neutralsubstanzen wurde das zum größten Teil aus Säuren bestehende Produkt der Vakuumdestillation unterworfen. Die Hoffnung, hierbei Palmitin- oder Stearinsäure zu erhalten, erfüllte sich zwar nicht; jedoch gelang es Bergmann, zwei diesen genannten Säuren verwandte Säuren aufzufinden, die bisher noch nicht bekannt waren.

„Vom Laboratoriumsversuche bis zur brauchbaren technischen Verwirklichung jenes Verfahrens," so bemerkt dazu die Frankfurter Zeitung, „führt ein weiter Weg, und es wäre verkehrt, wenn man heute schon allzuweit gehende Folgerungen an diese vorläufigen Mitteilungen knüpfte; immerhin aber darf man behaupten, daß diesen Untersuchungen Bergmanns ganz erhebliche Bedeutung zukommt und daß sie zu ungeahnten technischen Neuerungen und Umwälzungen führen können, wenn es gelingen sollte, ganz allgemein Kohlenwasserstoffe in Fettsäuren umzuwandeln. Die erste Etappe auf diesem Wege scheint zurückgelegt"[1]).

---
[1]) Seifenfabrikant 1918, S. 265.

Tonwaschmittel.

Der Ton eignet sich ohne allen Zweifel besser für die Körperpflege als zur Reinigung der Wäsche. Die in der Waschlauge suspendierten kleinen Tonteilchen dringen in die Gewebe ein und setzen sich dort fest, um nach dem Trockenwerden abzustauben. Trotz dieses Übelstandes ist der Ton vielfach zum Waschen von Geweben benutzt, wahrscheinlich in alter Zeit mehr als in neuer. Ein altes Rezept für die Herstellung einer „Tonseife" finden wir in einer Abhandlung über Tonwaschmittel, die aus dem Laboratorium von Henkel & Co.[1]) in Düsseldorf stammt:

    1 Pfund Pottasche,
    $1/2$ „ gelöschter Kalk,
    20 „ trockener Ton,
    4 „ Wasser.

Dieses soll in Stangenform ein Waschmittel geben, das tadellos arbeitet. Eine „Tonseife mit hervorragender Reinigungskraft zur Wäsche" soll man ferner nach folgender Vorschrift erhalten[2]):

    75% Ton oder Talk,
    20% Wasser,
    5% kalz. Soda.

Die Tonwaschmittel kann man einteilen in **Tonseifen**, **Tonpasten** und **Tonsteine**. Die Tonseifen haben wir bereits unter „Seife und seifenhaltige Waschmittel" behandelt, und somit bleiben noch Tonpasten und Tonsteine.

Tonpasten. Die Tonpasten sind Tone, denen Soda beigemischt ist, und sie besitzen deshalb erhöhte Waschkraft. Man kann von ihnen drei Gruppen unterscheiden: 1. **Pasten ohne jedes Schaumvermögen**, 2. **Pasten mit Zusatz von Harzseife**, 3. **Pasten mit Zusatz von Saponin**. Ansätze für Pasten der ersten Gruppe sind[3]):

80 kg Ton,   75 kg Ton,
12 „ Wasser oder dünnes Leimwasser,   20 „ Wasser oder Leimwasser,
8 „ Soda.   5 „ kalz. Soda.

    40 kg Ton oder Schlemmkreide,
    30 „ Kieselgur oder feiner Sand,
    22 „ Leimwasser oder dünne Melasse,
    8 „ kalz. Soda.

Die Soda wird in Wasser gelöst und in einer Misch- und Knetmaschine durch inniges Kneten mit dem Ton vermischt. Je nach der Plastizität des Tones ist mehr oder weniger Wasser zu nehmen, um einen dicken, formbaren Brei zu erhalten, der dann durch die Strangpresse in Riegel

---
[1]) Seifenfabrikant 1916, S. 494.
[2]) Seifens.-Ztg. 1916, S. 441.
[3]) Seifens.-Ztg. 1916, S. 496.

übergeführt wird. Die daraus hergestellten Stücke läßt man trocknen, um sie danach zu pressen oder mit einem Handstempel zu stempeln. Der gut gemischte Tonteig kann auch, wie bei der Fabrikation der Ziegelsteine, in sogenannte Naßformen gestrichen werden, wonach die Form entleert wird und die Stücke zum Trocknen gelangen. Die Größe der Formen muß mit Rücksicht auf das Schwinden der Tonmasse beim Trocknen, das bei den verschiedenen Materialien verschieden ist, bemessen werden. Je mehr Wasser verwandt wird, um so länger dauert der Trockenprozeß, um einen harten, festen Stein zu erhalten. Je trockner die gemischte Masse ist, desto stärker muß der Druck bei der Formung resp. Pressung sein. Beim sog. Trockenformen wird die aus der Mischmaschine kommende, nur schwach feuchte oder ganz trockene Pulvermasse mittels Schablonen in Kastenformen gepreßt. Metallformen müssen vorher leicht geölt werden, oder man bestreut die vorgeformte Masse mit etwas trockenem Ton, um glatte Stücke zu erhalten, die sich leicht aus den Formen lösen.

Vorschriften für Tonpasten mit Harzzusatz sind[1]

60 kg Ton,	75 kg Ton,
12 ,, Schlemmkreide.	10 ,, Harzseifenleim,
20 ,, Harzseifenleim,	10 ,, Wasser,
8 ,, kalz. Soda.	5 ,, kalz. Soda,

85 kg Ton,
12 ,, Harzseifenleim,
3 ,, kalz. Soda.

Man stellt zunächst einen Harzseifenleim her, indem man in einem Kessel 50 kg Natronlauge von 20° Bé. erhitzt und 50 kg zerkleinertes Harz einträgt. Ein solcher Zusatz von Harzseifenleim zum Ton bietet einen doppelten Vorteil: 1. erhält man ein Waschmittel mit guter Schaumkraft, und 2. besitzt die Harzseife ein starkes Bindungsvermögen, so daß die Stücke sich bis zum letzten Ende verbrauchen lassen, ohne zu zerbröckeln.

Die Herstellung der Pasten ist dann wie folgt: Man löst die Soda im Wasser, verrührt den Harzseifenleim in der Lösung und schließlich den Ton. Die Weiterverarbeitung der breiigen Masse erfolgt wie bei der vorhergehenden Gruppe.

In eigenartiger Weise wird eine „Preß-Ton-Seife" hergestellt[2]), indem man in den Ton Salze einkristallisieren läßt, die viel Wasser aufnehmen können, und hierdurch bewirkt, daß der Quellzustand des Tones erhalten bleibt. Bei der Herstellung von Kristallblöcken aus Ton und kristallisiertem Salz gibt man zweckmäßig 1% Harzseife zu. Die Kristallblöcke werden fein gemahlen und dann zu Stücken auf

---

[1] Seifens.-Ztg. 1916, S. 497.
[2] Seifenfabrikant 1916, S. 495.

Pressen mit hohem Druck gepreßt. Diese „Tonseife" ist sehr sparsam im Gebrauch und eignet sich besonders zum Reinigen von öligen, schmutzigen und farbigen Händen und Körperteilen. Wegen ihrer Alkalität eignet sie sich weniger zum Waschen zarter Hände und des Gesichts.

Bei der Fabrikation verfährt man wie folgt: In eine heiße 25 proz. Sodalösung, die 2% Harz enthält, werden etwa 50% gepulverter Ton eingetragen und intensiv gemischt, bis ein einheitlicher, zäher Leim entstanden ist. Dieser Brei wird zur Kristallisation gebracht, und die entstandenen Kristallblöcke werden auf Kollergängen oder Schlagkreuzmühlen staubfrei gemahlen. Das erhaltene Pulver wird auf Pressen zu Stücken gepreßt.

Saponinhaltige Tonpasten erhält man aus folgenden Ansätzen[1]):

75 kg Ton,	70 kg Ton,
12 „ Wasser,	15 „ Leimwasser,
$1/2$ „ Saponin,	5 „ gemahlene Panamarinde,
$7^1/_2$ „ kalz. Soda.	10 „ kalz. Soda.

85 kg Ton,
5 „ Melasse oder Leimwasser,
$1/_2$ „ Saponin,
$9^1/_2$ „ Soda.

Die Soda wird in Wasser oder Leimwasser oder in der Melasse gelöst. Hierauf wird das Saponin oder die saponinhaltige Rinde eingerührt und die Lösung dann in einer Misch- und Knetmaschine durch intensives Kneten mit dem Ton vermengt. Der erhaltene dicke Brei wird in einer Strangpresse zu Riegeln geformt, die nach dem Abtrocknen gepreßt oder nur gestempelt werden.

Tonsteine. Die Tonsteine, Putzsteine oder Waschsteine bestehen aus Blöcken von hochplastischem Ton, der durch Pressen der Ziegelein oder Brikettpressen oder Pressen der Wandplattenfabriken in Stücke gepreßt wird. Diese Blöcke zeigen reinigende Eigenschaften, zerfallen aber sehr bald, wenn sie entweder austrocknen oder mit Feuchtigkeit intensiv in Berührung kommen. Zweckmäßiger ist es deshalb, den Ton mit Harzseifenlösung zu mischen. Die Harzseife läßt sich mit Ton, Bolus usw. zu einer Masse mischen, die in Stückform gebracht und in frischem, hinreichend wasserhaltigem Zustand auch verhältnismäßig leicht geschnitten werden kann. Das Tonpulver wird mit der Harzseifenlösung in einer Knetmaschine gemischt. Man kann die Masse auch, statt sie feucht in Stückform zu bringen, zu festen Brocken trocknen lassen, die in einer Pulverisiervorrichtung, z. B. Kugelmühle, gemahlen werden. Das Pulver wird dann mit hydraulischem Druck zu Stücken komprimiert. Will man ein schönes, gleich-

---
[1]) Seifens.-Ztg. 1916, S. 497.

mäßiges Produkt erhalten, so empfiehlt es sich, die aus der Knetmaschine kommende Masse noch durch die Walzenmaschine gehen zu lassen und sie schließlich in einer Strangpresse zu Riegeln zu komprimieren, die dann in Stücke geschnitten werden.

In der wiederholt angezogenen Abhandlung aus dem Laboratorium von Henkel & Co. heißt es über Tonsteine mit Harzseifenzusatz, dort als „Toilette-Ton" bezeichnet[1]): „Beim Toilette-Ton geht man davon aus, die plastischen Eigenschaften des Tons durch sorgfältiges Quellenlassen möglichst zu erhöhen. Man sucht seine Plastizität zu erhalten, aber auch seine Eigenschaft, schnell Wasser aufzunehmen, zu erniedrigen. Dies geschieht, indem man die Poren des Tons gewissermaßen zuleimt entweder durch Seifenlösung oder durch andere organische Schleim- und Bindemittel. Eine Art der Herstellung, die sich bewährt hat, ist die folgende: Ton oder Kaolin von mittleren fetten Eigenschaften wird in einer Kugelmühle oder Schleudermühle sorgfältig gemahlen, dann in einer Mischmaschine mit 30—40% Harzseifenlösung, die etwa 3% Harz enthält, geknetet, so daß die Masse eine zähe, plastische Form annimmt. Die Weiterverarbeitung dieser Masse wird in einer Strangpresse vorgenommen. Die aus dieser herauskommenden Stücke werden in einer Autopresse oder Handpresse geformt und gestempelt und die Oberfläche mit Talk oder Glyzerinwasser besprengt. Kurzes Lagern an der Luft macht die Stücke genügend fest".

„Da die Tone in verschiedenem Grade plastische Eigenschaften besitzen, so ist zu empfehlen, einen Vorversuch zu machen, welche Mengen Wasser resp. Harzseifenlösung erforderlich sind, um die Knetbarkeit der Masse auf die gewünschte Form zu bringen. — Diese Toilette-Tone eigenen sich zur Wäsche von Hand und Körper. Sie haben die milden waschenden Eigenschaften des Tons und besitzen den Vorteil der Neutralität. Das Fehlen des Alkali und die Weichheit der Stücke ist nachteilig beim Reinigen von besonders schmutzigen, öligen Händen und schmutzigen Körpern, wie bei Arbeitern der Schwerindustrie, sowie der Druckereien und der Farbenindustrie."

Patentierte Tonwaschmittel. Auch patentiert sind einige Tonwaschmittel.

Nach einem Patent[2]) werden in 6 T. Natronlauge von 36° Bé. und 2 T. Wasserglas von 36° Bé. 4 T. Mineralöl und danach noch 100 T. Ton oder Kaolin verrührt. Die gut gemischte Masse wird in Formen gepreßt, dann getrocknet und in Stücke geschnitten.

Ferner stellt Dr. Georg Bethmann[3]) plastische, seifenartige Massen von reinigender Wirkung durch Zusammenkneten von Vaselin,

---
[1]) Seifenfabrikant 1916, S. 495.
[2]) D. R. P. Nr. 300 524.
[3]) D. R. P. Nr. 310 266.

Talkpulver und einem Bindemittel, wie Leimlösung, unter evtl. Beimischung von Alkalien und Traganthschleim her. — Die Leimlösung kann durch Stärkekleister, Gummiarabikum oder andere Klebemittel ersetzt werden. — Der Prozeß verläuft besonders günstig bei Temperaturen zwischen 40 und 100° C. Es entstehen plastische Massen, die beim Erkalten langsam zu seifenartigen Produkten erstarren: 100 g Vaselin, 500 g Talkpulver, 100 g Leimlösung, 50 g Soda oder Pottasche oder eine entsprechende Menge Ätzkali werden unter Beifügung von 100 g Wasser oder Traganthschleim verknetet oder bei 40—100° C. vermischt.

Bei Weglassung der Talkpulver entstehen flüssige Kunstseifen; der Vaselingehalt muß aber verringert werden: 5 g Vaselin, 40 g Stärke, 50 g Pottasche, 100 g Leimlösung, 500 g Wasser unter evtl. Beifügung von 100 g Traganthschleim werden bei einer Temperatur von 40—100° C. gemischt. Ohne Traganthschleim wird die Masse weniger plastisch. Die so erhaltenen Produkte sollen seifenartigen Charakter und vorzügliche Waschkraft besitzen.

Die Gewerkschaft Sanssouci[1]) macht einen Zusatz von Holzstoff oder Papiermasse zum Ton, damit er im Wasser nicht so leicht aufweicht und zugleich ein weiches Gefühl auf der Haut hervorruft, was nicht bei allen Tonen der Fall ist. Sie gibt folgende Vorschrift: 80 T. Ton, 13 T. Holzstoff, 5,5 T. kalz. Soda, 0,5 T. Schaummittel, 1 T. Riechstoff.

Schließlich sei noch ein Waschmittel erwähnt, das zwar, soweit uns bekannt, nicht patentiert ist, das aber viel von sich reden gemacht hat, das Sapartil[2]). Es wird nach der Chemisch-technischen Wochenschrift[3]) erhalten durch Verrühren von Talk, Bolus oder ähnlichem Silikat mit einem Bindemittel, z. B. Pflanzenschleim, und Zusatz von Saponin. Die Masse wird in Stücke gepreßt.

Der Vorschrift wird hinzugefügt: „Empfindliche oder behaarte Haut darf mit Sapartil nicht behandelt werden." Was an dem Waschmittel so nachteilig auf Haut und Haare wirken soll, ist nicht recht verständlich.

Waschpulver aus Wasserglas und Alkalikarbonaten.

Der größte Teil der jetzt im Handel vorkommenden Wäschereinigungsmittel aus dem Gebiet der fettlosen Waschmittel besteht aus Wasserglas in Verbindung mit Alkalikarbonaten evtl. mit kleinen Zusätzen von kaustischem Alkali, die aber 2% nicht übersteigen dürfen,

---

[1]) D. R. P. Nr. 306 235.
[2]) Der eigentümlich klingende Name ist mutmaßlich zusammengezogen aus „Sapo artificialis", zu deutsch also „Kunstseife".
[3]) Chem.-techn. Wochenschr. 1917, S. 240.

da sonst die Wäschefaser geschädigt wird. Das weitest verbreitete fettlose Waschmittel ist ohne Zweifel die Bleichsoda, ein Gemisch von Soda und Wasserglas. Sie hat schon vor dem Kriege vielfach Verwendung gefunden, besonders zum Einweichen der Wäsche.

Bleichsoda. Die Bleichsoda ist zuerst von Henkel & Co. in Düsseldorf hergestellt, die ihr auch den Namen gegeben haben. Das von der genannten Firma ursprünglich in den Handel gebrachte Produkt soll aus 60% Wasserglas und 38—40% kalz. Soda bestanden haben. Bleichende Eigenschaften besitzt das Waschmittel nicht. Der Name soll gewählt sein, weil Eisen vom Wasserglas leicht niedergeschlagen und durch Zumischen von Wasserglas zur Soda diese eisenfrei erhalten wird, während die Kristallsoda früher stets eisenhaltig in den Handel gekommen sein soll, sowie, daß durch Wasserglas auch aus dem Waschwasser das Eisen niedergeschlagen und ein Vergilben der Wäsche verhindert wird, so daß man beim Waschen ein besseres Weiß erhält.

Das Verhältnis von Soda und Wasserglas ist in den verschiedenen Handelsprodukten ein ziemlich verschiedenes, wie die nachstehenden Analysen von A. Ewers[1]) zeigen:

	I.	II.	III.
Gesamtalkali (Na_2CO_3)	48,60%	44,41%	52,43%
Trockenverlust	40,12 ,,	45,03 ,,	37,66 ,,
Kieselsäure (SiO_2)	10,53 ,,	10,07 ,,	6,28 ,,
	99,25%	99,51%	96,37%

Der Kieselsäuregehalt entspricht:

in I. 13,25%, in II. 12,63%, in III. 7,90%, Wasserglas, wasserfrei,
ca. 39½ ,, , 38 ,, , 24 ,, Wasserglas von 38° Bé.

Während des Krieges ist sogar häufig mehr oder weniger reine Soda als Bleichsoda in den Handel gebracht, bis diesem Unfug durch eine Verordnung vom 11. Mai 1918, wonach Bleichsoda aus mindestens 40% Soda und 15% Wasserglas bestehen muß, ein Ende gemacht wurde. Eine solche Bleichsoda wird wie folgt hergestellt: 40 kg Wasser, 15 kg Wasserglas von 38° Bé. und 5 kg Natronlauge von 20° Bé. werden erhitzt und in einem Kessel mit gutem Rührwerk oder in einer Mischtrommel mit 40 kg Soda gemischt und so lange gerührt, bis eine gleichmäßige, breiige Masse entstanden ist. Diese wird entweder in flache Eisenpfannen gefüllt oder auf dem glatten Fußboden ausgegossen und noch so lange mit der Schaufel bearbeitet, bis sie soweit erkaltet ist, daß sich keine Klumpen mehr bilden können. Wird sie nicht so lange durchgearbeitet, so erstarrt sie zu einer sehr harten Masse, die sich nur schwer zerkleinern läßt. Die erkaltete Bleichsoda wird entweder zerstoßen oder auf einem Vorbrecher zu Nußgröße zerkleinert und auf einer Mühle zu Pulver gemahlen. — Die 5 kg Natronlauge haben den Zweck, das Wasserglas leichter löslich zu machen.

---
[1]) Seifens.-Ztg. 1916, S. 255.

Zur Herstellung von Bleichsoda existieren zahllose Vorschriften, von denen wir eine Anzahl folgen lassen:

1. 25 kg Natronwasserglas von 38° Bé. werden mit 25 kg Wasser gemischt, die Lösung gut erwärmt und dann 50 kg Soda eingekrückt. Nach dem Erkalten wird die Masse gemahlen und in die Pakete gefüllt.

2. In 70 kg heißem Natronwasserglas von 30° Bé. werden 30 kg kalzinierte Soda verrührt. Die daraus resultierende harte Masse wird durch Stampfwerk oder Vorbrecher zerkleinert und dann auf einer Mühle zu Pulver gemahlen. Das fertige Produkt wird in Papierbeutel gefüllt.

3. 75 kg Feinsoda oder gemahlene Kristallsoda werden mit 25 kg Wasserglas von 38° Bé. innig gemischt und die Mischung getrocknet und gemahlen.

4. 60 kg Ammoniaksoda von 98% und 40 kg gepulvertes Wasserglas oder auch 80 kg gemahlene Kristallsoda und 20 kg gepulvertes Wasserglas werden gemischt.

5. 42,5 kg Kristallsoda und 42,5 kg kalz. Soda werden gemischt, dann 15 kg Natronwasserglas von 38° Bé. darüber gegossen, das Ganze gut durcheinander geschaufelt und schließlich auf einem Steinfußboden in dünner Schicht zum Trocknen ausgebreitet. Am andern Tage kann die hart gewordene Masse bereits gemahlen werden.

Ferner gibt der bereits genannte A. Ewers[1]) folgende Vorschriften:

40 kg Wasserglas von 38° Bé.,
16 „ Natronlauge von 15° Bé.,
44 „ kalz. Soda.

38 kg Wasserglas von 38° Bé.,
22 „ Natronlauge von 10° Bé.,
40 „ kalz Soda

32 kg Wasserglas von 38° Bé.,
2 „ Natronlauge von 38° Bé.,
20 „ Wasser,
46 „ kalz. Soda.

25 kg Wasserglas von 38° Bé.,
2 „ Natronlauge von 38° Bé.,
21 „ Wasser,
52 „ kalz. Soda.

Man bringt Wasserglas, Lauge und Wasser in einen heizbaren Mischapparat und gibt unter gutem Durcharbeiten die kalz. Soda zu, läßt die Masse in flachen Pfannen oder auf dem Zementfußboden in dünner Schicht erkalten, zerstößt sie in Stücke und mahlt sie zu feinem Pulver.

Wenn die Bleichsodamasse zum Erkalten auf einem Beton- oder Zement- oder Steinfußboden ausgegossen wird, muß sie bereits möglichst erkaltet sein, damit sie sofort nach dem Ausgießen erstarrt und nicht am Boden haften kann. Vielfach gibt man die Bleichsoda in flache Blechpfannen von 25—30 kg Inhalt, die, ähnlich wie die flachen Blechpfannen in den Stearinfabriken, auf Gestelle gestellt werden, so daß sie von allen Seiten dem Luftzug ausgesetzt sind. Ist die Masse erstarrt, so lassen sich die Tafeln leicht ausschlagen und zerkleinern.

---
[1]) Seifens.-Ztg. a. a. O.

Wenn Bleichsoda in großen Mengen hergestellt werden soll, so ist zur Fabrikation ein heizbarer Mischapparat mit eingebautem, starkem Rührwerk erforderlich. Die Masse kann dann nicht zum Erkalten in Pfannen gegeben oder auf dem Fußboden ausgebreitet werden, sondern es ist ein besonderer Kühlapparat nötig. Erforderlich sind ferner geeignete Mühlen und Vorbrecher, wie wir sie auf S. 81 ff. finden, sowie Pack- und Abfüllmaschinen.

Bleichsoda mit Perborat oder Perkarbonat. Zu Bleichsoda, der Perborat oder Perkarbonat beigemischt werden soll, werden folgende Ansätze empfohlen[1]:

40 kg Wasserglas von 38° Bé.,	oder: 25 kg Wasserglas von 38° Bé.,
25 ,, Kristallsoda,	25 ,, Kristallsoda,
und 25 ,, kalz. Soda,	und 25 ,, kalz. Glaubersalz.

Man erhitzt das Wasserglas, läßt die Kristallsoda darin zergehen und rührt dann die Soda oder das Sulfat ein. Nach dem Erkalten wird die Masse gemahlen, und dem Pulver werden 1—3% Perborat oder Perkarbonat beigemischt.

Aus Kristallsoda und Wasserglas allein läßt sich keine für die Aufnahme von Perborat oder Perkarbonat geeignete Bleichsoda herstellen; ebenso ist auch Pottasche nicht geeignet. Das Persalz würde sich sehr schnell zersetzen.

Bleichsoda mit Schaumkraft. Um eine Bleichsoda mit Schaumkraft herzustellen, braucht man nur einem der angegebenen Ansätze für Bleichsoda 2—3% Saponin, das man zuvor in etwas Wasser gelöst hat, im Mischapparat zuzugeben.

Andere Waschpulver aus Wasserglas und Soda. Bei der großen Knappheit an Soda sind, abgesehen von Bleichsoda, in den letzten Jahren wenig Waschmittel, die vorwiegend aus Soda bestehen, auf dem Markt erschienen. Ein Waschpulver, das als gestreckte Bleichsoda bezeichnet werden kann, aber nach der Verordnung vom 11. Mai 1918 nicht unter dem Namen ,,Bleichsoda" in den Handel kommen darf, erhält man aus folgendem Ansatz[2]: 300 kg kalz. Soda, 100 kg Sulfat, 150 kg Wasserglas von 38° Bé., 50 kg Ätznatronlauge von 20° Bé. und 400 kg Wasser. Wasser, Wasserglas und Lauge werden erhitzt und darin Glaubersalz und Soda verrührt. Man rührt, bis die Masse ziemlich erkaltet und ein dicker Brei entstanden ist, der auf dem Fußboden ausgebreitet und mit der Schaufel noch so lange bearbeitet wird, bis er vollständig erkaltet ist. Man erreicht auf diese Weise, daß die Masse in möglichst kleine, lose zusammenhängende Brocken zerfällt, die sich leicht mahlen lassen. Läßt man sie ohne weitere Bearbeitung erkalten, so entstehen sehr harte Tafeln, die sich nur schwer zerkleinern lassen.

---

[1] Seifens.-Ztg. 1917, S. 135.
[2] Seifens.-Ztg. 1917, S. 861.

Zur weitern Verarbeitung gehört ein guter Vorbrecher und eine gute Mühle, um ein feinkörniges Pulver zu erhalten.

Zur Herstellung von fettlosen Waschmitteln werden vielfach sogenannte **Wasserglaskompositionen** angeboten. Sie bestehen meist nur aus Lösungen von Natriumsulfat in Wasserglaslösungen. So bestand das von einer Essener Firma in den Handel gebrachte Fabrikat aus gleichen Teilen Natriumsulfat und Wasserglas von 38° Bé.[1]).

Waschpulver unter Mitverwendung von Pottasche. Wie bereits früher erwähnt, ist bei der Knappheit an Soda während der Kriegszeit die Pottasche ausgiebig zur Fabrikation fettloser Waschmittel herangezogen; es ist aber auch hervorgehoben, daß sie stark hygroskopisch ist und sich daher weit weniger eignet als Soda. Es ist unmöglich, in Bleichsoda die Soda durch Pottasche zu ersetzen. Man kann letztere nur unter erheblicher Mitverwendung von Soda oder bei deren Fehlen von dem jeder Waschwirkung baren Sulfat verwenden. Alle Pottasche enthaltenden Waschmittel, auch wenn sie größere Mengen Soda oder Sulfat enthalten, verlangen ein trocknes Lager. Geeignete Vorschriften sind [2]):

1. 50 kg Wasserglas von 38° Bé. werden mit 50 kg Glaubersalz bei 33° C. innig gemengt. Die so hergestellte Masse wird auf Blechen oder Zementfußböden in dünner Schicht ausgebreitet und nach ca. 12 stündigem Erkalten mit 25 kg Pottasche vermischt und vermahlen.

2. 50 kg Wasserglas von 38° Bé. und 5 kg Wasser werden mit 25 kg Glaubersalz bei 33° C. gemischt. Die Masse wird wie oben zum Erstarren gebracht und nach 12 stündigem Ruhen mit 20 kg Pottasche gemischt und gemahlen.

Bei allen Waschpulvern mit Pottasche soll man nie fein mahlen, sondern mehr grobkörnig bzw. granuliert lassen. In dieser Form backt das Pulver am schwersten zusammen, während es als feines Pulver stets zusammenbackt.

Weitere Ansätze für Waschpulver mit Pottaschegehalt sind [3]):

1. 20 kg Wasserglas von 38° Bé.,
25 „ Kristallsoda,
20 „ Pottasche,
35 „ kalz. Soda.

2. 15 kg Wasserglas von 38° Bé.,
20 „ Kristallsoda,
20 „ Pottasche,
45 „ kalz. Glaubersalz.

3. 40 kg Pottasche von 98%,
10 „ Sulfat,
45 „ Wasserglas von 38° Bé.,
5 „ Natronlauge von 20° Bé.,

4. 20 kg kalz. Soda,
20 „ Pottasche von 98%,
10 „ Sulfat,
30 „ Wasserglas von 38° Bé.,
5 „ Natronlauge von 20° Bé.,
15 „ Wasser.

---

[1]) Unter „**Wasserglaskomposition**" verstand man früher etwas anderes: es war ein mit Wasserglas stark verlängerter Kokosleim.
[2]) Seifens.-Ztg. 1917, S. 843.
[3]) Seifens.-Ztg. 1917, S. 977.

5. 30 kg Pottasche von 98%,
  10 ,, Sulfat,
  45 ,, Wasserglas von 38° Bé.,
   5 ,, Natronlauge von 20° Bé.,
  10 ,, Wasser.

Wasserglas, Lauge und Wasser werden in die Mischmaschine gegeben, dann die Soda oder das Sulfat und die Pottasche hinzugebracht. Nach gutem Durchmischen wird die Masse auf dem Fußboden ausgebreitet, bis sie trocken ist, und dann auf der Mühle gemahlen.

Waschpulver aus Alkalikarbonaten ohne Wasserglas.

Die Waschpulver aus Soda und Pottasche ohne Wasserglas sind nichts weiter als „gestreckte" (vor dem Kriege würde man gesagt haben: „gefälschte") Soda oder Pottasche oder Gemenge von gestreckter Soda und Pottasche. Solche Mischungen sind[1]):

1. 40 T. Kristallsoda, 20 T. Pottasche, 15 T. kalz. Glaubersalz, 25 T. kristall. Glaubersalz.
2. 50 T. Kristallsoda, 25 T. Pottasche, 20 T. kalz. Glaubersalz, 5 T. Kochsalz.
3. 10 T. kalz. Soda, 40 T. Kristallsoda, 50 T. krist. Glaubersalz.
4. 10 T. kalz. Soda, 25 T. Kristallsoda, 15 T. Pottasche, 50 T. krist. Glaubersalz.
5. 20 T. kalz. Soda, 20 T. Kristallsoda, 20 T. Pottasche, 30 T. krist. Glaubersalz, 10 T. Kochsalz.

Schmierseifenersatz.

Ersatzmittel für Schmierseife sind in großer Menge auf dem Markt erschienen, was nicht wundernimmt, wenn man berücksichtigt, daß ganze Landstriche in Deutschland vor dem Kriege die Wäsche vorwiegend mit Schmierseife gewaschen haben und überhaupt in ganz Norddeutschland ein großer Konsum in Schmierseife gewesen ist[2]). Die Ersatzmittel waren sehr verschiedener Art, zum Teil vollkommen wertlos. Vielfach ist Aluminiumhydroxyd zu dem Zweck angeboten. Solange es Gallertform hat, besitzt es hochkolloidale Eigenschaften; sobald es eingetrocknet ist, ist es damit vorbei. Es wird gewöhnlich aus Alaun durch Ausfällen mit kohlensaurem Alkali hergestellt und ist im feuchten

---

[1]) Seifens.-Ztg. 1917, S. 843.
[2]) Wie stark der Begehr nach Schmierseife ist, zeigt der Umstand, daß im „Frage- und Antwortkasten" der Seifens.-Ztg. eine Vorschrift mitgeteilt wird, wie man aus Kernseife Schmierseife erhält: Man soll 100 T. Kernseife in einer Mischung aus 150 T. Pottaschlösung von 12° Bé., 50 T. Wasserglas von 36/38° Bé., 4 T. Natronlauge von 38° Bé. und 100 T. Wasser umschmelzen.

Zustande gallertartig, durchscheinend wie Stärkekleister, von horngelber Farbe. Es trocknet zu einer gummiähnlichen Masse ein, die in Wasser vollkommen unlöslich ist. Das gelatinöse Aluminiumhydroxyd hat die Eigenschaft, mit Fetten, Ölen und Kohlenwasserstoffen Emulsionen zu bilden, die selbst durch große Wassermengen nicht gestört werden, und ist fast in jedem Verhältnis mit Petroleum, Benzin und fetten Ölen mischbar. Es besitzt ferner eine starke Anziehungskraft für alle organischen Stoffe, stärker als Ton. Gibt man gelatinöse Tonerde zu Auflösungen von Farbstoffen, so verbindet sie sich mit diesen und schlägt sich mit ihnen nieder, während die Flüssigkeit farblos wird, wenn die Tonerde in hinreichender Menge vorhanden ist. Die sogenannten Farblacke sind solche Verbindungen der Tonerde mit Farbstoffen.

So hochkolloidale Eigenschaften das Aluminiumhydroxyd besitzt, so wenig ist es doch geeignet, für sich allein als Waschmittel zu dienen. Es vermag wohl, in Lösung und in Suspension befindliche Farb- und Schmutzteile aufzusaugen; aber es ist nicht imstande, die durch Schweiß und Fett mit der Zeugfaser verklebten Schmutzteile aus der Wäsche zu entfernen. Dazu bedarf es mechanischer oder chemischer Unterstützung. Am geeignetsten bieten sich da die Alkalikarbonate und Ätzalkalien dar. Aluminiumhydroxyd, dem Pottasche einverleibt ist, besitzt eine große Waschkraft.

Wie mit Aluminiumhydroxyd verhält es sich auch mit andern gallertförmigen Kolloiden, wie Magnesiumhydroxyd und Aluminiumsilikat. Magnesiumhydroxyd, das während des Krieges das Aluminiumhydroxyd vielfach in Waschmitteln vertreten hat, da der Kriegsausschuß für Öle und Fette die Verwendung des letztern nicht gestattete, besitzt ebenfalls hochkolloidale Eigenschaften, wenn auch nicht in dem hohen Maße wie das Aluminiumhydroxyd; es für sich allein als Waschmittel zu verwenden, wie das mehrfach versucht ist, ist verfehlt. Es ist durchaus erforderlich, die Waschwirkung durch Zusatz von Alkalikarbonat oder Ätzalkali zu unterstützen.

Es ist früher erwähnt, daß Dr. Jewnin[1]) auf die große Waschwirkung der künstlichen Aluminiumsilikate hingewiesen hat, erheblich größer als die von Ton; das ist, so ausgedrückt, nicht richtig. Die kolloidalen Eigenschaften des künstlichen Aluminiumsilikats sind erheblich größer als die des natürlichen Aluminiumsilikats, des Tons; aber der Ton ist ein erheblich wirksameres Waschmittel, weil seine kolloidalen Eigenschaften beim Waschen durch die Reibung wesentlich unterstützt werden[2]).

---

[1]) Vgl. S. 56.
[2]) Mit kolloidalen Lösungen allein kann man den Waschprozeß nicht in ausreichender Weise durchführen. Daraus folgt, daß es verfehlt ist, die Waschwirkung der Seife ausschließlich aus ihren kolloidalen Eigenschaften zu erklären; nicht

Ein großer Teil der Schmierseifenersatzmittel enthält Wasserglas, meist durch Zusatz von Alkalikarbonaten oder von Ätzkalk verdickt. Die kohlensauren Alkalien bewirken in der Wasserglaslösung kleisterartige Niederschläge, die, bei nicht zu starker Verdünnung, sogleich erfolgen und die ganze Flüssigkeit zum Gerinnen bringen, sonst aber erst allmählich zum Vorschein kommen. Ätzkalk verbindet sich mit einer äquivalenten Menge Kieselsäure des Wasserglases zu unlöslichem Kalksilikat, das auf das übrige Wasserglas verdickend wirkt, während Ätzkali frei wird.

Die neuerdings vielfach anzutreffenden transparenten Schmierwaschmittel haben als Grundlage Wasserglas, das durch Ätzkalk angesteift wurde. Die bräunliche Farbe, die das Produkt den Schmierseifen ähnlich machen soll, ist meist durch Zugabe kleiner Mengen Sulfitzellstoff-Ablauge hervorgerufen. Diese transparenten Waschmittel enthalten meist sehr große Mengen von Ätzalkalien, so daß ihre Zusammensetzung schwerlich den vom Reichsausschuß für Öle und

---

minder verfehlt ist es aber auch, die Waschwirkung ausschließlich auf das Emulsionsvermögen der Seifenlösungen zurückzuführen. Adsorbiert und emulgiert können nur solche Schmutzteile werden, die dem zu waschenden Gegenstand lose aufliegen, aber nicht solche, die ihm fest anhaften. Da ist zunächst eine Kraft erforderlich, die den Schmutz lockert. Hierbei wirkt vielleicht das hydrolytisch abgespaltene Alkali mit; jedenfalls ist aber seine Menge zu gering, als daß sie eine ausreichende Wirkung hervorbringen könnte. Die Hauptkraft, die hierbei in Wirksamkeit tritt, ist das große Benetzungsvermögen, das Seifenlösung für alle Körper besitzt und worin sie fast alle Flüssigkeiten übertrifft. Seifenwasser durchdringt Zeuge, Gewebe usw. viel leichter und vollständiger als bloßes Wasser. Es verdrängt die an der Oberfläche verdichtete Luftschicht, schiebt sich durch Kapillarität zwischen der Oberfläche der zu reinigenden Gegenstände und den anhängenden Schmutzteilen ein und löst diese so los. Der losgelöste Schmutz wird dann teils durch Adsorption, teils durch Emulsionsbildung entfernt. Nicht zu unterschätzen ist aber auch die mechanische Wirkung beim Waschprozeß: bei der Handwäsche das Reiben mit der Hand und bei der Maschinenwäsche die Wirkung, die durch die in der Waschtrommel hin- und hergeschleuderte Waschlauge ausgeübt wird. Auf die große Rolle, welche dem Benetzungsvermögen der Seifenlösungen beim Waschprozeß zukommt, ist zuerst von Knapp hingewiesen (Lehrbuch der chemischen Technologie, Bd. I, Abt. 2, S. 662, Braunschweig 1870), neuerdings wieder von Prof. J. Geppert (Deutsche medizinische Wochenschrift 1918, S. 1409). Seine Beobachtungen scheinen mir so beachtenswert, daß ich es mir nicht versagen kann, sie hier anzuführen: Die Benetzbarkeit eines Stoffes durch eine Flüssigkeit ist eine unmittelbare Folge der Adhäsion. Schichtet man in einem Reagenzglase Öl und Wasser übereinander, so schiebt sich stets das Wasser als stärker benetzende Flüssigkeit zwischen Glaswand und Öl. Der Wassermeniskus ist konkav. Dasselbe tritt ein, wenn Metallstreifen in die beiden Flüssigkeiten getaucht werden. Ist wirklich die größere Fähigkeit der Benetzung die Ursache der reinigenden Wirkung des Wassers, so muß eine dünne Ölschicht auf Glas vom Wasser abgelöst werden. Dies ist auch der Fall, wie folgende Versuche zeigen. Wird ein Deckglas, mit einer dünnen Fettschicht überzogen (das Fett kann zur bessern Sichtbarmachung mit Sudanrot gefärbt werden), auf Wasser geworfen,

Fette aufgestellten Grundsätzen entspricht und bei ihrer Verwendung zur Wäsche Vorsicht dringend anzuraten ist.

Vorschriften für Schmierseifenersatzmittel mit Wasserglas sind:

1. Eine konzentrierte Wasserglaslösung wird mit einer konzentrierten Alkalikarbonatlösung versetzt und bis zum Gestehen gerührt[1]).

2. 92 kg Wasserglas von 38° Bé. werden in der Mischmaschine auf 40—50° C. erwärmt und darin unter Umrühren 8 kg Pottasche gelöst[2]).

3. 20 kg Pottasche und 3 kg Kalkhydrat werden in 17 kg kochendem Wasser gelöst und danach 60 kg angewärmtes Wasserglas von 38° Bé. eingerührt, bis ein dicker Brei entstanden ist[3]).

4. 8 kg kalz. Pottasche werden in 32 kg Wasser unter Erwärmen gelöst, darauf 25 kg Ätzkalilauge von 50° Bé. und schließlich noch 33 kg Wasserglas von 38° Bé. hinzugegeben. Das Ganze wird auf 70° C. erhitzt, wonach noch 2 kg Kalkhydrat eingekrückt werden. Danach

---

so zieht sich das Fett zu einer Kugel zusammen und gibt das Glas dem Wasser frei. Wird ein rechteckiger Filtrierpapierstreifen so mit Öl (gefärbt mit Sudanrot) getränkt, daß die Enden des Streifens frei bleiben, und das eine Ende ins Wasser gehängt, so kann man beobachten, wie das Wasser allmählich in die Ölschicht diffundiert, das Öl als Saum vor sich herschiebt und vom Papier loslöst. Eine mikroskopische Untersuchung zeigt, daß die vorher gleichmäßig rot gefärbte Ölschicht nunmehr tiefrote Ölkugeln, unregelmäßig über das ganze Bildfeld verteilt, enthält. Wird das Filtrierpapier ganz in Wasser getaucht, so fließen die Ölkugeln frei aus dem Papierfilz. Läßt man einen Tropfen Methylenblaulösung auf einen Ölfleck auf Filtrierpapier fallen, so nimmt das Papier die Farbe an und behält sie bei, auch nachdem das Öl mit Äther weggelöst worden ist. Geht man zu Versuchen mit Geweben über, so erhält man ganz entsprechende Ergebnisse. An lockeren Geweben wird viel Öl abgelöst; an einzelnen Fasern rollen sich die Ölscheiden im Wasser sofort zurück; dichtes Gewebe hält aber durch Kapillaranziehung viel Öl zurück. Daher kommt es, daß ein Ölfleck auf Leinen nicht völlig entfernt werden kann, trotzdem Öl nasses Leinen nicht benetzt. Mit Seifenlösung, auch neutral reagierender, ist die ablösende Wirkung viel durchgreifender. Einzelne Fäden werden vollkommen weiß; das rote Öl sondert sich vollständig als kleine Kugeln ab. Glatte Rohseide wird am ehesten entölt. Wollflanell hält Öl in den Poren zurück, gibt es aber beim Auspressen größtenteils ab. Die mechanische Bearbeitung der Stoffe mit Seife durch Einreiben auf dem Waschbrett beim Waschen hat ihren guten Grund. Das ausgepreßte Fett nimmt den gelockerten Schmutz mit sich und verteilt sich als feine Emulsion in der Seifenlösung. Die Emulgierung des Fettes ist nicht Ursache, sondern Folge der reinigenden Wirkung unserer Reinigungsmittel. Diese beruht nicht auf seiner Wirkung auf den Schmutz, sondern auf den Gegenstand. Der Gegenstand wird benetzt und infolgedessen der Schmutz abgelöst. Dte.

[1]) Das Verfahren ist zum Patent angemeldet (D. R. P. A. Nr. 21 658); wie man auf eine einfache, jedem Chemiker bekannte Reaktion ein Patent verlangen kann, ist uns nicht verständlich.

[2]) Seifens.-Ztg. 1918, S. 135.

[3]) Seifens.-Ztg. 1918, S. 154.

wird die Heizung abgestellt und die Masse noch so lange gerührt, bis sie anfängt, dick zu werden[1]).

5. Man mischt 30 kg Natronwasserglas von 38° Bé., 28 kg Ätzkalilauge von 50° Bé. und 40 kg Wasser, erhitzt zum Sieden und trägt unter Rühren 3 kg Kalkhydrat in Pulverform ein, wonach noch bis zum Dickwerden gerührt und dann ausgefällt wird[2]).

6. 50 kg Wasserglas von 38° Bé. und 15 kg Wasser werden erwärmt. In die warme Lösung werden 20 kg Pottasche unter ständigem Rühren nach und nach eingetragen, worauf 10 kg kalz. Glaubersalz in gleicher Weise zugesetzt werden. Nach hierauf noch erfolgtem Zusatz von 4 kg Chlormagnesium wird gerührt, bis eine milchartige Masse entstanden ist. Zum Schluß werden noch 3 kg feinstgesiebtes Kalkhydrat darin verteilt und dann noch gerührt, bis ein feiner Crême entstanden ist[3]).

Das Schmierwaschmittel von Hessel in Mannheim soll aus 60% Wasserglas von 38° Bé., 11% krist. Kalialaun, 15% Ätzkalilauge von 50° Bé. und 5% Wasser bestehen[4]).

Wasserglasgelatine[5]). Man trägt in einen Kessel 50 kg Natronwasserglas von 38° Bé. ein und gibt unter tüchtigem Rühren, am besten mit einer Schaufel, 5 kg englische Schwefelsäure, die man zuvor in einem Steintopf mit 3 kg Wasser vermischt hat, dazu, worauf die Masse wie Sand wird. Nachdem diese gut durchgearbeitet ist, setzt man 20 kg Pottasche von 30° Bé. zu, wonach sich alles auflöst und nach einiger Zeit wie Gallerte wird. Es ist zweckmäßig, unter dem Kessel etwas Feuer zu machen.

Auch aus Chlormagnesium hat man unter Zusatz von Ätzkalk Schmierwaschmittel hergestellt. Letzterer fällt aus den Chlormagnesiumlösungen Magnesiumhydroxyd in Gallertform, das kolloide Eigenschaft besitzt, aber geringer als Aluminiumhydroxyd, während Chlormagnesium nicht kolloid ist und gar keine Waschwirkung besitzt. Eine Vorschrift für ein solches Fabrikat von nur geringer Waschkraft ist: 55 kg krist. Chlormagnesium werden in 35 kg Wasser gelöst und darauf 10 kg Kalkhydrat eingesiebt. Dann wird so lange gerührt, bis eine dickflüssige Masse, frei von Klumpen, entstanden ist.

Ein erheblich wirksameres Produkt erhält man nach folgender Vorschrift: 50 kg krist. Chlormagnesium werden in 30 kg Wasser

---

[1]) Seifens.-Ztg. 1917, S. 861.
[2]) Seifens.-Ztg. 1917, S. 100.
[3]) Seifens.-Ztg. 1918, S. 478.
[4]) Seifens.-Ztg. 1917, S. 135.
[5]) Die Wasserglasgelatine ist von unserem Mitarbeiter F. Eichbaum vor Jahren als Füllmittel für transparente Schmierseife empfohlen; vor ca. zwei Jahren ist eine Vorschrift für ein ganz ähnliches Produkt als „fettlose Waschschmierseife" verschiedentlich angeboten.

gelöst, dann 10 kg feinstgepulvertes Kalkhydrat unter fortgesetztem Rühren eingetragen und, sobald die Masse dick wird, noch 10 kg Pottasche eingerührt.

Eine weitere Vorschrift für ein Schmierwaschmittel, das aber auch recht wenig wirksam ist, lautet: 52 kg krist. Chlormagnesium und 2 kg krist. Chlorcalcium werden in 23 kg Wasser gelöst. Der Lösung wird eine Kalkmilch, die durch Einrühren von 6 kg Kalkhydrat in 18 kg Wasser hergestellt ist, zugesetzt. Nachdem die Kalkmilch in der Lösung gleichmäßig verteilt ist, wird noch $1/_2$ Stunde gerührt und dann abgefällt.

Waschpasten.

Die Waschpasten sind Schmierwaschmittel, die hauptsächlich als Ersatz für die jetzt fehlende Schmierseife dienen, und verschiedene der im vorigen Abschnitt angegebenen Vorschriften geben bereits Produkte in Pastenform. Man kann 3 Gruppen von Waschpasten unterscheiden: 1. Pasten, die durch Ansteifen von Wasserglaslösung mit Alkalikarbonaten, 2. Pasten, die durch Ansteifen von Wasserglaslösung mit Ätzkalk, und 3. Pasten, die durch Ansteifen von Chlormagnesiumlösung mit Ätzkalk hergestellt sind.

Die kohlensauren Alkalien rufen, wie oben bereits gesagt, in den Wasserglaslösungen kleisterartige Niederschläge hervor, die bei genügend starker Konzentration der Karbonatlösungen die ganze Flüssigkeit zum Gerinnen bringen. Bedeutend energischer wirkt Ätzkalk, und schon geringe Zusätze von Kalk genügen, um eine Wasserglaslösung in eine Gallerte zu verwandeln.

Die mit Ätzkalk aus Wasserglas hergestellten Pasten werden schon seit längerer Zeit fabriziert, aber nicht für Waschzwecke, sondern als „Bohrpasten". Die Bohrpasten dienen als „Bohröle", d. h. sie sollen beim Bohren, Fräsen und Drehen das Gleiten der Metallteile fördern, durch große Benetzbarkeit Bohrer und Stücke rasch kühlen, ohne das Metall anzugreifen, auch gegen Rost schützen. Sie bestanden vor dem Kriege meist aus wasserglashaltigem, stark verlängertem Seifenleim mit einem Fettsäuregehalt von nur 3 bis höchstens 10%[1]); doch hatte

---

[1]) Vorschriften für solche „fetthaltigen Bohrpasten" sind: 1. 10 kg Talg werden mit ca. 10 kg Natronlauge von 20° Bé. unter Zusatz von 10 kg Wasser zu einem klaren Seifenleim verseift, der auf Stich abgerichtet wird. Dem Seifenleim werden noch 78 kg Pottaschlösung von 8° Bé. eingekrückt. Sollte die Paste nicht fest genug werden, so kann sie noch mit trockener kalz. Soda vorsichtig gehärtet werden. 2. 5 kg Knochenfett oder Talg werden mit 4 kg Natronlauge von 40° Bé. unter Zusatz von 40 kg Wasser verseift. Sodann werden 8 kg Wasserglas von 36—38° Bé. eingerührt und das Ganze schließlich durch Zusatz von Wasser auf 100 kg gebracht (Seifens.-Ztg. 1919, S. 684 u. 746).

man nebenbei bereits fettlose Bohrpasten, die aus Pottasche, Wasserglas und Kalk hergestellt waren.

Die Magnesiapasten sind eine Errungenschaft der Kriegszeit. Die große Knappheit an Wasserglas, die zuzeiten herrschte, ist wohl ursprünglich der Hauptgrund für ihre Fabrikation gewesen. Heute sind sie in großer Menge im Handel und werden den Wasserglaspasten vielfach vorgezogen. Als Grund für diese Bevorzugung wird angegeben, daß sie sich durch eine besondere Zartheit auszeichnen, sich leicht lösen und von den fetthaltigen Bohrpasten äußerlich kaum unterscheiden. Löslich ist das Magnesiumhydroxyd eigentlich nicht; aber es verteilt sich sehr leicht im Wasser.

Seitdem die Herstellung fettloser Waschmittel von der Genehmigung des Kriegsausschusses resp. Reichsausschusses für Öle und Fette abhängt, sind die Bohrpasten massenhaft auf dem Markt erschienen, aber nicht, um als Bohröle zu dienen, sondern als Waschmittel, und die Bezeichnung ist nur gewählt, um die Genehmigungspflicht zu umgehen, indem man sich den § 4, Abs. 2 der Verordnung vom 11. Mai 1918 zunutze machte, wonach unter die in § 3 geforderte Anmeldepflicht nicht jene Mittel fallen, die lediglich zu technischen Zwecken (ausgenommen für den Betrieb von Wasch- und Reinigungsanstalten) bestimmt sind; unzweifelhaft steht aber fest, daß Bohrpasten, wie sie zur Zeit hergestellt werden, als Wasch- und Reinigungsmittel, die nicht lediglich für technische Zwecke dienen, aufzufassen sind, womit der in § 4, Abs. 2 gewährte Schutz entfällt. Waren dieser Art sind nicht verkehrsfrei und unterliegen den Bestimmungen in § 3 der Bekanntmachung vom 11. Mai 1918.

Pasten aus Wasserglas und Alkalikarbonat. Den Waschpasten aus Wasserglas und Alkalikarbonat wird meist etwas Ätzalkali zugesetzt, wahrscheinlich, um ihre Waschkraft zu erhöhen, und sie pflegen infolgedessen meist stark alkalisch zu sein, so daß bei ihrem Gebrauch Vorsicht zu empfehlen ist.

Einige Vorschriften sind[1]):

20 kg kalz. Soda,	25 kg kalz. Soda,
5 ,, Pottasche,	10 ,, Sulfat, wasserfrei,
10 ,, Glaubersalz, krist.,	35 ,, Wasser,
35 ,, Wasser,	20 ,, Wasserglas von 38° Bé.,
22½ kg Wasserglas von 38° Bé.,	10 ,, Kalilauge von 20° Bé.
7½ ,, Natronlauge von 20° Bé.	

Wasserglas, Wasser und Lauge kommen in einen Kessel mit Rührwerk und werden auf ungefähr 70° C. erwärmt. Dann werden Soda, Pottasche und Sulfat nach und nach unter stetem Rühren eingetragen. Nach Abstellung der Heizung muß die Masse dann noch bis zum Erkalten gerührt werden, damit die Kristalle klein bleiben und nicht zu fest werden.

---

[1]) Seifens.-Ztg. 1917, S. 920 u. 977.

30 kg Pottasche von 98° Bé.,
10 „ Sulfat, wasserfrei,
35 „ Wasser,
20 „ Wasserglas von 38° Bé.,
5 „ Kalilauge von 20° Bé.

15 kg kalz. Soda,
15 „ Pottasche von 98° Bé.,
10 „ Sulfat, wasserfrei,
35 „ Wasser,
20 „ Wasserglas von 38° Bé.,
5 „ Kalilauge von 20° Bé.

Wasserglas, Wasser und Lauge werden in die Mischmaschine gebracht, hierauf das Sulfat zugegeben und schließlich die Pottasche. Das Ganze läßt man sich dann gut mischen, erforderlichenfalls unter Zugabe von noch etwas Wasser, bis man eine geschmeidige Masse erhält, die in Fässer oder Eimer gefüllt wird.

Pasten aus Wasserglas und Ätzkalk. Während die aus Wasserglas mit Ätzkalk hergestellten Pasten, also die Bohrpasten, vor dem Kriege, wie oben gesagt, ausschließlich aus Pottasche, Wasserglas und Kalk angefertigt wurden, weisen die in den letzten Jahren aufgetauchten Produkte fast sämtlich einen Gehalt an Ätzalkali auf und zwar meist in so hohem Maße, daß ihr Gebrauch für die Wäsche geradezu als verhängnisvoll bezeichnet werden muß und sie als Waschmittel vom Kriegsausschuß resp. Reichsausschuß für Öle und Fette keinesfalls genehmigt würden.

Einige Ansätze für Pasten nur aus Pottasche, Wasserglas und Kalk sind die folgenden[1]):

38 kg Natronwasserglas von 38° Bé.,
15 „ Pottasche von 96/98%,
20 „ Wasser,
3 „ feinstgesiebtes Kalkhydrat.

36 kg Natronwasserglas von 38° Bé.,
30 „ Pottasche,
54 „ Wasser,
1½ „ Kalkhydrat.

50 kg Wasserglas von 36/38° Bé.,
26 „ Wasser,
20 „ Pottasche,
2 „ Kalkhydrat.

30 kg Wasserglas von 36/38° Bé.,
45 „ Wasser,
25 „ Pottasche,
1 „ Kalkhydrat.

Das Wasserglas wird mit dem Wasser verdünnt, die Pottasche darin unter Erwärmen aufgelöst und hierauf unter ständigem Rühren und weiterem Erwärmen das feingesiebte Kalkhydrat zugegeben. Es wird nun noch so lange erwärmt und gerührt, bis eine dicke, gallertförmige Masse entstanden ist. — Häufig werden bei diesen Pasten Zusätze von Saponin, Quillajarinde und ähnlichen Schaummitteln gemacht, damit sie beim Gebrauch Schaum entwickeln.

Die nachfolgenden Vorschriften[2]) zeigen sämtlich einen größern Gehalt an Ätzalkali, und zwar in solcher Höhe, daß sie vom Kriegs-

---

[1]) Von den mitgeteilten vier Vorschriften entstammen die beiden ersten der Zeit vor dem Kriege, während die beiden andern der Seifens.-Ztg. 1918, S. 579, entnommen sind und vielleicht auch noch „Friedensware" sind.

[2]) Die Vorschriften sind sämtlich dem Jahrgang 1919 der Seifens.-Ztg. entnommen.

ausschuß für Öle und Fette als Waschmittel nicht genehmigt würden. Während nach den Grundsätzen, die für die Genehmigung fettloser Waschmittel gelten, zu wasserglashaltigen Mischungen nur soviel Ätzalkali zugesetzt werden darf, als zur Disilikatbildung ausreicht, d. h. auf 100 kg Wasserglas von 38° Bé. 6,4 kg Ätznatron oder 28 kg Natronlauge von 38° Bé. oder 18 kg Kalilauge von 50° Bé., enthalten diese Pasten ganz enorm viel höhere Prozentsätze von Wasserglas und sind unter diesen Umständen gefährliche Waschmittel.

Der Grund für diese Erscheinung ist, daß es schwer ist, aus Ansätzen, die den Grundsätzen des Reichsausschusses für Öle und Fette für Beurteilung fettloser Wasch- und Reinigungsmittel entsprechen, eine gute und haltbare Paste herzustellen. Robert Bürstenbinder[1]) empfiehlt als Grundlage für fettlose Pasten, die fast unbegrenzt haltbar sind: 50 T. Kalilauge von 50° Bé., 90 T. Wasserglas von 36—38° Bé. und 10 T. Magnesiumkarbonat, der nach gewünschter Konsistenz Wasser zugesetzt wird. Eine solche Kombination gibt unzweifelhaft eine sehr schöne und haltbare Paste, die aber für Wäschezwecke wenig geeignet ist, da sie die Faser angreift und jedenfalls nur mit Vorsicht zu gebrauchen ist. Darin stimmen wir mit dem genannten Chemiker überein, daß sich solche Pasten sehr gut zum Reinigen von Fußböden (namentlich Steinfußböden), Türen, Fenstern, in der Küche zum Reinigen von Koch- und Eßgeschirr, eignen; da aber das ungewarnte Publikum solche Pasten auch zum Waschen der Wäsche benutzt, so müßte behördlich dagegen eingeschritten werden. Es müßte zum mindesten verboten werden, solche Fabrikate mit zur Täuschung dienenden Anpreisungen: „wie Friedensschmierseife", „Bohrpaste, das beste zur Zeit im Handel befindliche Wasch- und Reinigungsmittel mit den Eigenschaften der Friedensschmierseife" u. dgl. mehr in den Handel zu bringen; die Fabrikanten müßten vielmehr gehalten sein, solchen Produkten einen Vermerk mitzugeben, entweder: „nur für Scheuerzwecke" oder: „zum Waschen der Wäsche mit Vorsicht zu gebrauchen" oder ähnlich.

Bürstenbinder[2]) gibt auch zu, daß solche Waschpaste nur mit Vorsichtsmaßregeln zur Reinigung der Wäsche verwandt werden darf. Sie dürfe nicht, wie das bei Schmierseife üblich, damit eingeschmiert werden, sondern es müßte zunächst eine Waschlauge im Verhältnis von 250 g Paste auf 50 l Wasser hergestellt werden. Eine solche Waschlauge hat dann nur einen Gehalt von 0,06% an freiem Alkali, das nicht zu beanstanden wäre; nur ist es nicht wahrscheinlich, daß sich das Publikum mit so schwachen Waschlaugen begnügt. Vorschriften sind:

---
[1]) Seifenfabrikant 1919, S. 481.
[2]) Seifenfabrikant 1919, S. 645.

1. In 35 kg Wasserglas von 36—38° Bé., das mit 44½ kg Wasser verdünnt wurde, werden 6 kg Ätznatron und 12,5 kg Pottasche gelöst und dann 2 kg feinstgesiebtes Kalkhydrat darin verrührt.

2. 30 kg Natronwasserglas werden mit 20 kg Ätzkalilauge von 50° Bé. gemischt, dann eine Lösung von 10 kg Kristallsoda und 8 kg Pottasche in 35 kg Wasser zugesetzt. Die Mischung wird auf ca. 70° C. erwärmt. Hierauf werden noch unter stetem Rühren 2 kg feinstgesiebtes Kalkhydrat eingearbeitet.

3. 45 kg Wasserglas von 36—38° Bé. werden mit 25 kg Kalilauge von 50° Bé. versetzt. Sodann werden 5 kg Magnesiumkarbonat, die zuvor in 22 kg Wasser gelöst wurden, und schließlich 3 kg Kalkhydrat unter Erwärmen und ständigem Rühren eingetragen.

4. 70 kg Wasserglas von 36/38° Bé., 40 kg Kalilauge von 50° Bé., 25 kg Pottasche und 61 kg Wasser werden gemischt und sodann 4 kg fein gesiebtes Kalkhydrat eingerührt. Die Masse wird hiernach noch eine halbe Stunde unter Umrühren gekocht, wonach die Verdickung eintritt.

Eine schmalzartige Bohrpaste, die sehr schwer eintrocknet und ein vaselinartiges Aussehen hat, erhält man nach folgender Vorschrift: 35 kg Wasserglas von 36—38° Bé. werden mit 20 kg Kalilauge von 50° Bé. versetzt. Sodann werden 12,5 kg Pottasche, die in 30 kg Wasser gelöst sind, und schließlich 2 kg Kalkhydrat unter intensivem Rühren und Kochen eingetragen. Die Verdickung tritt meist erst nach längerem Rühren ein, meist erst nach einer halben Stunde.

Die soeben angegebene Vorschrift läßt sich zur Herstellung einer schäumenden Paste benutzen, wenn man dem Ansatz 0,5 kg Saponin einrührt. Ein besseres Produkt erhält man ohne Saponin, indem man in die beinah erkaltete Masse ca. 3% einer 35 proz. Harzseifenlösung mit 15% Fettsäuregehalt einträgt, am besten eine Seife aus gleichen Teilen Harz und Rüböl.

Transparente fettlose Bohrpasten, die hohen Glanz besitzen, einer Friedensschmierseife täuschend ähnlich sehen und auch wohl als solche Verwendung finden sollen, werden aus folgenden Ansätzen erhalten[1]):

35 kg Wasserglas von 36/38° Bé.,	35 kg Wasserglas von 36/38° Bé.,
25 „ Kalilauge von 50° Bé.,	30 „ Kalilauge von 50° Bé.,
5 „ Zellstoffablauge,	1 „ Zellstoffablauge,
32 „ Wasser,	31 „ Wasser,
3 „ Kalkhydrat.	3 „ Kalkhydrat.

Der ganze Ansatz wird kalt miteinander verrührt und dann unter stetem Rühren erwärmt, bis er dick wird; in diesem Stadium kann die Masse abgefüllt werden. Einen schönern Glanz erhält man, wenn man

---
[1]) Seifens.-Ztg. 1918, S. 619.

nach dem Erkalten noch eine Zeitlang weiter rührt, wobei nicht zu befürchten ist, daß die Paste nicht konsistent genug ausfällt.

An Stelle von Ätzkalk kann man das Wasserglas auch durch Magnesiumoxyd ansteifen. Eine Vorschrift lautet[1]): 23 kg Wasserglas von 36—38° Bé. und 20 kg Kalilauge von 50° Bé. werden miteinander verrührt. In diese Mischung werden 8 kg gefällte kohlensaure Magnesia und 2 kg Magnesiumoxyd, die zuvor in 47 kg Wasser verrührt waren, unter Rühren eingetragen. Das ganze wird auf kaltem Wege hergestellt. Gefärbt werden 100 kg der Paste mit ca. 25 g Sudan 2 G, wasserlöslich.

Magnesiapasten. Die Magnesiapasten werden meist aus Chlormagnesium hergestellt. Ätzkalk fällt aus einer Chlormagnesiumlösung Magnesiumhydroxyd in Gallertform, das mäßige Waschkraft besitzt. — Kali- und Natronlauge fällen ebenfalls aus Magnesiumsalzlösungen Magnesiumhydroxyd; man verwendet aber in der Waschmittelindustrie fast allgemein Kalk, einmal in Rücksicht auf die Billigkeit, sodann auch, weil die Verwendung der Alkalien zu dem Zweck vom Reichsausschuß für Öle und Fette nicht genehmigt wird. Wasserglas fällt aus der Chlormagnesiumlösung gallertförmiges Magnesiumsilikat, das auch etwas Waschkraft besitzt, aber doch nicht so viel, daß seine Verwendung als Waschmittel zu empfehlen wäre. Nach Holde[2]) ist das von E. de Haën & Co. in den Handel gebrachte Waschmittel **Kollodor** Magnesiumsilikat. Es besitzt nur geringe Waschkraft. Auch das Magnesiumsulfat ($MgSO_4 + 7 H_2O$, Bittersalz) dient zuweilen als Ausgangsmaterial zur Erzeugung der Magnesiapasten. Eine Vorschrift lautet:

100 kg Natronlauge von 38° Bé.,
24 „ Wasser,
84 „ Bittersalz.

In die mit dem Wasser verdünnte kalte Natronlauge wird das Bittersalz eingetragen und gut verrührt. Die Masse versteift sich bald, so daß sie mit dem Spaten ausgeschlagen werden kann. Die entstandene Paste ist schneeweiß. Man parfümiert sie mit Mirbanöl, wenn es zu haben ist.

Sollte die Lauge schwächer als 38grädig vorhanden sein, so kann sie ebenfalls verwandt werden; nur muß der Wasserzusatz entsprechend verringert werden. Bei Verwendung schwächerer Lauge pflegt die Paste beim Ausschöpfen dünner zu sein, wird aber nach einem oder zwei Tagen fest; doch neigt sie häufig zum Absetzen.

Die Vorschrift ist in hohem Maße unrationell, da der größte Teil des Ätznatron der Lauge sich mit der schwefelsauren Magnesia zu schwefelsaurem Natron, das gar keine Waschkraft besitzt, und Magnesiumhydroxyd mit nicht gerade hervorragender Waschkraft umsetzt. Will man

---

[1]) Seifens.-Ztg. 1919, S. 363.
[2]) Untersuchung der Kohlenwasserstoffe und Fette sowie der ihnen verwandten Stoffe, 5. Aufl., Berlin 1918, S. 632.

eine stark alkalische Paste herstellen, so muß man die Bittersalzlösung erst mit Ätzkalk ansteifen und danach die Lauge einrühren. Man löst die 84 kg Bittersalz unter Erwärmen in den 24 kg Wasser und trägt dann unter fortwährendem Rühren 25 kg feingepulvertes Kalkhydrat ein und rührt, sobald die Masse dick wird, die Lauge ein.

Eine Vorschrift für eine Paste aus Chlormagnesium ist: 45 kg krist. Chlormagnesium werden unter Erwärmen in 35 kg Wasser gelöst. Dann werden unter weiterem Erwärmen und Rühren 15 kg feingesiebtes Kalkhydrat eingetragen und, sobald die Masse dick wird, noch 5 kg Kalilauge von 50° Bé.

Eine andere Vorschrift ist: 40 kg kristallisiertes Chlormagnesium werden unter Erwärmen in 25 kg Wasser gelöst. Unter weiterem Erwärmen und Rühren werden dann 12 kg feinstgesiebtes Kalkhydrat eingetragen und, sobald die Masse dick wird, noch 18 kg Kalilauge von 50° Bé., in der man zuvor 5 kg Magnesiumkarbonat verrührt hat, unter stetem Rühren zugesetzt.

Rührt man in eine Chlormagnesiumlösung kohlensaure Magnesia ein, so entsteht eine milchige Masse, die schwach blasig schäumt. Dieses Schäumen ist eine Folge der chemischen Umsetzung der beiden Magnesiumverbindungen; es bildet sich Magnesiumoxychlorid, während die freiwerdende Kohlensäure blasig entweicht. Das Magnesiumoxychlorid hat nur eine geringe Waschkraft. Aus diesem Grunde setzt man das Magnesiumkarbonat dem Ansatz zweckmäßig erst dann zu, wenn die Ausscheidung des Magnesiumhydroxyds durch die Einwirkung des Ätzkalks erfolgt ist.

Eine Vorschrift, die auch nur eine mäßige Waschwirkung besitzt, ist: In 35 kg krist. Chlormagnesium, das in 35 kg Wasser gelöst ist, werden 35 kg Kalilauge von 50° Bé. eingerührt. Hier ist derselbe Fehler wie bei der ersten Vorschrift für Magnesiapasten: Das Chlormagnesium und das Ätzkali der Kalilauge setzen sich um zu Magnesiumhydroxyd und Chlorkalium.

Waschstücke werden hergestellt, indem man 80 kg krist. Chlormagnesium in 5 kg Wasser unter Erwärmen löst und dann unter weiterem Erwärmen nach und nach 15 kg Kalilauge von 50° Bé. einrührt. Die dick gewordene Masse wird noch heiß in die Formen gebracht. — Die Waschkraft dieser Waschstücke ist aus demselben Grunde, der bei der vorigen Vorschrift angegeben wurde, ebenfalls eine sehr geringe.

Waschmittel von besonderer Zusammensetzung.

Burnus. Die tryptischen Enzyme haben die Eigenschaft, Eiweiß und Fett abzubauen. Von der Erwägung ausgehend, daß der Schmutz der menschlichen Bekleidungsstücke aller Art zu einem großen Teil aus Fett und Eiweißresten besteht, hat Dr. Otto Röhm der Waschbrühe tryptische Enzyme zugesetzt, wobei sich zeigte, daß die Wäsche viel rascher, mit viel geringerer Kraftentfaltung und bei einer weit unter dem Siedepunkt des Wassers liegenden Temperatur rein wurde und ein viel schöneres Aussehen erhielt als ohne Zusatz der Enzyme. Auch kommt man mit weniger Seife aus. Der Hauptvorteil der Verwendung von Enzymen gegenüber anderen Zusätzen, namentlich alkalischen, beruht darin, daß sie das Gewebe nicht im geringsten angreifen und auch für die Hände der Wäscherin vollkommen unschädlich sind. Die erforderlichen Mengen Enzyms sind außerordentlich gering. Für 100 l Waschbrühe genügen z. B. 2 g Pankreatin, das Ferment der Bauchspeicheldrüse.

Weiter wurde gefunden, daß die tryptischen Enzyme auch äußerst wichtige Toilettemittel sind, indem der Körper durch die Hautporen alle möglichen Eiweißstoffe und Fettreste abscheidet, die sich teilweise in den Hautporen festsetzen. Diese zu lösen, sind die Enzyme hervorragend geeignet. Ein Zusatz davon zum Waschwasser macht dieses weich und übt auf die Haut einen äußerst wohltätigen Einfluß aus. Als Zusatz zum Wasch- und Badewasser genügt 0,5—1 g Pankreatin. Da derartige kleine Mengen schlecht zu handhaben sind, empfiehlt es sich, die Enzyme für den praktischen Gebrauch, sei es als Wäschereinigungsmittel, sei es als Toilettemittel, entsprechend zu verdünnen, wozu jedes indifferente, leicht lösliche Mittel, z. B. Kochsalz, geeignet ist.

Auf Grund dieser Beobachtungen hat sich Otto Röhm ein Verfahren zum Reinigen von Wäschestücken aller Art durch Zusatz tryptischer Enzyme, wie Pankreatin, zur Waschbrühe, wie auch einen solchen Zusatz zur Herstellung von Wasch- und Toilettemitteln patentieren lassen[1]). Nach diesem Patent haben Böhm & Haas in Darmstadt ein Waschmittel in den Handel gebracht, das als wirksamen Bestandteil Pankreatin enthält und dem sie den Namen Burnus gegeben haben. Es besteht nach einer Analyse von E. Krafft[2]) aus 1,35% Wasser, 0,74% Stickstoffsubstanz, 98,35% Asche, 0,43% Calcium- und Eisenoxyd, 3,13% Natriumsulfat, 91,72% Chlornatrium, enthält also ca. 1½% wirksame Substanz. Die Reaktion der wässerigen Lösung ist schwach alkalisch. — Die Salze dienen nur als indifferentes, lösliches Verdünnungsmittel des Enzyms, da von diesem nur wenig erforderlich ist.

Die Wirkung des Burnus als Waschmittel soll eine sehr gute sein.

Waschmittel aus Carrageen[3]) und Quillajarinde. Waschmittel, deren

---

[1]) D. R. P. Nr. 283 923.
[2]) Seifens.-Ztg. 1918, S. 594.
[3]) Carrageen, irländisches Moos, Perlmoos ist kein Moos, sondern der laubartige Thallus zweier Meeresalgen, Chondrus crispus und Gigartina mamil-

Hauptgrundlage Carrageenschleim und gepulverte Quillajarinde sind, geben nachstehende Ansätze[1]):

a) **Toilettewaschmittel**: 850 g Carrageenschleim, 50 g doppeltkohlensaures Natron und 100 g gepulverte Quillajarinde werden gemischt und mit etwas ätherischem Öl parfümiert.

b) **Waschmittel für feine Wäsche**: 700 g Carrageenschleim, 100 g Soda und 200 g gepulverte Quillajarinde werden gemischt.

c) **Waschmittel für schmutzige und grobe Wäsche**: 600 g Carrageenschleim, 200 g Soda, 50 g Wasserglas, 50 g stärkster Salmiakgeist und 200 g gepulverte Quillajarinde werden gemischt.

Zur Herstellung des Carrageenschleims wird das Carrageen nacheinander mit geringen Wassermengen behandelt, bis es erschöpft ist, was ein 4—5 maliges Auskochen erfordert. Das letzte Dekokt dient zum Auskochen bei einer neuen Abkochung. Die übrigen Dekokte werden vereint. Der so erhaltene Schleim bildet eine vorzügliche Grundlage zur Waschmittelfabrikation.

Eupolin. Dr. Max Buchner ist ein Patent auf ein Wasch- und Reinigungsverfahren erteilt[2]), dadurch gekennzeichnet, daß Waschgut jeglicher Art mit anorganischen, wasserreichen, gelförmigen Kolloiden, wie Aluminiumhydroxyd, Magnesiumhydroxyd, behandelt wird. Nach der Patentbeschreibung ist das Waschmittel Eupolin auf Grund dieses Patentes hergestellt, dürfte also im wesentlichen aus Aluminiumhydroxyd oder Magnesiumhydroxyd bestehen[3]). Das Waschmittel Eupolin wird von E. de Haën & Co. in den Handel gebracht; seine Waschwirkung ist gering.

Fania, ein der Firma Dr. J. Perl & Co., G. m. b. H. in Berlin-Tempelhof patentiertes Waschmittel, besteht, nach der Patentbeschreibung[4]) aus Magnesiumzement (Magnesiumoxychlorid), das auf heißem oder kaltem Wege, zweckmäßig unter Verwendung von spezifisch leichter Magnesia, hergestellt ist. Dem Zement werden vor seiner Erhärtung Magnesiumkarbonat, Baryumsulfat, Kaolin oder andere feingepulverte Stoffe, die, feinst gerieben, schäumen, beigemischt. Es bildet grauweiße

---

laria, die an den felsigen Küsten Europas und Nordamerikas wachsen. Man sammelt die durch Springfluten an das Ufer geworfenen Algen oder zieht sie mit Rechen aus dem Wasser im Norden und Nordwesten Irlands, in geringerer Menge auch in Nordfrankreich; die Hauptmenge liefert die Grafschaft Plymouth an der Küste von Massachusetts. — Die frisch schwarzroten Algen werden durch wiederholtes Befeuchten und Trocknen an der Sonne gebleicht, dann in Fässern mit Wasser gerollt und noch einmal getrocknet. Die ursprünglich schlüpfrigen Massen sind dann steif, knorpelig und weißgelb.

[1]) Aus Pharm. Ztg. durch Seifens. Ztg.
[2]) D. R. P. Nr. 312 220.
[3]) Nach einer Mitteilung im Seifenfabrikant 1919, S. 456, ist es **Magnesiumhydroxyd**.
[4]) D. R. P. Nr. 308 609 u. 311 160.

Stücke, in Form der Handseifen gepreßt und stark parfümiert, und wird in der Reklame in gleicher Weise als Waschmittel für die Küche wie für den Arzt im Krankenhause und Lazarett empfohlen: ,,Fania schäumt gut, obwohl es kein Öl oder Fett enthält. Fania macht die Haut samtweich, glatt und geschmeidig, ist sogar ein vorzügliches Zahnputzmittel." — In Wirklichkeit schäumt es beim Waschen sehr wenig und die Waschkraft ist sehr gering.

Habeko ist nach Hugo Kühl[1]) eine grünlich-gelbliche, in Wasser sich kolloid lösende Gallerte mit einem Trockengehalt von 30,69%. Letzterer besteht im wesentlichen aus Aluminiumhydroxyd und Kaliumkarbonat mit etwas Persulfat als Bleichmittel. Der Pottaschegehalt beträgt 13,48%. — Die Waschkraft soll bedeutend sein.

Waschmittel aus Leim und Eiweißstoffen. Die in Ätzalkalien gelösten Eiweißkörper sowohl animalischer wie vegetabilischer Herkunft erleiden durch Behandlung in der Wärme hydrolytische Spaltung, und es entstehen Säuren, die mit den Alkalien Salze bilden. Dr. Carl Bennert[2]) hat nun gefunden, daß den Lösungen der verschiedenen durch Behandlung in der Wärme von in Ätzalkalien gelösten Eiweißkörpern entstehenden Säuren, z. B. den Protalbin- und Lysalbinsäuren bzw. ihren Alkaliverbindungen, eine mehr oder weniger gute Wasch- und Reinigungswirkung zukommt, so daß sie vielfach nicht nur Seife zu ersetzen vermögen, sondern diese sogar in bezug auf Schonung der damit behandelten Faser übertreffen. Ganz besonders soll die gute Wirkung bei Behandlung der Wollfaser hervortreten, indem sie dabei weich und glänzend und vor allem sehr geschont wird. Bei der Wirkung dieser Körper kommt eine besondere Schaumbildung nicht in Frage. So ist z. B. die aus Casein durch Einwirkung von Ätznatron in der Wärme entstehende Lösung einer Mischung von caseoprotalbinsaurem und caseolysalbinsaurem Natron ein sehr gutes Reinigungsmittel für Wolle, obgleich eine Schaumbildung dabei als ausgeschlossen gelten muß und sie ohne Schaumerzeugung reinigend wirkt. Für manche Zwecke hält Bennert es für nötig, die entstandenen Produkte zu trennen oder sie besonders zu reinigen. Das in der Rohlösung enthaltene überschüssige Ätzalkali soll entweder durch eine Säure abgestumpft oder in einzelnen Fällen durch Dialyse entfernt werden. Die erhaltene Lösung ist am sichersten im Vakuum einzudampfen. Man verwendet dann entweder die konzentrierten Lösungen oder geht bis zur Trockne. Man kann auch die Produkte aus verschiedenen Eiweißkörpern und Ätzalkalien mischen und Zusätze verschiedener Art machen, um für den praktischen Gebrauch die Eigenschaften der Produkte zu modifizieren. Man erhält daraus kolloide Lösungen von wertvollen Eigenschaften für Reinigungszwecke aller Art.

---

[1]) Seifens.-Ztg. 1918, S. 369.
[2]) D. R. P. Nr. 311 542.

Die nach einem früher patentierten Verfahren[1]) aus vegetabilischen Proteinstoffen hergestellten Emulsionskörper sind von den vorerwähnten Spaltungsprodukten von Eiweißkörpern verschieden, da sie durch kurze Einwirkung möglichst hoch konzentrierter Alkalilösung ohne Wasserzusatz auf trockne, lediglich vorgewärmte Proteinkörper unter Vermeidung von Ammoniakabspaltung gebildet werden. Auch besitzen sie keine stark reinigende Wirkung.

Während durch die Einwirkung von Ätzalkalilösungen auf die Eiweißkörper in der Wärme saure Spaltungsprodukte gebildet werden, deren Alkalisalze mehr oder weniger gute Waschwirkung haben, obwohl sie wenig oder gar nicht schäumen, entstehen bei der Behandlung von Leim mit Ätzalkalien vorwiegend neutrale Abbauprodukte von schmieriger Konsistenz, die aber in Wasser gut schäumen. Diese Abbauprodukte der Waschmittelfabrikation dienstbar zu machen, ist von zwei Seiten versucht. Ernst Gips hat ein Verfahren zur Herstellung eines Waschmittels zum Patent angemeldet[2]), das darin besteht, daß er tierischen Leim mit fixen kaustischen Alkalien aufschließt und den so aufgeschlossenen Leim 1. mit Fettlösungsmitteln und Saponin und 2. mit laminarsauren Salzen[3]) kombiniert, als Wasch- und Reinigungsmittel verwendet. Ferner will Dr. Georg Bethmann[4]) ein stark schäumendes Reinigungsmittel in der Weise herstellen, daß er 1. Leim mit wässerigen Lösungen der Oxyde oder Hydroxyde der Alkalien oder Erdalkalien spaltet und die bei der Spaltung entstehenden Lösungen mit löslichen Zink- oder Kadmiumsalzen versetzt und 2. Leim mit verdünnten organischen Säuren spaltet und die bei der Spaltung erhaltenen Lösungen mit Zink- oder Kadmiumoxyden oder Karbonaten versetzt.

Die Verfahren von Bennert, Gips und Bethmann werden schwerlich eine größere Bedeutung erlangen. Dazu sind Leim und Eiweißstoffe zu teuer, auch wird sie der Reichsausschuß für Öle und Fette nicht genehmigen, da sie für andere Zwecke nötig sind. Etwas anderes ist es, wenn wir Leim und Eiweißstoffe in Abfallprodukten erfassen, wie dies das Verfahren eines Münchener Chemikers, Robert Schmitt, bezweckt, das in der Schweiz patentiert ist[5]) und in Deutschland zum Patent angemeldet sein soll. Als Rohstoff sollen tierische Abfallstoffe aller Art dienen, wie Knochen, Schlachthausabfälle, Abfälle von Wurstfabriken, von Fleisch- und Fischkonservenfabriken, von Tierkadavern

---

[1]) D. R. P. Nr. 239 828.
[2]) D. R. P. A. Nr. 44 418.
[3]) Die „laminarsauren Salze" sind ohne Zweifel nichts weiter als eine Tangabkochung, und die besondere Bezeichnung ist wohl nur gewählt, um dem Verfahren einen wissenschaftlich klingenden Anstrich zu geben.
[4]) D. R. P. A. Nr. 316 210.
[5]) Schweiz. P. Nr. 77 250 und Nr. 81 566.

und von Blut, sowie die Leimbrühe von der Kadaververarbeitung[1]). Alle diese Abfälle sollen mit einer verseifend wirkenden Lösung aus-

---

[1]) Neu ist die Verwendung von Knochen und anderen tierischen Abfallstoffen bei der Seifenfabrikation nicht; nur hat man früher nicht gewußt, daß die mit Alkalien behandelten Leim- und Eiweißstoffe Produkte ergeben, die reinigende Wirkung besitzen. Man hat die in Rede stehenden Abfallprodukte nur mit verarbeitet, um die Seife zu verbilligen. Der bekannte Technologe Fr. Knapp schreibt darüber in der 1847 erschienenen ersten Auflage seines Lehrbuches der chemischen Technologie, Bd. I, S. 370, folgendes: „Was die Seifen aus Knochen, welche im Durchschnitt aus 56—60% erdigen Teilen und 40—44% tierischer Materie bestehen, betrifft, so sind zwei Wege ihrer Bearbeitung bekannt geworden. Nach dem einen behandelt man die Knochen, die ganz bleiben können, mit konzentrierter Salzsäure, welche den phosphorsauren und kohlensauren Kalk auflöst, hingegen die tierische Gallerte als eine stark durchscheinende Masse, von der Gestalt der Knochen, zurückläßt. Sie werden durch wiederholtes Waschen von der Salzsäure vollkommen befreit und dann bei der Verseifung der Fette zugesetzt. Viel gewöhnlicher bedient man sich des anderen Weges, welcher ein unter dem Namen „Liverpooler Armenseife" jetzt häufig angebotenes Produkt von noch geringerem praktischen Werte als das vorige liefert. Der Unterschied liegt darin, daß der Seife die ganze Masse der Knochen und nicht bloß die Gallerte einverleibt wird. Zu dem Ende erweicht man die vorher zerschlagenen Knochen mit starker Ätzlauge in einem eisernen Gefäße. Die Wirkung ist die umgekehrte wie im vorherigen Falle: Die Lauge löst die Gallerte auf und läßt die erdigen Teile als ein Pulver zurück, so daß nach 14 Tagen bis 3 Wochen, in der Wärme noch schneller, die Knochen vollkommen mürbe und zerreiblich sind. Man läßt nun das fein geriebene Gemenge in dem Kessel sieden, um mit dieser ätzenden Flüssigkeit das Fett, z. B. das Kokosnußöl, gerade so zu verseifen, wie mit gewöhnlicher Lauge. Während des Siedens wird die Gallerte als Leim in der Flüssigkeit aufgelöst, zum Teil, unter Entwicklung von Ammoniak, zersetzt. Diese Zersetzung ist für den Wert des Knochensiedens vollkommen gleichgültig, weil es sich hierbei ganz allein darum handelt, einer gewöhnlichen, eigentlichen Seife soviel von einer anderen Substanz (gleichviel ob und wie weit diese zersetzt wird), wie die Knochen oder deren Gallerte, zuzusetzen (einer Substanz, die beträchtlich wohlfeiler ist als die Fette), als tunlich ist, ohne daß die Seife aufhört, fest zu sein und bei dem Gebrauche gut zu schäumen. Eine solche Knochenseife zeigt nichts von dem, was man Kern und Fluß nennt, erscheint auf dem Schnitt von dunkelbrauner Farbe, aber nicht durchscheinend wie die Harzseife. Sie ist von einem höchst widerwärtigen, durchdringenden Leimgeruch, löst sich (bis auf die erdigen Teile) und zwar sehr leicht in heißem Wasser und schäumt gut. Wird aber eine solche Seife mit einer hinreichenden Menge von starkem Kochsalz versetzt, so wird nur die eigentliche Fettseife mit der gewöhnlichen Farbe abgeschieden, während alle leimigen Teile in der dunkelbraunen, gefärbten Unterlauge, teils gelöst, teils als flockiger Niederschlag zurückbleiben. Es geht daraus hervor, daß man eine solche Seife nicht durch Aussalzen herstellen kann und warum sie am leichtesten aus Kokosnußöl erzeugt wird. Ganz in ähnlicher Weise hat man Patente auf die sogenannte Verseifung von Eingeweiden der Schlachttiere und ähnlichen Abfällen überhaupt, z. B. Häuten, Sehnen, Klauen usw., genommen. Auch hat man wohlfeile Fische jeder Art als Material zu einer ähnlichen Seifensiederei angepriesen; bei diesen ist zu berücksichtigen, daß der natürliche Fettgehalt der Seife zugute kommt. Übrigens sind derartige Seifen sehr viel länger bekannt, als die darauf bezüglichen Patente, wodurch sie neuerdings in Anregung gebracht wurde; denn schon Hermbstädt erwähnt jener Seife aus Fischen und einer ähnlichen, aus abgängiger Scheerwolle."

gekocht werden. Die so erhaltenen Emulsionen von Leim und Eiweißstoffen in Seifenlösung sollen nach Entfernung von fäulniserregenden Bestandteilen, z. B. Fleischteilen, Sehnen u. dgl., je nach der für das Endprodukt gewünschten Konsistenz, als Schmierseifenersatz oder als Ersatz für feste Seife oder als Füll- oder Streckmittel verwandt werden, indem man ihnen durch Eindicken oder durch Zusatz von Harzleimseife die gewünschte Beschaffenheit gibt. Das Eindicken der Masse kann bis zur Pulverform getrieben werden.

Die Verarbeitung der Knochen erfolgt nach dem Hauptpatent in folgender Weise: 50 kg Knochen werden mit Wasser überschichtet und dann 2—3 Stunden gekocht unter Ersetzung des verdampfenden Wassers. Die Leimbrühe, etwa 50—60 l, wird abgezogen, in geeigneten Fettabscheidern vom Fett getrennt und filtriert und dann heiß mit 7—8 kg Pottasche und 1—2 kg Ätznatron versetzt und innig gemischt, wobei die Temperatur oberhalb 50° C. gehalten wird. Die Mischung gewinnt dabei an Konsistenz und bildet nach erfolgter rascher Abkühlung ein schmierseifenartiges Produkt. Nach dem Zusatzpatent verfährt man in der Weise, daß die 50 kg Knochen in etwa 50—60 l Wasser, in dem 7—8 kg Pottasche und 1—2 kg Ätznatron gelöst werden, 2—3 Stunden unter gutem Mischen und Ersetzung des verdampfenden Wassers gekocht werden. Nach dem ersten Verfahren hat man das Fett der Knochen also vorher zum großen Teile abgeschieden und hat im wesentlichen eine durch die Behandlung mit dem kohlensauren und kaustischen Alkali veränderte Leimlösung, während im zweiten Falle das Knochenfett mit verseift wird, wodurch man jedenfalls ein ansehnlicheres Produkt erhält.

In ähnlicher Weise können auch aus andern tierischen Abfällen moglichst konzentrierte Auszüge erhalten werden, die dann wieder mit kaustischer und kohlensaurer Lauge behandelt werden, oder die Abfallstoffe werden gleich der Behandlung mit der Lauge unterworfen. Die wässerigen Auszüge können auch vor der Behandlung mit Lauge eingedickt werden.

Das Produkt in schmierseifenartiger Form, das direkt als Schmierseife dienen kann, bildet auch den Ausgang für Herstellung eines festen oder pulverförmigen Waschmittels. Zur Fabrikation eines festen Präparats empfiehlt sich eine Mischung mit Harz- oder Fettseife. Schon ein geringer Zusatz davon gibt gute Resultate. Durch Zusatz von ca. 25% Fettsäure zu der zu verarbeitenden Masse läßt sich eine feste Seife erzielen, die jeder Kernseife mit 64—72% Fettsäuregehalt in bezug auf Reinigungsvermögen ebenbürtig ist, sich aber infolge ihrer größeren Härte sparsamer verwäscht.

Die anfänglich nach dem Schmittschen Verfahren hergestellten Produkte, die unter der Bezeichnung „Eiweißseife" bisher besonders in Süddeutschland vertrieben sind, scheinen von ziemlich zweifelhafter Beschaffenheit gewesen zu sein. Dr. F. Goldschmidt hatte, wie er uns mitteilte, im Frühjahr dieses Jahres ein Muster aus Bayern erhalten, das ein übles, schmutziggraues Schmierwaschmittel von wenig einladender Beschaffenheit darstellte; dagegen ging Dr. J. Davidsohn im September ein Muster zu, das eine reine, weißliche Farbe zeigt, etwas fester als gute Schmierseife ist und gut schäumt; nur der Geruch ist trotz Parfümierung mit Mirbanöl oder wohl Mirbanölersatz nicht angenehm. Dies läßt sich vielleicht durch andere oder stärkere Parfümierung verbessern. Jedenfalls bildet das Fabrikat ein brauchbares Waschmittel. Um ein ansehnliches Produkt zu erhalten, wird es aber wohl nötig sein, einen größeren Prozentsatz Fett resp. Fettsäure mit zu verarbeiten.

Der Reichsausschuß für Öle und Fette hat dem Waschmittel nicht die Genehmigung erteilt, wozu nach unserer Ansicht kein Grund vorliegt, wenn man darauf achtet, daß nur solche Abfälle verarbeitet werden, die nicht mehr als Hunde- oder Schweinefutter verwendbar sind, und nicht, wie bei der berüchtigten „Liverpooler Armenseife" Knochen so mit kaustischer Lauge behandelt werden, daß sie zerfallen und ihr phosphorsaurer Kalk als Ballast mit in das Waschmittel kommt und somit als wichtiges Düngemittel verloren geht.

Waschmittel aus Sulfitzellstoffablauge. Sulfitzellstoffablauge entsteht bei der Holzstoffgewinnung dadurch, daß der Holzschliff in Kochern eine gewisse Zeit mit einer Lauge, die das Sulfit des Calciums oder Natriums enthält, gekocht wird. Durch die Lauge werden aus dem Holz die Albumosen, die Gerbstoffe und vor allem das Harz herausgekocht, d. h. diese sonst wasserunlöslichen Stoffe werden in wasserlösliche Form (Harzseife usw.) übergeführt. Die für die Waschwirkung der Lauge in Betracht kommenden Bestandteile sind der Rest des unverbrauchten Sulfits, sowie die Harz- und Albumosenseifen. Um als Waschpräparat zu dienen, wird nach K. Löffl[1]) die Lauge eingedickt und mit Kieselgur, Kreide oder auch feinstem See- oder Flußsand zu Pastenkonsistenz gebracht und dann wie Schmierseife verwandt. Die reinigende Wirkung soll vorzüglich sein. Ein Zusatz von 1—2% Soda stärkt die reinigende Wirkung.

Eine Herstellung fester Waschstücke aus Sulfitzellstoffablauge hat die Allgemeine Chemische Gesellschaft in Leipzig zum Patent angemeldet[2]). Dies soll in der Weise geschehen, daß neutrale oder schwach saure, eingedickte Zellstoffablauge soweit vom Wasser befreit wird, daß sie bei einer Temperatur von 90—100° C. noch zähflüssig ist, worauf Kaliumkarbonat zugesetzt und die entstehende Masse eine Zeitlang weiter erhitzt wird.

---

[1]) Seifens.-Ztg. 1915, S. 431.
[2]) D. R. P. A. Nr. 79 593.

Waschmittel von besonderer Zusammensetzung.

Die Chemische Fabrik für Waschmittel G. m. b. H. in Hannover stellt ein Waschmittel her[1]), indem sie Zellstoffablauge und die Endlaugen der Chlorkaliumfabrikation mit Kali- oder Natronlauge oder auch mit Soda oder Pottasche versetzt und den entstehenden schleimigen Niederschlag von dem flüssigen Anteil trennt. Man mischt 10 kg Sulfitablauge mit soviel Wasser, daß sie das spezifische Gewicht von etwa 1 hat, mit ungefähr 50 kg Kaliendlauge von ca. 1,29 spezifischem Gewicht. Diese Mischung bleibt ungefähr 1 Stunde stehen und wird dann mit einer konzentrierten Sodalösung so lange versetzt, bis keine milchige Abscheidung mehr stattfindet. Das Ganze bleibt 1 Stunde sich selbst überlassen. Die leicht flüssigen Anteile werden dann von dem entstandenen Schleime abgezogen. Die zurückbleibende Masse wird entweder als Ersatz für Schmierseife verwandt oder getrocknet, gemahlen und zu Handwaschstücken oder zu Riegeln gepreßt.

Die Seifenherstellungs- und Vertriebsgesellschaft hat Versuche anstellen lassen, aus der Zellstoffablauge ein brauchbares Einheitswaschmittel herzustellen[2]); sie haben aber nicht zu dem gewünschten Ergebnis geführt. Eine gewisse vorhandene Wasch- und Reinigungswirkung der in der Zellstoffablauge enthaltenen ligninsulfosauren Salze wird bei Verwendung der rohen Zellstoffablauge als Rohmaterial derartig beeinträchtigt, daß die in der Ablauge enthaltenen färbenden Bestandteile die Wäsche anfärben. Es ist daher nur durch besonders ausgiebiges Spülen, wie es in der Wäschereipraxis in der Regel nicht durchführbar ist, möglich, eine einigermaßen klare Wäsche zu erzielen. Bei Verwendung derartiger Waschmittel in der Hauswäsche besteht das Bedenken, daß durch das wiederholte Spülen und Auswinden die Wäsche stark beansprucht wird.

Ein schmierseifenartiges Reinigungsmittel will Dr. Eugen Prior[3]) in der Weise herstellen, daß er in wässerigen Auszügen aus Saponin enthaltenen Stoffen soviel Traganth löst, daß eine dickflüssige Masse entsteht, und dieser Mischung Wasserglas, in dem vorher ein geringer Prozentsatz Harz gelöst worden ist, sowie einige Prozente Ammoniak zufügt.

Nach Prior sollen Versuche ergeben haben, daß die Kolloide Leim, Gelatine, Albumin, Casein, Gummi, Stärke, Dextrin, Moosauszüge weder in ihren Eigenschaften noch in ihren Wirkungen den Seifenkolloiden entsprechen, daß aber im Traganth[4]) Kolloide enthalten sind,

---
[1]) D. R. P. Nr. 313 840.
[2]) Seifenfabrikant 1918, S. 74.
[3]) D. R. P. Nr. 311 218.
[4]) Traganth ist der aus verwundeten Stellen des Stammes und der Wurzel ausfließende, an der Luft getrocknete Saft verschiedener Astragalusarten, strauchartiger Papilionaceen, die in Kleinasien und Vorderasien heimisch sind. Die im Handel vorkommende Ware besteht aus geruch- und geschmacklosen, 1—5 cm

die bei geeigneter Präparation in Mischung mit schaumbildenden und fettlösenden Stoffen in passendem Verhältnis eine die Seife ersetzende und ihr in der Wirkung gleichkommende Zusammensetzung bilden. Als schaumbildender Bestandteil wird ein wässeriger Auszug aus Saponin enthaltenden pflanzlichen Stoffen sowie eine sehr geringe Menge in flüssigem Wasserglas gelöstes Harz, jedoch kein Harzseifenleim, und als fettlösendes Agens Wasserglas und Ammoniak verwandt. Das im Wasserglas gelöste Harz erhöht die Schaumbildung und macht den Schaum dichter, konsistenter.

Zur Herstellung eines Reinigungsmittels für Wäsche wird zunächst ein saponinhaltiger wässeriger Auszug aus 3 kg Quillajarinde und 50 l Wasser bereitet; in diesem werden 2—3 kg Traganth unter Umrühren bei gewöhnlicher Temperatur gelöst. Hierauf fügt man 16—18 kg festes Wasserglas, entsprechend 50 kg flüssigem Wasserglas von 33 bis 36%, in dem zuvor $1/_2$ kg Harz gelöst war, zu und bearbeitet das Gemisch so lange, bis infolge der Einwirkung des Wasserglases auf die Traganthkolloide eine gleichmäßige, seifenleimartige Masse entstanden ist, der schließlich noch 5 kg Ammoniak zugesetzt werden.

Das wie angegeben bereitete Reinigungsmittel löst sich leicht in Wasser und bildet nach Angabe des Patentinhabers eine Lösung mit allen Eigenschaften einer Seifenlösung. Sie hinterläßt auf der Haut das gleiche weiche Gefühl, schäumt beim Schlagen oder Quirlen und besitzt ein gutes Reinigungsvermögen bei vollständiger Schonung der Wäsche. Bei passend gewählten Verhältnissen seiner Bestandteile soll das Reinigungsmittel nicht nur zur Reinigung von Haus- und Leibwäsche, sondern auch von wollenen und seidenen Geweben, als Toilettewaschmittel und Rasierseife sich eignen; für die beiden letztgenannten Verwendungen fällt aber der Ammoniakzusatz fort.

Waschmittel aus Wasserglas und Ammoniaksalzen. Adolf Heckt[1]) trägt in Wasserglas eine Lösung von Ammoniaksalz (Salmiak oder kohlensaures Ammoniak) unter Rühren ein. Dadurch entsteht sofort ein fester Körper, der nach einigen Stunden etwas Lauge absondert und durch Zerreiben und Verkneten mit dieser Lauge in eine pastenartige Masse verwandelt wird, die ohne weiteres kein Ammoniak abgibt; sobald aber die Paste mit Wasser zum Waschen benutzt wird, tritt die alkalische Wirkung des Wasserglases usw. in Tätigkeit, und das gebundene Ammoniak wird frei.

---

langen, draht-, faden-, sichel- oder wurmförmigen, verschieden ineinander gewundenen, auch breiten, flachen, von verdickten, annähernd konzentrischen, halbkreisförmigen Striemen durchzogenen Stücken von milchweißer oder gelblichweißer Farbe und hornartiger Konsistenz. Traganth besteht aus sog. Bassorin, das sich im Wasser nicht löst, sondern darin nur gallertartig aufquillt, etwas Stärkemehl, Zellulose und Mineralbestandteilen.

[1]) D. R. P. Nr. 308 078.

Die Untersuchung der Waschmittel.

Von Dr. J. Davidsohn, Berlin-Schöneberg.

Bei der Untersuchung eines Waschmittels kann es sich um zweierlei handeln, einmal um Ermittlung seiner Zusammensetzung, das ist die chemische Analyse, und zweitens um Feststellung seines Waschwertes. Während die analytischen Methoden im allgemeinen gut ausgebildet sind, lassen die Verfahren zur Bestimmung des Waschwertes noch sehr zu wünschen übrig, und es ist fraglich, ob das Problem jemals restlos gelöst wird. Schon die Normierung eines Normalwaschmittels ist mit Schwierigkeiten verknüpft. Von allen uns bekannten Waschmitteln ist Seife das einzige, das alle zur Waschwirkung erforderlichen Eigenschaften in ausgiebigem Maße besitzt: das Vermögen, den zu waschenden Gegenstand so zu benetzen, daß der anhaftende Schmutz sich lockert, und den gelockerten Schmutz durch Adsorption und Emulsion zu entfernen, weshalb nur Seife als Normalwaschmittel in Frage kommen kann, und zwar eine Kernseife, aus einem bestimmten Fettansatz mit einem bestimmten Fettsäuregehalt gesotten; aber bei ihr ist der Übelstand, daß sie beim Lagern austrocknet und damit die Waschwirkung sich ändert.

Der Waschwert eines Waschmittels setzt sich zusammen aus zwei Komponenten: der reinigenden Wirkung und der fadenschwächenden Wirkung. Um den wirklichen Wert eines Waschmittels zu bestimmen, müssen beide festgestellt werden. Die reinigende Wirkung eines Waschmittels sucht man gewöhnlich durch Probewaschen, teils mit der Hand, teils mit der Maschine, zu ermitteln. Handelt es sich nur darum zu erproben, ob ein Waschmittel „gut wäscht", so genügen solche Versuche vollkommen; will man aber zwischen zwei oder mehreren Waschmitteln Vergleiche ziehen, so kommt man auf diese Weise nicht zu einem einwandfreien Resultat, schon deshalb nicht, weil ein Wäschestück nicht in gleicher Weise beschmutzt ist wie das andere. Handwäsche ist naturgemäß ganz auszuschließen, da bei ihr zu viel von der Individualität der Wäscherin abhängt; aber auch bei der Maschine darf nicht vergessen werden, daß sie durch die Bewegung der Waschbrühe in der Waschtrommel mitwäscht und somit nicht mit Sicherheit festzustellen ist, wieviel von der Waschwirkung auf die Maschine und wieviel auf das Waschmittel kommt.

Um die äußeren Beeinflussungen bei Waschversuchen auszuschließen, haben S. Schiewe und C. Stiepel einen besonderen Apparat zu vergleichenden Waschversuchen konstruiert, den sie „Waschtest" nennen und der weiter unten vorgeführt wird. Die mechanische Mithilfe der Reibung ist dabei nach Möglichkeit ausgeschaltet, und nur eine tunlichst gleichmäßige Spülung der Waschmittellösung soll die Eigenwirkung des zu untersuchenden Präparats unterstützen. Um den Fehler zu vermeiden, der sich bei gebrauchter Wäsche notwendig ergibt, daß die Art und Weise der Beschmutzung bei jedem Wäschestück eine andere ist, verwenden sie bei ihren Versuchen ungebrauchte Wäsche, die sie künstlich beschmutzen, und zwar für dieselbe Art Waschmittel stets die gleiche Beschmutzung. Zu bemängeln ist, daß die gewählten Beschmutzungen in keiner Weise natürlichen Beschmutzungen entsprechen und die Untersuchung nur in kalter Lösung des Waschmittels erfolgt, während das Waschen im allgemeinen in heißer Lösung vorgenommen wird. Immerhin ist das Verfahren von Schiewe und Stiepel als erster Versuch, unabhängig von äußeren Einflüssen, zu vergleichenden Waschversuchen zu kommen, lebhaft zu begrüßen.

Die Gewebe werden beim Waschen mit den verschiedenen Waschmitteln mehr oder weniger stark angegriffen; sie erleiden physikalische und chemische Veränderungen, die, abgesehen von der Beeinträchtigung der Farbe, des Glanzes und Griffs, besonders eine Veränderung der Festigkeit verursachen. Um diese festzustellen, wird das Gewebe vor und nach dem Waschen mittelst einer Zerreißmaschine auf Zugfestigkeit geprüft. Die Differenz der gefundenen Werte dient als Maß für die Schädigung der Faser. Solche Messungen sind vielfach in den Fachschriften veröffentlicht; ihre Ergebnisse gehen oft weit auseinander und zeigen sogar bei demselben Beobachter oft große Differenzen, was Grün und Jungmann lediglich auf Fehler der Beobachter zurückführen. In welcher Weise bei diesen Messungen vorgegangen werden muß, haben die Genannten in einer im „Seifenfabrikant" veröffentlichten Arbeit[1]) ausführlich klargelegt. Jedem, der sich mit Zerreißbestimmungen befassen will, sei diese Veröffentlichung zu eingehendem Studium empfohlen.

Für die Beurteilung des Wertes eines Waschmittels ist die chemische Untersuchung unerläßlich, wenn sie auch, wie aus dem oben Gesagten hervorgeht, allein den Waschwert eines Waschmittels nicht angeben kann. Über diesen gibt richtigen Aufschluß die chemische Analyse in Gemeinschaft mit rationell durchgeführten praktischen Waschversuchen.

Von den verschiedenen in Frage kommenden Einzelbestimmungen sollen nur die wichtigsten an dieser Stelle beschrieben werden.

Probenahme.

Für die Analyse ist es in erster Linie erforderlich, daß ein richtiges Durchschnittsmuster zur Untersuchung kommt. Von harten Seifen oder anderen Waschmitteln in Stückform entnimmt man am besten

---

[1]) Seifenfabrikant 1916, Nr. 47, S. 801 und Nr. 48, S. 817.

die Probe in der Weise, daß man das Stück in zwei Hälften teilt und aus dem Innern kleine Stücke herausschneidet. Man kann auch rationell von dem Stück, dessen äußere ausgetrockneten Teile vorher weggeschnitten wurden, mit einem Korkbohrer einige kleine Zylinder ausstechen. Schmierseifen oder andere Schmierwaschmittel bearbeitet man vor der Probenahme mit einem Löffel zu einer ganz einheitlichen Masse. Waschmittel in Pulverform müssen vorher fein verrieben werden. Von den Produkten soll möglichst nicht weniger als 100 g zur Untersuchung herangezogen und in luftdicht verschlossenen Gefäßen versandt und aufbewahrt werden. Man sorge für möglichst rasches Abwägen der Proben, besonders bei stark wasserhaltigen Waschmitteln.

Bestimmung des Wassergehalts.

Man wägt eine Schale mit Glasstab ab, beschickt sie mit 4—5 g des Waschmittels und trocknet etwa 1 Stunde bei 105° C. Enthält das Waschmittel erhebliche Mengen Seife, so ist es erforderlich, das Produkt nach dem einstündigen Trocknen mit dem Glasstabe zu zerdrücken und wiederum eine Stunde zu trocknen, worauf die Schale erkalten gelassen und gewogen wird. Der Trockenverlust des Waschmittels mit 100 multipliziert und durch die angewandte Substanz dividiert ergibt den Trockenverlust (Wassergehalt) in Prozenten.

Bestimmung der Gesamtfettsäuren.

Gesamtfettsäuren („Gesamtfett") einer Seife bestehen aus Fettsäuren mit oder ohne Harzsäuren. Mitunter enthalten die Gesamtfettsäuren noch Neutralfett, das vom zugesetzten Fett für die Gewinnung einer „überfetteten" Seife herrührt oder in den Gesamtfettsäuren enthalten ist, wenn die Verseifung des Fettansatzes ungenügend war. Ferner können im „Gesamtfett" größere oder kleinere Mengen unverseifbaren Fettes vorhanden sein, die ursprünglich im Fettansatz enthalten waren.

Allgemein wird nur das Gesamtfett bestimmt und das Neutralfett und das unverseifbare Fett nur dann, wenn es erheblich ist.

5—10 g Waschmittel werden in einem Erlenmeyerkolben abgewogen und in ca. 75 ccm Wasser auf dem Wasserbade gelöst. Man bringt hierauf die Lösung in einen Scheidetrichter, spült den Kolben mit Wasser nach und setzt zu der Lösung verdünnte Salzsäure im Überschuß zu. Nach dem völligen Erkalten schüttelt man mit Äther aus. Von den nach dem Absetzen sich bildenden zwei Schichten wird die untere abgelassen und verworfen. Bei sehr genauen Analysen wird die wässerige Lösung wieder in den Scheidetrichter gegeben und nochmals mit Äther ausgeschüttelt; bei technischen Analysen kann aber die zweite Ausschüttelung unterlassen werden. Den ätherischen Auszug läßt man in einen Erlenmeyerkolben ab, spült den Scheidetrichter mit Äther nach, destilliert den Äther ab und erwärmt weiter auf dem Wasserbade ohne Kühler, nachdem man etwas Alkohol in 'den Erlenmeyerkolben getan hat, bis alles Wasser verdampft ist. Hierauf läßt man erkalten und wägt.

Berechnung: Abgewogen 8,3548 g. Gefunden Fettsäuren 1,0865 g. Mithin

$$\frac{1{,}0866 \cdot 100}{8{,}3548} = 13{,}00\%\ \text{Fettsäuren.}$$

Bestimmung der Gesamtfettsäuren in K.-A.-Seifen. Der große Gehalt der K.-A.-Seifen an Ton hat infolge der Aufsaugungsfähigkeit dieses Füllungsmittels für Fett und Fettsäuren einen erheblichen Einfluß auf die analytische Durchführung der Fettsäurebestimmung ausgeübt, indem beim Ausäthern stets nicht unbeträchtliche Mengen der Fettsäure vom Ton festgehalten wurden. Von den vielen in Vorschlag gebrachten Methoden hat sich die Alkoholmethode als die rationellste erwiesen. Am besten wird sie auf folgende Weise ausgeführt: Man wägt nicht mehr als 2 g der möglichst fein geschabten Seife in einem Erlenmeyerkolben ab, fügt etwa 40 ccm Alkohol hinzu und kocht auf dem Wasserbade unter Verbindung mit dem Rückflußkühler ca. $^{1}/_{2}$ Stunde lang. Hierauf filtriert man die überstehende alkoholische Lösung durch ein mit Alkohol angefeuchtetes Filter in einen Erlenmeyerkolben, fügt wiederum 40 ccm Alkohol zu der Tonseife und kocht weitere 30 Minuten, worauf abermals filtriert wird. Diese Operation des Kochens und Filtrierens wird dreimal wiederholt. Alsdann wird die alkoholische Seifenlösung destilliert, der Rückstand (Seife) in Wasser gelöst und die Fettsäurebestimmung nach der Ausätherungsmethode ausgeführt.

Bestimmung des Alkaligehalts.

Bestimmung des freien Alkali. a) Qualitative Prüfung. Eine zuverlässige Prüfung ist die folgende: Eine kleine Probe des Waschmittels löst man in ca. 30 ccm heißen Wassers, fügt ca. 30 ccm Alkohol hinzu, darauf etwa 20 ccm 10 proz. Chlorbariumlösung, wodurch die Seife als Barytseife und das Karbonat als Bariumkarbonat gefällt werden und gibt zum Schluß einige Tropfen Phenolphthaleinlösung. Färbt sich die Lösung rot, so ist freies Alkali (NaOH oder KOH) nachgewiesen.

b) Quantitative Bestimmung. (Nach Verfahren von Dr. J. Davidsohn und G. Weber[1].) Die gewöhnlichen Natron- und

---
[1] Seifens.-Ztg. 1907, Nr. 3 u. 4.

Kaliseifen hydrolysieren bekanntlich in wässeriger Lösung, wobei sich freies Natron- oder Kalihydrat abspaltet. Dagegen erleidet eine alkoholische Seifenlösung keine Dissoziation. Es ist aber nicht notwendig, um die Dissoziation zu verhindern, daß der zur Lösung der Seife angewendete Alkohol absolut ist, da schon, wie Kanitz[1]) nachgewiesen hat, in 40 proz. Alkohol die Seife nicht mehr gespalten wird. Wird also eine Seife mit 50—60 proz. Alkohol behandelt, so erleidet die Seife keine Dissoziation und das eventuell in der Seife enthaltene Karbonat geht in Lösung.

Ausführung der Bestimmung: 5 g des Waschmittels werden in einem kleinen Kolben abgewogen, dazu gibt man 100 ccm ca. 60 proz. Alkohol und erwärmt auf dem Wasserbade, bis sich das Waschmittel gelöst hat. In Wasser bzw. Alkohol unlösliche Stoffe bleiben als Rückstand zurück. Damit der Alkohol während des Erhitzens sich nicht verflüchtigt, verschließt man den Kolben mit einem durchlöcherten Korkstopfen, durch dessen Öffnung ein langes Glasrohr geht, das als Rückflußkühler dient. Nachdem die Seife sich gelöst hat, entfernt man den Kolben vom Wasserbade und gibt ca. 10 proz. Bariumchloridlösung im Überschuß dazu, d. h. bis das Chlorbarium keine Fällung mehr hervorruft. Das Bariumchlorid setzt sich einerseits mit den Fettsäuren der Seife um, indem sich eine in Wasser unlösliche Barytseife bildet, andererseits mit dem Karbonat zu unlöslichem Bariumkarbonat. Ohne auf den Niederschlag Rücksicht zu nehmen, d. h. ohne zu filtrieren, wird mit $^1/_{10}$ Normalsalzsäure unter Verwendung von Phenolphthalein als Indikator titriert und auf diese Weise der Gehalt an freiem Alkali festgestellt. Die Titration muß in der Weise ausgeführt werden, daß man die Salzsäure in das Gemisch langsam eintropfen läßt und fortwährend gut umrührt und schüttelt.

Berechnung: Abgewogen 5 g des Waschmittels. Verbraucht zum Neutralisieren des freien Alkalis 10,55 ccm $^1/_{10}$-Normalsalzsäure, 1 ccm $^1/_{10}$-Normalsalzsäure entspricht 0,0040 g Natriumhydroxyd (NaOH) resp. 0,0056 g Kaliumhydroxyd (KOH), folglich entsprechen 10,55 ccm $^1/_{10}$-Normalsalzsäure 10,55 · 0,0040 = 0,0422 g Ätznatron resp. 10,55 · 0,0056 = 0,05908 g Ätzkali. Nach der Proportion 0,0422 : 5 = x : 100 erhält man 0,844% NaOH oder nach der Proportion 0,05908 : 5 = x : 100 erhält man 1,182% KOH.

Bestimmung des kohlensauren Alkalis (Soda oder Pottasche). a) Qualitative Prüfung. Man löst etwas Waschmittel in Wasser und setzt zur Lösung oder zum Filtrat (falls das Waschmittel in Wasser nicht vollständig löslich ist) etwas verdünnte Salzsäure zu. Eine Gasentwicklung (Kohlensäure) zeigt Karbonat (Soda oder Pottasche) an.

---

[1]) Ber. der Deutsch. chem. Ges. 1903, S. 400.

b) **Quantitative Bestimmung.** Die Bestimmung wird in der Weise ausgeführt, daß man eine gewogene Menge des Waschmittels in absolutem Alkohol in der Siedehitze am Rückflußkühler löst, filtriert, mit heißem Alkohol gut auswäscht, das Unlösliche auf dem Filter in Wasser löst und die wässerige Lösung mit $^1/_2$-Normalsalzsäure unter Verwendung von Methylorange als Indikator titriert.

1 ccm $^1/_2$-Normalsalzsäure 0,0265 g Soda (Na_2CO_3)
1 ccm $^1/_2$-Normalsalzsäure 0,0345 g Pottasche (K_2CO_3)

Beispiel: Angewandt 4,4231 g Substanz. Zur Titration des Unlöslichen auf dem Filter verbraucht 11,3 ccm $^1/_2$-Normalsalzsäure. Mithin sind diese 11,3 ccm $^1/_2$-Normalsalzsäure $= 11,3 \cdot 0,0265 = 0,2995$ g Soda $= \dfrac{0,2995 \cdot 100}{4,4231} = 6,77\%$ Soda oder $\dfrac{11,3 \cdot 0,0345 \cdot 100}{4,4231} = 8,81\%$ Pottasche.

Enthält das Waschmittel Zusatzstoffe, die durch Salzsäure sich zersetzen, wie z. B. Wasserglas, so wird natürlich auch für diese bei der Titration Salzsäure verbraucht. In diesem Falle muß daher die Wasserglasbestimmung ausgeführt werden (vgl. S. 151), die ermittelte Kieselsäure auf Natriumkarbonat bzw. Kaliumkarbonat umgerechnet und von der bei der Titration mit $^1/_2$-Normalsalzsäure erhaltenen Soda bzw. Pottasche abgezogen werden. Man erhält dann reine Soda bzw. Pottasche.

Beispiel: Angewandte Natronseife 3,7201 g. Die Seife enthält Natronwasserglas. Die Bestimmung der Kieselsäure desselben nach S. 151 ergab 4,30% Kieselsäure. Da das Natronwasserglas ein Tetrasilikat von der Zusammensetzung $Na_2O \cdot 4 SiO_2$ ist, so entsprechen $4 SiO_2$ einem Molekül Na_2CO_3, folglich sind 4,30% SiO_2 gleich 1,90% Na_2CO_3 nach der Gleichung $4 \cdot 60 (4 SiO_2) : 106 (Na_2CO_3) = 4,30 : x$ (x = 1,90).

Zum Titrieren des in Alkohol Unlöslichen wurden 18,40 ccm $^1/_2$-Normalsalzsäure verbraucht $\dfrac{18,40 \cdot 0,0265 \cdot 100}{3,7201} = 13,11\%\ Na_2CO_3$. Von diesen 13,11% Na_2CO_3 sind nun die dem Silikat entsprechenden 1,90% Na_2CO_3 abzuziehen, und es verbleiben $13,11 - 1,90 = 11,21\%$ reine Soda (Na_2CO_3).

Bestimmung des Kaliums. Kaliverbindungen, insbesondere Pottasche und Ätzkali, sind in einer großen Reihe der fettlosen Waschmittel enthalten, so z. B. Pottasche in den Waschpulvern und Ätzkali in den „Bohrpasten". Ferner sind fast alle Rasierseifen so hergestellt, daß ungefähr die Hälfte der zur Verseifung nötigen Lauge aus Kalilauge besteht, wodurch erreicht wird, daß die Seife geschmeidig ist und gut schäumt.

Von den Methoden zur Bestimmung des Kaliums kommt das Platinverfahren und das Perchloratverfahren in Betracht. Von diesen beiden ist aber der Überchlorsäuremethode bei der Waschmittelanalyse entschieden der Vorzug zu geben. Man braucht beim Eindampfen der mit Überchlorsäure versetzten Lösung nicht zu befürchten — wie bei der Platinmethode —, daß ein zu weites Eindampfen zu unrichtigen Zahlen Veranlassung geben kann. Im Vergleich zu der Platinmethode hat ferner die Überchlorsäuremethode den Vorzug der Billigkeit. Die Perchloratmethode liefert nicht nur, von Berufschemikern ausgeführt, zuverlässige Resultate, sondern kann auch von einem chemisch genügend vorgebildeten Seifensieder mit Erfolg vorgenommen werden.

Am besten wird die Bestimmung des Kalium in den fetthaltigen und fettlosen Waschmitteln auf folgende Weise ausgeführt[1]). In 5 g Waschmittel wird die Bestimmung der Gesamtfettsäuren nach der Äthermethode vorgenommen, wobei Salzsäure zum Zersetzen benutzt wird, und nach dem Ausäthern wird die wässerige Lösung durch ein gewöhnliches Filter in eine Porzellanschale filtriert und das Filter mit destilliertem Wasser ausgewaschen. Das Filtrat wird zum Kochen erhitzt und mit 2 ccm salzsaurer Bariumchloridlösung (ca. 10 g festes Bariumchlorid und 5 ccm konzentrierter Salzsäure in 100 ccm Wasser gelöst) versetzt. Entsteht ein Niederschlag von Bariumsulfat oder eine deutliche Trübung, so muß die Lösung filtriert und das Filtrat erst dann mit Überchlorsäure behandelt werden. Ist aber nach der zugefügten Bariumchloridlösung eine Trübung nicht wahrzunehmen, so werden gleich 25 ccm Überchlorsäure vom spezifischen Gewicht 1,12 zugesetzt (am besten bezieht man diese Lösung fertig von C. A. F. Kahlbaum, Adlershof bei Berlin) und auf dem Wasserbade bis zur Trockne eingedampft, bis der Geruch nach Salzsäure verschwunden ist. Den Abdampfrückstand übergießt man nach dem Erkalten mit etwa 20 ccm 96 proz. Alkohol und zerreibt sorgfältig.

Nach kurzem Absitzenlassen filtriert man die über dem Kaliumperchlorat stehende Flüssigkeit durch ein bei 105° C. getrocknetes und gewogenes Filter. Man wiederholt das Zerreiben des Kaliumperchlorates noch zweimal, jedoch nicht mit reinem 96 proz. Alkohol, sondern mit solchem, dem etwas 0;1—0,2 proz. Überchlorsäure zugesetzt ist. Den Rückstand spült man dann aufs Filter und wäscht es mit reinem 96 proz. Alkohol gut aus. Hierauf trocknet man das Filter samt Niederschlag im Trockenschrank bei 70—80° C. und wägt.

Es muß darauf geachtet werden, daß die überschüssige Überchlorsäure mit Alkohol auf dem Filter gut ausgewaschen wird, da sonst schon Spuren Überchlorsäure beim darauffolgenden Trocknen eine starke

---

[1]) Vgl. Dr. Davidsohn, Die Williamsche Rasierseife und die Bestimmung des Kaliums in den Rasierseifen (Seifenfabrikant 1915, Nr. 11).

Verkohlung des Filters hervorrufen können. Um diesem Übelstand abzuhelfen, kann man die Kristallmasse statt durch ein gewogenes durch ein gewöhnliches qualitatives Filter filtrieren, wie oben angegeben, gut auswaschen, darauf in heißem Wasser auf dem Filter lösen, in eine gewogene Porzellanschale hineinfiltrieren und das Filter mit Wasser auswaschen. Das Filtrat wird in der Schale zur Trockne abgedampft und gewogen.

Das Kalium wird auf Ätzkali (KOH) oder Kaliumoxyd (K_2O) wie folgt berechnet:

Abgewogen 5 g Substanz. Gefunden 0,7616 g überchlorsaures Kali ($KClO_4$).

$$1 \text{ Mol. } KClO_4 \quad 1/2 \text{ Mol. } K_2O$$
oder: $138,5 \quad : \quad 47 \quad = 0,7616 : x$
$$x = 0,2585 \text{ g } K_2O$$
$$0,2585 \cdot 20 = 5,17\% \; K_2O$$

$$1 \text{ Mol. } KClO_4 \quad 1 \text{ Mol. } KOH$$
oder: $138,5 \quad : \quad 56 \quad = 0,7616 : x$
$$x = 0,3079 \text{ g } KOH$$
$$0,3079 \cdot 20 = 6,16\% \; KOH.$$

$$1 \text{ Mol. } KClO_4 \quad 1/2 \text{ Mol. } K_2CO_3$$
oder: $138,5 \quad : \quad 69 \quad = 0,7616 : x$
$$x = 0,3793 \text{ Pottasche } (K_2CO_3)$$
$$0,3793 \cdot 20 = 7,59\% \; K_2CO_3.$$

Zur Feststellung des Gehaltes des Waschmittels an Natriumoxyd bzw. Natriumhydroxyd muß von dem durch Titration wie üblich bestimmten Gesamtalkali, berechnet auf Natriumoxyd, das durch die Überchlorsäure gefundene Kaliumoxyd, auf Natriumoxyd umgerechnet, abgezogen werden. Z. B. Gesamtalkali (Na_2O) 9,04%, gefunden Kaliumoxyd 5,17%. Diese 5,17% Kaliumoxyd sind gleich 3,41% Natriumoxyd nach der Gleichung $94 : 62 = 5,17 : x$ ($x = 3,41$). Von den 9,04% Gesamtalkali verbleiben nach Abzug der 3,41% Na_2O 5,63% Natriumoxyd.

Bestimmung des Wasserglases.

a) **Qualitative Prüfung.** Enthält das Waschmittel keine in Wasser unlöslichen Stoffe, wie Talk, Ton, kohlensaure Magnesia u. dgl., so wird die wässerige Lösung mit Salzsäure zerlegt, auf dem Wasserbade erwärmt, bis die ausgeschiedenen Fettsäuren sich an der Oberfläche der Lösung angesammelt haben, darauf etwas Paraffin zugesetzt und das Ganze erkalten gelassen. Der Fettkuchen wird mit einem Glasstabe durchstoßen und die untere Lösung in ein Becherglas gegeben. Sind in dieser Lösung Flocken, die von der Kieselsäure des Wasserglases herrühren, suspendiert, so ist Wasserglas nachgewiesen.

Mitunter kommt es vor, daß die Kieselsäure sich nicht ausscheidet, sondern in der wässerigen Lösung gelöst bleibt. Es ist daher sicherer, die wässerige Lösung, falls sie frei von Flocken ist, bis zur Trockne auf dem Wasserbade abzudampfen und den Rückstand in Wasser zu lösen. Bleibt ein Rückstand, so ist Wasserglas nachgewiesen.

Sind in dem Waschmittel Füllmittel enthalten, die sich in Wasser nicht lösen, so muß von diesen abfiltriert werden und das Filtrat, wie ausgeführt, weiter behandelt werden.

b) Quantitative Bestimmung. Die wässerige Lösung einer gewogenen Menge Waschmittel bzw. das wässerige Filtrat (falls das Waschmittel in Wasser unlösliche Füllstoffe enthält) wird wie bei der Bestimmung des Gesamtfettes (siehe S. 145) mit Salzsäure zersetzt und ausgeäthert. Die untere Lösung wird auf dem Wasserbade abgedampft, der Rückstand mit etwas Salzsäure angefeuchtet und nochmals zur Trockne abgedampft. Alsdann nimmt man die trockne Masse mit heißem Wasser auf, filtriert die Kieselsäure durch ein quantitatives Filter, wäscht gut mit warmem Wasser aus, bringt das Filter samt Inhalt in einen gewogenen Porzellantiegel, verbrennt es, glüht und wägt nach dem Erkalten.

Beispiel: Abgewogen 10 g Waschmittel. Gefunden 0,7660 g Kieselsäure. 240 Teile Kieselsäure = 302 Teilen wasserfreiem Wasserglas, somit sind 0,7660 g Kieselsäure = 0,9639 g wasserfreiem Wasserglas nach der Gleichung 240 : 302 = 0,7660 : x (x = 0,9639) oder 9,638% wasserfreiem Wasserglas.

Man verwendet in der Seifenindustrie gewöhnlich Wasserglas von 38° Bé. In 100 Teilen Natronwasserglas von 38° Bé. sind 32,9 Teile trocknes Wasserglas enthalten. Will man also die erhaltenen Prozente trocknen Wasserglases auf Wasserglas von 38° Bé. umrechnen, so braucht man sie nur mit der Zahl 3,04 zu multiplizieren. In unserem Beispiel 9,638 · 3,04 = 29,30% Wasserglas von 38° Bé.

Handelt es sich um Kaliwasserglas, so muß berücksichtigt werden, daß 1 Teil Kieselsäure gleich ist 1,390 trocknem Kaliwasserglas.

Bestimmung des Kochsalzes.

a) Qualitativer Nachweis. Eine kleine Menge des Waschmittels wird in Wasser gelöst, mit verdünnter Salpetersäure zersetzt und von etwa ausgeschiedenen Fettsäuren abfiltriert. Enthält die Seife Kochsalz oder Chlorkalium, so entsteht auf Zusatz von verdünnter Silbernitratlösung eine weiße, käsige Fällung von Chlorsilber.

b) Quantitative Bestimmung. Die abgewogene Probe des Waschmittels wird in Wasser gelöst, mit verdünnter Salpetersäure zersetzt, in eine Porzellanschale filtriert und mit Wasser nachgewaschen.

Das Filtrat wird mit $^1/_2$-Normallauge vorsichtig versetzt, bis die Lösung gegen Lackmuspapier neutral reagiert. Die neutrale Lösung wird nun mit $^1/_{10}$ normaler Silbernitratlösung unter Verwendung von verdünnter wässeriger Kaliumchromatlösung als Indikator titriert. Beim Zutropfen der Silberlösung erscheint an der Einfallstelle eine rötliche Zone, die wieder verschwindet, bis schließlich eine schwach rötlichbraune Färbung durch die Lösung geht.

Berechnung: Abgewogen 4,4201 g Waschmittel. Zur Titration verbraucht 26,5 ccm $^1/_{10}$-Normalsilberlösung. 1 ccm $^1/_{10}$-Normalsilbernitratlösung $= 0,00585$ g Kochsalz oder $0,00745$ g Chlorkalium. Mithin $\dfrac{26,5 \cdot 0,00585 \cdot 100}{4,4201} = 3,50\%$ Kochsalz oder $\dfrac{26,5 \cdot 0,00745 \cdot 100}{4,4201} = 4,47\%$ Chlorkalium.

Bestimmung des Glaubersalzes.

a) **Qualitativer Nachweis.** Die wässerige Lösung eines Waschmittels wird mit verdünnter Salzsäure zersetzt, von den ausgeschiedenen Fettsäuren abfiltriert und das Filtrat mit verdünnter Chlorbariumlösung versetzt: Eine weiße Fällung (Bariumsulfat) zeigt Glaubersalz an.

b) **Quantitative Bestimmung.** Man wägt 5—10 g Waschmittel, löst in Wasser, säuert mit verdünnter Salzsäure an, filtriert in ein Becherglas und wäscht gut mit Wasser nach. Das Filtrat wird bis zum Kochen erhitzt und mit heißer Chlorbariumlösung gefällt. Man läßt einige Stunden absitzen, filtriert durch ein quantitatives Filter und wäscht gut mit Wasser nach. Hierauf trocknet man das Filter samt Inhalt im Trockenkasten bei 105—115° C., verbrennt und verglüht es in einem gewogenen Porzellantiegel und wägt nach dem Erkalten. Das erhaltene Gewicht an Bariumsulfat wird auf Glaubersalz berechnet.

Beispiel: Abgewogen 8,8921 g Waschmittel. Gefunden 0,8908 g Bariumsulfat ($BaSO_4$). 233 Teile Bariumsulfat sind gleich 322 Teilen Glaubersalz ($Na_2SO_4 + 10\ H_2O$). Mithin $322 : 233 = x : 0,8908$, $x = 1,230$ g Glaubersalz oder in Prozenten: $\dfrac{1,230 \cdot 100}{8,8921} = 13,83\%$ Glaubersalz.

Bestimmung von in Wasser oder Salzsäure löslichen Kalk- und Magnesiumverbindungen.

a) **Qualitativer Nachweis.** Eine kleine Menge des Waschmittels wird in Wasser und verdünnter Salzsäure gelöst und — falls erforderlich — filtriert. Das Filtrat wird mit verdünntem Ammoniak alkalisch gemacht. Fällt hierbei ein Niederschlag aus (Aluminium- und Eisenverbindungen), so wird filtriert und das Filtrat mit verdünnter Ammoniumoxalatlösung versetzt. Fällt ein weißer Niederschlag aus, so sind Kalkverbindungen nachgewiesen. Hierauf wird filtriert und zum Filtrat etwa 1 ccm einer wässerigen Natriumphosphatlösung zugefügt: ein weißer Niederschlag (im Mikroskop Schneeflockenkristalle) zeigt Magnesiumverbindungen an.

b) Quantitative Bestimmung. 4—5 g des Waschmittels werden in Wasser und verdünnter Salzsäure gelöst und, falls ein Rückstand bleibt, in ein Becherglas filtriert. Das Filtrat macht man ammoniakalisch und filtriert von einem eventuell ausgeschiedenen Niederschlag ab. Zum Filtrat wird eine wässerige Lösung von Ammoniumoxalat im Überschuß zugesetzt. Fällt ein weißer Niederschlag aus (Calciumoxalat), so wird, nachdem der Niederschlag sich abgesetzt hat, durch ein quantitatives Filter in ein Becherglas filtriert und gut mit Wasser nachgewaschen. Das Filtrat samt Inhalt wird getrocknet, geglüht und verascht. Die erhaltenen Prozente (Calciumoxyd), mit 1,786 multipliziert, ergeben den Gehalt des Waschmittels an kohlensaurem Kalk.

Zum Filtrat vom kohlensauren Kalk wird Natriumphosphatlösung im Überschuß zugesetzt. Bei Gegenwart von Magnesiumverbindungen fällt ein weißer Niederschlag von Magnesiumammoniumphosphat aus. Nachdem der Niederschlag sich gut abgesetzt hat, wird durch ein quantitatives Filter filtriert und gut nachgewaschen. Das Filter samt Inhalt wird getrocknet. Hierauf wird die Substanz möglichst vollständig vom Filter getrennt und auf ein schwarzes Glanzpapier getan. Das Filter wird dann in einem gewogenen Porzellantiegel für sich verbrannt, und erst dann wird die Substanz vom Glanzpapier in den Tiegel getan und kurze Zeit geglüht. Hierauf wird erkalten gelassen und gewogen. Die erhaltenen Prozente Asche, mit der konstanten Zahl 0,756 multipliziert, ergeben die Prozente kohlensaure Magnesia ($MgCO_3$) und durch die Multiplikation mit der konstanten Zahl 0,856 erhält man die Prozente Chlormagnesium ($MgCl_2$).

Bestimmung des aktiven Sauerstoffs.

Von den aktiven Sauerstoff abgebenden Bleichmitteln, die den Waschmitteln zugesetzt werden, sind die gebräuchlichsten das Natriumperborat $NaBO_3 + 4 H_2O$ und Natriumperkarbonat. (Die Zusammensetzung des Natriumperkarbonats ist ungefähr $2 Na_2CO_3, 3 H_2O_2$.)

a) Qualitativer Nachweis. Man löst ein wenig des Waschmittels in Wasser, säuert mit Salzsäure an, überschichtet die Lösung mit 3—5 ccm Äther und gibt einige Tropfen verdünnter Kaliumbichromatlösung hinzu. Bei Gegenwart von aktivem Sauerstoff färbt sich die Lösung blau.

b) Quantitative Bestimmung. *a) Permanganatmethode.* Man wägt 2—3 g ab, löst in Wasser, ohne zu erwärmen, spült mit Wasser in eine Glasstöpselflasche über, säuert mit verdünnter Schwefelsäure an, setzt 5—10 ccm Chloroform oder Tetrachlorkohlenstoff zu und schüttelt durch. Nachdem sich die Chloroformschicht abgesetzt hat, titriert man mit $^1/_{10}$-Normalkaliumpermanganatlösung bis zur Rosafärbung. 1 ccm $^1/_{10}$-Normalkaliumpermanganatlösung entspricht 0,0008 g aktivem Sauerstoff.

Beispiel: Abgewogen 2,3013 g. Verbraucht 10,2 ccm $^1/_{10}$-Normalkaliumpermanganatlösung.

$$\frac{10{,}2 \cdot 0{,}0008 \cdot 100}{2{,}3013} = 3{,}54\%\ \text{aktiver Sauerstoff.}$$

b) *Jodometrische Methode.* Grün und Jungmann[1]) haben beobachtet, daß die Titration mit Permanganatlösung in seifenhaltigen Waschmitteln unzuverlässig ist. Schon der Verlauf der Titration ist nicht normal: eine größere Menge wird zwar mit der üblichen Geschwindigkeit aufgebraucht; dann tritt aber keine Färbung auf, sondern es werden noch wenigstens einige Zehntel Kubikzentimeter ziemlich langsam aufgezehrt, da die Reaktion allmählich ganz zum Stillstand kommt. Ein scharfer Umschlagpunkt läßt sich nicht feststellen. Man findet auch niemals richtige Werte; meistens fallen sie zu hoch aus. Sie empfehlen deshalb für alle seifenhaltigen Waschmittel die jodometrische Methode. Sie wird in folgender Weise ausgeführt:

0,2 g Einwage werden in Wasser gelöst, in einen Scheidetrichter gespült, 10 ccm Schwefelsäure (1 + 4) und 5 ccm Tetrachlorkohlenstoff zugesetzt und geschüttelt. Hierauf wird die untere Tetralösung abgelassen, die verbleibende wässerige Lösung mit Tetrachlorkohlenstoff gewaschen und mit Wasser in ein Becherglas gespült. Es werden nun 2 g Jodkalium auf der Handwage abgewogen, ins Becherglas gegeben, $^1/_2$ Stunde stehengelassen und hierauf mit $^1/_{10}$-Normalnatriumthiosulfatlösung titriert. 1 ccm $^1/_{10}$-Normalthiosulfat entspricht 0,0009875 g Sauerstoff.

Beispiel: Abgewogen 0,1741 g Substanz. Verbraucht 8,80 ccm $^1/_{10}$-Normalthiosulfat.

$$\frac{8{,}80 \cdot 0{,}0009875 \cdot 100}{0{,}1741} = 4{,}99\%\ \text{O}.$$

Bestimmung der Schaumkraft der Waschmittel.

Für die Ermittelung der Schaumkraft eines Präparates bedient man sich am besten des von Stiepel[2]) konstruierten Apparats (Fig. 20). Besonders gute Dienste leistet der Apparat bei der Beurtei-

---

[1]) Seifenfabrikant 1916, Nr. 4, S. 53.
[2]) Seifens.-Ztg. 1914, Nr. 13.

lung der verschiedenen in den Handel gebrachten Saponine und anderer Schaummittel. Es handelt sich hierbei natürlich um Vergleichsbestimmungen, indem man eine Substanz bekannter Qualität (z. B. Saponin Stahmer oder Saponin chemisch rein Kahlbaum) heranzieht und davon unter den gleichen Bedingungen wie von dem zur Untersuchung vorliegenden Präparate die Bestimmung ausführt.

Der Apparat besteht aus einem langhalsigen Kolben von ca. 1 l Gesamtinhalt. Oben am Ende des Halses befindet sich eine Erweiterung, die 50 ccm faßt. Der Kolben wird mit einem eingeschliffenen Stopfen mit flacher, großer Decke verschlossen. Der übrige Teil des Kolbenhalses ist in 50 ccm eingeteilt mit $^1/_2$ ccm-Graduierung, und zwar von unten anfangend, wobei die Zahlen bei aufrechtstehendem Kolben umgekehrt eingeätzt sind.

Man wägt genau 0,3 g oder 0,6 g oder andere Gewichtsmengen des Präparats ab, löst in Wasser und füllt auf einen 100 ccm-Meßkolben auf. Hierauf bringt man den Inhalt des Kolbens möglichst ohne Schaumbildung in den Apparat, verschließt diesen, kehrt ihn um und liest nach 1—2 Minuten langem Stehenlassen den Stand genau ab, der z. B. auf 0,3 ccm steht, alsdann schüttelt man den Inhalt des Kolbens 30 Sekunden lang kräftig um und stellt den Apparat wieder senkrecht auf den Kopf. Nach 3 Minuten langem Stehen — oder einer anderen Zeit — liest man den Flüssigkeitsstand wieder ab. Ist dieser jetzt z. B. bei 9,7 ccm, so ist die Schaumzahl 9,7 — 0,3 = 9,4.

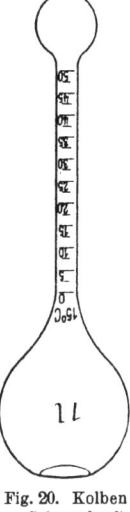

Fig. 20. Kolben zur Schaumkraftermittlung.

Bestimmung der Waschkraft eines Waschmittels.

Der Gebrauchswert der Seife setzt sich in erster Linie aus zwei Daten zusammen: aus der Waschkraft der Seife und dem Grad der Inanspruchnahme der Faser beim Waschen mit dieser Seife. Die anderen Eigenschaften der Seife, wie Farbe, Geruch, Konsistenz usw., kommen bei der Beurteilung des Gebrauchswertes einer Seife erst in letzter Linie in Frage. Dieses ist besonders in einer Zeit der Fettknappheit, wie der jetzigen, der Fall.

Während die zahlenmäßige Bestimmung der Veränderung der Faserfestigkeit von verschiedener Seite ausgeführt wurde und die Resultate dieser Messungen in der Fachliteratur enthalten sind, befaßte man sich bis jetzt wenig damit, den Waschwert eines Waschmittels nach genauer Vorschrift zu ermitteln. Es fehlte also an einer allgemein anerkannten Methode zur Feststellung des

Waschwertes[1]). Es ist daher erfreulich, daß es S. Schiewe und Dr. C. Stiepel[2]) gelungen ist, die Ausführung von Waschversuchen durch Konstruierung eines Waschapparates, den sie „Waschtestapparat" nennen, zu ermöglichen. Es wird bei diesem Apparat jede mechanische Einwirkung auf das zu untersuchende Tuch tunlichst ausgeschaltet, damit nur die dem Waschmittel zukommende Reinigungskraft allein zur Geltung kommt.

Der Wäschtestapparat (Fig. 21) besteht aus einem Glaszylinder von 3 l Inhalt, versehen mit einem Rührwerk. Mit dem aufgeschraubten Deckel ist ein Gestell verbunden, das ermöglicht, daß das zu waschende Tuch in Form eines Zylindermantels eingespannt wird.

Schiewe und Stiepel teilen die Waschmittel in drei Gruppen ein:

Gruppe I. Die Waschmittel dieser Gruppe müssen imstande sein, schmutzige Mineralölflecke leicht und vollständig zu entfernen.

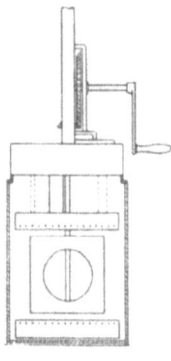

Fig. 21. Waschtestapparat.

Gruppe II. Die Körper dieser Gruppe sollen fetthaltigen Schmutz genügend sauren Charakters aus Geweben auswaschen können.

Gruppe III. Die Substanzen dieser Gruppe sollen die Waschwirkung reinen Wassers gegenüber fettfreiem oder nur sehr schwach fetthaltigem Schmutz durch Verleihung einer Emulsionswirkung erhöhen können.

Gruppe IV. Der Waschversuch hat den Nachweis zu erbringen, daß die hierher gehörigen Stoffe eine erhöhte Reinigungsfähigkeit gegenüber der spülenden Wirkung reinen Wassers besitzen.

Als Normen schlagen die Autoren vor: für Gruppe I eine $^1/_2$ proz. Kernseifenlösung, für Gruppe II eine $^1/_2$ proz. Sodalösung und für Gruppe III und IV reines Wasser.

Die Erzeugung des Schmutzes wird in der Weise durchgeführt, daß mittelst Pinsels eine Benzinlösung aus 5% Mineralöl, angerührt mit 5% Lindenkohle, auf das zu waschende Tuch aufgetragen wird; das gilt für Gruppe I. Für Gruppe II wird eine Benzinlösung mit 5% Lindenkohle und ebensoviel 40% Neutralöl enthaltender Fettsäure verwendet, und für Gruppe III und IV wird eine wässerige Aufschlemmung von Lindenkohle benutzt. Die Waschdauer ist 20 Minuten, die Temperatur des Wassers ist 40—45°C., und das Tuch wird dreimal nachgewaschen.

---

[1]) Der Grad der Inanspruchnahme der Faser durch fettlose Waschmittel läßt sich wohl in den meisten Fällen durch die chemische Analyse der Waschmittel in Verbindung mit der mikroskopischen Prüfung des wiederholt gewaschenen Stoffes beurteilen.

[2]) Seifenfabrikant 1916, Nr. 43, S. 737 u. 4, S. 754.

Die Gewichtsabnahme des Schmutzes wird bezeichnet als „Wascheffekt".

Bei den von Davidsohn[1]) ausgeführten Versuchen stellte es sich heraus, daß das Rührwerk nicht das ganze Wasser in Bewegung setzte; vielmehr blieb der obere Teil des Tuches von Wasser wenig umspült, so daß der Schmutz dort wenig oder gar nicht weggespült wurde. Bei den weiteren Waschversuchen wurde daher der Schmutz nicht auf das ganze Tuch aufgetragen, sondern nur bis etwa 4 cm vom oberen Rand. Auch etwa 2 cm des unteren Randes bleiben vom Schmutz frei, dort, wo das Tuch an den Eisenring angenäht wird.

Die Resultate der Waschversuche von Davidsohn sind aus nachfolgender Tabelle zu ersehen.

Gruppe I.

Waschmittel, 11,5 g in 2500 ccm Wasser gelöst bzw. suspendiert	Gewicht des sauberen Tuches	Gewicht des beschmutzten Tuches	Gewichtsabnahme des Schmutzes in Gramm nach dem Waschen	Wascheffekt
Oberschalseife	8,5808	10,8782	1,8386	80,03
Weiches Waschmittel (der Firma K. B. in B.), in Wasser und in Salzsäure zum größten Teil unlöslich, schwach alkalisch . .	10,9829	11,5750	0,3046	51,3
Weiches Waschmittel (der Firma Dr. J. & T., B.) von ausgesprochen kolloidalem Charakter, in Wasser zum größten Teil unlöslich, in Salzsäure vollständig löslich, schwach alkalisch, gut schäumend	8,3311	11,7092	2,7402	81,1
Weiches Waschmittel, A. G. in K., in Wasser und in Salzsäure zum größten Teil unlöslich	10,4780	12,8182	0,1402	6,0
Sauerstoffwaschpulver, K. R. in G., in Wasser und in Salzsäure nur zum Teil löslich, enthält viel Ton	8,5066	12,1558	1,4198	38,9

Gruppe II.

Oberschalseife	11,0002	11,7505	0,6153	82,0
K. A.-Seifenpulver, R. L. in L. .	11,4716	12,4424	0,9438	97,2
Weiches Waschmittel, T. & J. in B., schwach alkalisch	8,8034	10,5842	0,3144	17,6

---

[1]) Seifenfabrikant 1917, Nr. 9/10, S. 89.

Anhang.

Grundsätze für die Beurteilung fettloser Wasch- und Reinigungsmittel.

Aufgestellt von der den Reichsausschuß für Öle und Fette beratenden Prüfungskommission für fettlose Waschmittel. — Fassung vom Dezember 1918. —

Die Frage, ob ein Mittel unter die Vorschriften der Bekanntmachung vom 11. Mai 1918 (Reichs-Gesetzbl. S. 405) fällt, ist von Fall zu Fall an Hand des § 4 der Bekanntmachung zu prüfen. **Bleichmittel** gehören zu den Reinigungsmitteln. (Im folgenden ist an Stelle von „fettlose Wasch- und Reinigungsmittel" kurz „Waschmittel" gesagt.)

A. Allgemeine Gründe für Nichtgenehmigung von Waschmitteln.

I. Schutz der Verbraucher.

a) Gesundheitlicher Schutz:
ätzende, giftige, feuergefährliche, explosive oder sonst gesundheitsschädliche Bestandteile.

b) Wirtschaftlicher Schutz:
1. unzweckmäßige Zusammensetzung, zu geringe Waschwirkung,
2. irreführende Bezeichnung oder Anpreisung,
3. zu hoher Preis im Vergleich mit anderen Waschmitteln. (Erhöhter Preis eines Waschmittels infolge teurer Rohstoffe, hoher Herstellungskosten. Erfindergewinn usw. ist nur dann als berechtigt anzuerkennen, wenn ihm ein entsprechend höherer Wirkungswert des Mittels im Vergleich zu billigeren Mitteln gegenübersteht.)

II. Schutz der Rohstoffe:

Verwendung solcher Roh- und Hilfsstoffe (auch für die Verpackung), die zur Zeit für wichtigere Zwecke in Anspruch genommen sind, in einem das dringende Erfordernis übersteigenden Maße.

III. Schutz der Webstoffe:

Bestandteile, die die Webstoffe mehr als unvermeidbar angreifen.

IV. Schutz des Gewerbes:

Waschmittel, die durch die Art der Bezeichnung, Verpackung, Aufmachung oder Anpreisung in unlauteren Wettbewerb mit anderen gleichwertigen oder besseren Mitteln treten würden.

B. Besondere Richtlinien.

I. Zusammensetzung.

1. Waschmittel, bei deren Herstellung oder Anwendung Soda, Ätznatron, Pottasche oder Ätzkali in wesentlicher Menge durch Ausfällung **schwerlöslicher Reaktionsprodukte** unwirksam werden, sind wegen der damit verbundenen Alkaliverschwendung nicht zu genehmigen.

2. Waschmittel, die Ton oder andere Mineralien[1]) oder Ätzkalk[2]) enthalten, sind mit Rücksicht auf die erforderliche Schonung der Wäschebestände für die Wäschereinigung nicht zu genehmigen (wegen der Bezeichnung vgl. Nr. 26/27).
3. Bei der Beurteilung wasserlöslicher Waschmittel ist im allgemeinen, sofern nicht die Gebrauchsanweisung andere Vorschriften gibt, davon auszugehen, daß zur Bereitung der Waschlauge etwa 10 g des Mittels auf 1 Liter Wasser verwendet werden.
4. Waschmittel, die zur Körperpflege bestimmt sind, dürfen nicht mehr als 0,2% freies Ätzalkali (berechnet als Natriumhydroxyd NaOH, entsprechend 0,28% Kaliumhydroxyd KOH) und im allgemeinen nicht mehr als 5% Alkalikarbonat (berechnet als wasserfreies Natriumkarbonat Na_2CO_3, entsprechend 6,5% Kaliumkarbonat) enthalten; nur Handwaschmittel für Fabrikbetriebe, die als solche bezeichnet sind, dürfen bis zu 15% Alkalikarbonat enthalten (berechnet als wasserfreies Natriumkarbonat Na_2CO_3, entsprechend 20% Kaliumkarbonat).
5. Wäschereinigungsmittel dürfen bis zu 2% freies Ätzalkali (berechnet als Natriumhydroxyd, NaOH, entsprechend 2,8% Kaliumhydroxyd KOH) enthalten, unter der Bedingung, daß eine kurze Gebrauchsanweisung für die schonende Behandlung der Wäsche beigegeben ist.

Zu wasserglashaltigen Mischungen darf freies Ätzalkali nur so weit zugefügt sein, daß es rechnerisch mit dem vorhandenen Wasserglas zur Disilikatbildung (1 Na_2O : 2 SiO_2) ausreicht; ein etwaiger Zusatz von Ätzkalk oder Magnesia ist bei dieser Berechnung der äquivalenten Menge Ätzalkali gleichzusetzen.
6. Wasserlösliche Wäschereinigungsmittel, deren Wirksamkeit im wesentlichen auf ihrem Gehalt an Alkalikarbonat (auch neben Wasserglas) beruht, sollen mindestens 15% Alkalikarbonat (berechnet als wasserfreies Natriumkarbonat Na_2CO_3, entsprechend 20% Kaliumkarbonat) enthalten.
7. Scheuermittel sollen nicht mehr als 5% freies Ätzalkali (berechnet als Natriumhydroxyd NaOH, entsprechend 7 % Kaliumhydroxyd KOH) und nicht mehr als 15% Alkalikarbonat (berechnet als wasserfreies Natriumkarbonat Na_2CO_3, entsprechend 20% Kaliumkarbonat, enthalten.

Scheuermittel in Pasten-, Schmier- oder Gallertform, die offen abgegeben werden, müssen den gleichen Anforderungen genügen wie Wäschereinigungsmittel.
8. Die Verwendung von Bikarbonaten soll nur insoweit zugelassen werden, als ihre Anwendung gegenüber den Karbonaten eine technische Verbesserung bedeutet.
9. Waschmittel jeder Art dürfen nicht mehr als 50% an Wasserglas oder dessen Umsetzungsprodukten (berechnet auf 38° Bé.) enthalten.

Hiervon können bei wasserlöslichen Mitteln in Pasten-, Schmier- oder Gallertform Ausnahmen zugelassen werden, falls ein besonderer technischer Vorteil mit einem höheren Wasserglasgehalt verbunden ist.

---

[1]) Gefällter kohlensaurer Kalk oder dergleichen gehören nicht zu den ausgeschlossenen Mineralien.

[2]) Ätzkalk ist in einem Waschmittel dann nicht als vorhanden anzusehen, wenn aus der Zusammensetzung des Waschmittels hervorgeht, daß der angewandte Ätzkalk in dem fertigen Mittel bereits in unschädliche Kalkverbindungen übergegangen ist.

10. **Trockenes Wasserglas** soll als Rohstoff für Wäschereinigungsmittel nur dann zugelassen werden, wenn es nachgewiesenermaßen löslich ist und sein Preis den des flüssigen Wasserglases nicht wesentlich übersteigt.
11. Der Gehalt der Waschmittel an **wasserlöslichen Füllstoffen** darf im allgemeinen höchstens 25% betragen. Der Zusatz von **Glaubersalz** darf jedoch dann nur insoweit 25% des kristallisierten Salzes (entsprechend 11% des wasserfreien Salzes) übersteigen, als damit ein technischer Vorteil erzielt wird.
12. Bei **Sauerstoff-Waschmitteln** soll der Gehalt an aktivem Sauerstoff mindestens 0,5% betragen und darf innerhalb einer vom Hersteller zu gewährleistenden, mindestens zweimonatigen Frist vom Tage der Füllung an höchstens um ein Fünftel seines Wertes abnehmen, ohne daß Blech- oder Glasgefäße zur Verpackung benutzt werden (wegen der Bezeichnung vgl. Nr. 28). Eine zur Schonung der Wäsche anhaltende, vom Reichsausschuß genehmigte Gebrauchsanweisung muß jeder Packung beigefügt werden.
13. Waschmittel, die **Natriumhyperoxyd** enthalten, sind nur dann zuzulassen, wenn der Antragsteller den überzeugenden Beweis erbringt, daß durch die Art der Zusammensetzung und Verpackung des Mittels die Gesundheitsgefährdung der Benutzer durch Explosion, Entflammung, Verstäuben oder Verspritzen beseitigt und der Angriff der Wäsche nach Möglichkeit verhindert ist, und wenn eine vom Reichsausschuß genehmigte Gebrauchsanweisung beigefügt ist.
14. Waschmittel, die **Perkarbonat** enthalten, sind unter den Bedingungen von Nr. 12 zuzulassen.
15. Waschmittel, die **Persulfat** enthalten, sind wegen der geringen Wirkung und der Schädlichkeit dieser Stoffe nicht zu genehmigen.
16. Waschmittel, die **tierischen Leim** enthalten, sind im allgemeinen nicht zu genehmigen.
17. Waschmittel, die **schaumbildende Zusätze**, wie Saponine, Quillajarinde, Panamarinde, oder **schleimbildende Pflanzenstoffe**, wie Carrageen, Traganth, Salep oder dergleichen enthalten, sind nur insoweit zu genehmigen, als durch den Zusatz die Gestehungskosten des Waschmittels um nicht mehr als 20 Pf. für 1 kg verteuert werden.
    Bei Bleichmitteln und tonartigen Waschmitteln ist der Zusatz von schaumbildenden Stoffen nicht zuzulassen.
18. Der Zusatz von **Riechstoffen** ist nur bei Waschmitteln, die zur Körperpflege bestimmt sind, zuzulassen.
19. Waschmittel, die als Riechstoff **Nitrobenzol** (Mirbanöl) oder andere gesundheitsschädliche Stoffe enthalten, sind nicht zu genehmigen.
20. **Kleesalz** für sich, als Fleckenreinigungsmittel in den Verkehr gebracht, ist nicht zu beanstanden; als Bestandteil fettloser Waschmittel ist es ebenso wie **Oxalsäure** und andere Verbindungen der Oxalsäure unzulässig.
21. **Fertige Mischungen**, insbesondere solche unbekannter Zusammensetzung, ferner Glyzerinersatz, Harzersatz oder andere Stoffe, deren Wesen aus ihrer Bezeichnung nicht zweifelsfrei hervorgeht, sind als Bestandteile von Waschmitteln im allgemeinen unzulässig.

II. Bezeichnung.

22. Genehmigungspflichtige Waschmittel dürfen nur mit dem **Vermerk der Genehmigung** durch den Reichsausschuß und mit der Angabe des für den Inhalt der Packung genehmigten **Kleinverkaufspreises** in den Verkehr gebracht werden.

Grundsätze für die Beurteilung fettloser Wasch- und Reinigungsmittel. 161

23. Für Waschmittel gleicher Zusammensetzung desselben Herstellers sollen verschiedene Bezeichnungen nur dann zulässig sein, wenn ein wirtschaftliches Bedürfnis hierfür besonders begründet wird.
24. Waschmittel verschiedener Zusammensetzung von demselben Hersteller müssen in der Bezeichnung ausreichend voneinander unterschieden sein. Die bloße Beifügung von Buchstaben oder Ziffern zu ein und derselben Bezeichnung genügt nicht. Bezeichnungen, die früher vertriebenen, inzwischen aber abgelehnten Waschmitteln angehörten, sind im allgemeinen unzulässig, ebenso Bezeichnungen, die früher für Mittel anderer Zusammensetzung gebräuchlich waren.
25. Die als Bedingung für die Zulassung vorgeschriebenen Bezeichnungen sind nicht nur auf den Packungen, sondern auch auf allen Anpreisungen, Angeboten, Gebrauchsanweisungen usw. anzubringen.
26. Waschmittel, die nach ihrer Zusammensetzung für die Körperpflege ungeeignet sind, müssen die Bezeichnung tragen: ,,Nicht zur Körperpflege!". Waschmittel, die nach ihrer Zusammensetzung für die Wäschereinigung ungeeignet sind, müssen die Bezeichnung tragen: ,,Nicht zur Wäschereinigung!". Waschmittel, die nach ihrer Zusammensetzung nur für Scheuerzwecke geeignet sind, müssen die Bezeichnung tragen: ,,Nur für Scheuerzwecke!". Die Bezeichnung ,,Nicht zur Körperpflege" kann bei Waschmitteln in Pulver- oder Pastenform dann wegfallen, wenn diese Mittel lediglich durch einen zu hohen Alkalikarbonatgehalt gegen die an Körperreinigungsmittel gestellten Anforderungen verstoßen (vgl. Nr. 4).
27. Waschmittel, die aus Ton oder anderen Mineralien mit Zusätzen bestehen, in Stück- oder Pulverform, müssen die Bezeichnung ,,Tonartiges Waschmittel" oder ,,Tonartiges Waschpulver" tragen. Sofern sie in Stückform vorliegen und außerdem die Bezeichnung ,,Tonartiges Handwaschmittel" tragen, kann die Bezeichnung ,,Nicht zur Wäschereinigung" wegfallen.
28. Sauerstoffwaschmittel müssen auf der Packung den Aufdruck tragen: ,,Gewähr bis zum .....", wobei die Frist mindestens 2 Monate vom Tage der Füllung an betragen soll (vgl. Nr. 12).

Obige Grundsätze gelten im allgemeinen, jedoch müssen Änderungen vorbehalten werden.

Namenregister.

Albrecht, Ernst 111.
Allgemeine Chemische Gesellschaft 140.
Alpine Maschinenfabrik-Gesellschaft 85.

Bauer 67.
Baumann, E. 18.
Beck und Henkel 42.
Bennert, Carl 136, 137.
Bergius, Friedr. 26.
Bergmann, Maximilian 112.
Bethmann, Georg 116, 137.
Böhm, E. 26.
Böhm & Haas 134.
Bouchard, G. 31.
Bovermann 43.
Bremen-Besigheimer Ölfabriken 29.
Buchner, Max 56, 135.
Bürstenbinder, Robert 130.

Chemische Fabrik für Waschmittel G. m. b. H. 141.
Cordes, B. 53.
Crosfield and Sons 29.

Davidsohn, J. 49, 140, 143, 146, 149, 157.
Deutsche Gold- und Silberscheideanstalt 68.
Dick, Heinrich 82, 87.
Dubovits, Hugo 37.

Eichbaum, F. 126.
Ewers, A. 118, 119.

Geppert, J. 124.
Gerber 49.
Germaniawerke 29.
Gewerkschaft Sanssouci 117.
Gießler 67.
Gießmann, W. 1.
Gips, Ernst 137.
Goldschmidt, F. 46, 47, 50, 51, 146.
Grün, Ad. 58, 59, 60, 70, 71, 144, 154.

Haase, H. 13.
Haën, E. de, & Co. 132, 135.
Harries, C. 111.
Hartmann, Paul 67.
Heckt, Adolf 142.
Heermann, P. 68, 69, 70, 71.
Hefter, G. 17, 31, 32, 39.
Henkel & Co. 15, 16, 113, 116, 118.
Herbig, W. 16.
Hermbstädt, Sigismund Friedrich 138.
Hoenig 24, 25, 49.
Hofmann 27.
Holde, D. 42, 132.
Hügel 46.
Hydrogenwerke 29.

Imhausen, Arthur 80.

Jewnin, M. 56, 123.
Jungmann, Jos. 58, 59, 60, 70, 71. 144.

Kahlbaum, C. A. F. 149.
Kanitz 147.
Keutgen, C. H. 19, 21, 32.
Knapp, Friedr. 124, 138.
Knigge, G. 30.
Kötschau, Rudolf 111.
Komnick, F. 100.
Krafft, E. 134.
Kremer, Chr. 43.

Lach, Bela 20.
Lehmann, J. M. 72, 77, 87.
Leimdörfer, J. 30.
Leprince & Siveke 28, 29.
Lewkoritsch, J. 19.
Löffl, K. 140.

Marcusson, J. 24, 46.
Melikoff 67.
Melsbach, V. M. 65.
Morgenstern, Severin 25.
Müncke, Dr. Robert, G. m. b. H. 49.

Neubert 62.
Normann, W. 28, 46.

Ockel, Reinhold 78.
Ostenrieder, O. & M. 20.

Perl, Dr. J., & Co., G. m. b. H. 135.
Pissarjewski 67.
Prior, Eugen 141.

Rau, Eugen 1, 2, 7.
Röhm, Otto 134.
Rohland, P. 62, 63.
Rost, C. E., & Co., 78, 79, 92.

Sandberg, C. 27.
Schaal, Julius 108, 109.
Schichtwerke 29.
Schiewe, S. 143, 144, 154, 156.
Schilling, R. 43.
Schiwitz, A. 17.

Schmitt, Robert 137.
Schnabel, Karl 58, 59.
Schrauth, W. 27, 30.
Schulte, E. 10.
Spitz 24, 25, 49.
Stadlinger, Herm. 40, 55, 106.
Stiepel, C. 16, 17, 27, 44, 50, 57, 143, 144, 154, 156.
Stockhausen & Traiser 65.

Tanator 66.

Volland, R. 23.

Weber, G. 146.
Weber & Seelaender 77.
Weis, A. 18.
Weiß, G. 46, 50, 51.
Werner & Pfleiderer 73.
Wolffenstein, Richard 68.

Zaenker, W. 58, 59.

Sachregister.

Abdeckereifett 35.
Abfallfette 15, 17, 34.
— Eisengehalt der 15.
— Glyzerin aus 15.
— Untersuchung der 44.
Abfüllmaschinen 87.
Abkühlen der Seifenpulvermassen, Vorrichtungen zum 77.
Abschöpffett 37.
Abstoßfett 38.
Abwässerfett 17, 34, 41.
Ätzkali 53, 159.
Ätzkalk 55, 159.
Ätznatron 52, 158.
Agar-Agar 64.
Ai-Zamé-Öle 28.
Aliphole 25.
Alaun 56.
Alkalien 52.
Alkaligehalt, Bestimmung des 146.
Alkali, kohlensaures, Bestimmung des 146.
Alkalikarbonat 159.
Aluminiumhydroxyd 56, 122.
Aluminiumsalze 56.
Aluminiumsilikate 56, 123.
Ammoniak 35.
Ammonin 11.
Ammoniumsalze 55.
Analyse, Probeentnahme für die 144.
Aufschlußfett 37.

Benzin 64.
Benzinknochenfette 19.
— Bleichen der 21.
Bikarbonat 159.
Bittersalz 56.
Bleichsoda 10, 118.
— Einrichtung zur Fabrikation der 88.
— gestreckte 120.
— mit Perborat 120.
— — Perkarbonat 120.

Bleichsoda mit Schaumkraft 120.
Bleichverfahren, elektrisches 65.
Bleichwäsche 68.
Bleichwaschmittel, Einwirkung der — auf die Wäsche 69.
Bohrpasten 127.
— transparente, fettlose 131.
Bohrpaste, schäumende 131.
— schmalzartige 131.
Bolus, roter 61.
Borchardt's Säuberbleiche 14.
Buchöl 18.
Burnus 133.
Butterfett 41.
Butteröl 26.

Candelite 29.
— extra 29.
Carrageen 64, 134, 160.
Chem. Waschpulver Prestos Schneewittchen 13.
Chlormagnesium 55.
Chlornatrium 55.
Clupanodonsäure 26.

Dotteröl 18.
Dr. Greiners Salmiak-Sauerstoff-Waschpulver 13.

Eeau de Javelle 65.
Einzack, das selbsttätige Waschmittel 14.
Eiweißseife 139.
Elevatoren 105.
Enzyme, tryptische 133.

Fania 135.
Federweiß 62.
Feinsoda 52, 53.
Fette 15.
— aus Raffinationsrückständen 41.
— gehärtete 17, 28.

Sachregister.

Fette und Öle, Untersuchung der — im Laboratorium der Seifenherstellungs- und Vertriebsgesellschaft 47.
Fettlösungsmittel 64.
Fettsäuren 15.
Fett, tierisches 41.
Förderschnecken 105.
Füllstoffe, wasserlösliche 160.

Garbodes Waschpulver 14.
Gerberfett 17, 34, 38.
Gesamtfettsäure, Bestimmung der 145.
— — — in K.-A.-Seifen 146.
Glaubersalz 54, 160.
— Bestimmung des 152.
Grossistenverein fettloser Waschmittel 11.
Grundseife, Herstellung der 96.

Habeko 136.
Haifischöle, japanische 28.
Harz 15, 51.
— Bewertung von 51.
— einheimisches 51.
Hautfett 17, 34, 38.
Heratsumo-Zamé-Öl 28.

Kadaverfett 17, 34, 35, 36.
— Bleichen von 35.
Kalium, Bestimmung des 148.
Kalkverbindungen, Bestimmung der in Wasser oder Salzsäure löslichen 152.
Kamerunseife 39, 40.
Kaolin 61.
Karoko-Zamé-Öl 28.
K.-A.-Seife 5.
— — Fabrikation der 93.
— — Färben der 102.
— — Maschinen und Apparate zur Fabrikation der 89.
— — Seifenpulver 5.
— — Seife, Parfümerien der 102.
— — braune Farbe des 106.
— — Fabrikation des 102.
— — Feuchtwerden des 106.
— — Sieden der Grundseife für 104.
Kernweiß 25, 26.
Kessel mit Rührwerk 72.
Knochenfett 17, 18.
— Bleichen von 19.
Kochsalz 55.
— Bestimmung des 151.

Kollergang 89.
Kollodor 132.
Komprimierpressen 100.
Kriegsabrechnungsstelle der Seifen- und Stearinfabriken 3.
Kriegsausschuß für pflanzliche und tierische Öle und Fette 4.
Kristallsoda 52.
Krutolin 29.

La Blanca-Seifenöl 26.
Lanolin 24.
Lederfett 17, 34, 38.
Leimfett 17, 34, 36.
Leimsiedereifett 36.
Leindotteröl 18.
Leinöl 18.
Linoxyn 16.
Liverpooler Armenseife 138.

Magnesiapasten 128, 132.
Magnesiaverbindungen, Bestimmung in Wasser oder Salzsäure löslicher 152.
Magnesiumhydroxyd 55, 123.
Magnesiumkarbonat 56.
Magnesiumsulfat 56.
Maisöl 17, 33.
— Bleichen von 33.
Maschinen und Apparate für die Seifenpulverfabrikation 72.
— — — — — Waschmittelfabrikation 72.
Mischapparate 73.
Mischmaschinen 89.
Misch- und Knetmaschinen 73.
Mohnöl 17.
Mühlen 82.

Naphta-Soap 65.
Natriumbikarbonat 53, 66.
Natriumhypochlorit 65.
Natriumperkarbonat 66, 67.
Natrium, schwefelsaures 54.
Natriumsulfat 54.
Natriumsuperoxyd 66, 160.
Naturknochenfett 19.
— Bleichen von 19.
Nitrobenzol 160.

Oleïn, festes, weißes 41.
Oxalsäure 160.
Oxyfettsäuren 15, 16.
— Alkalisalze der 16.

Palmkernöle, abfallende 17, 30.
Panamarinde 62, 63, 160.
Pankreatin 134.
Pasten aus Wasserglas und Ätzkalk 129.
— — — — Alkalikarbonaten 128.
Perborat 66, 160.
Perboratlösungen, Einfluß der — auf die Festigkeit der Gewebe 70.
Perkarbonat 66, 160.
Persalze 66.
Persulfat 66, 160.
Pfeifenton 61.
Pflanzenfettsäure 41.
Polarin 65.
Polysulfin 11.
Porzellanerde 61.
Pottasche 53, 158.
— kalzinierte 53.
Pressen 92.
— automatische 92.
Preß-Ton-Seife 114.
Putzsteine 115.

Quillajarinde 63, 160.

Rasierseife 107.
Reichsausschuß für Öle und Fette 10.
Reinigungskristalle, Analyse von 13.
Reinigungskristall Antisal 14.
— Korol 14.
Reseda-Waschpulver 14.
Riechstoffe in Waschmitteln 160.
Rüböl 17.

Säurezahl, Ermittelung der 97.
Salep 160.
Sapartil 17.
Saponin 63, 160.
Sapozon 67.
Satzöle 33.
— Verarbeitung der 34.
Schaumbildende Stoffe 63, 160.
Sauerstoff, aktiver, Bestimmung des 153.
— -Waschmittel 160.
Schaumkraft der Waschmittel, Bestimmung der 154.
Schleimbildende Stoffe 63, 160.
Schmierseife 107.
Schmierseifenersatzmittel 122, 125.
Schmierwaschmittel aus Chlormagnesium 126.
— von Herrel 126.
Seife 95.

Seife aus Braunkohlenteer 111.
— — Paraffin 112.
Seifenanalysator 99.
Seifenfett 41.
Seifen-Herstellungs- und Vertriebsgesellschaft 7.
Seifenindustrie, die Lage der 1.
Seifen, persalzhaltige 68.
Seifenpulver mit Perborat 68.
Seifen, sauerstoffhaltige 68.
Seife, Waschwirkung der 123.
Senföl 17.
Sesamöl, deutsches 18.
Simplex-Perplex-Mühle 85.
Soapstock 17, 34, 41.
Soda 52, 158.
— kalzinierte 52.
Sojabohnenöl 18.
Sonnenblumenöl 18.
Speckstein 60, 62.
Steinsalz 54.
Strangpresse 91.
Sulfat 54.
Sulfuröl 17, 31.
— Bleichen von 32.
Superoxyde 66.

Talgfett 41.
Talgol 29.
— extra 29.
Talk 62.
Terpentinöl 64, 65.
Tetrachlorkohlenstoff 64, 65.
Tetrapol 65.
Töpferton 61.
Toilette-Ton 116.
Ton 60, 159.
— fetter 62.
— kurzer 62.
— magerer 62.
— plastischer 61.
Tonpasten 113.
— mit Zusatz von Harzseife 113.
— — — — Saponin 113, 115.
— ohne Schaumvermögen 113.
Tonseifen 107, 113.
— Herstellung der 107.
— pilierte 108.
Tonsil 20.
Tonsteine 113, 115.
Tonwaschmittel 113.
— patentierte 116.
— Verordnung über 11.

Traganth 64, 160.
Tran 17, 26.
Tranfettsäuren 17, 26.
— Geruchlosmachung von 26, 27.
Tran, — — 26.

Vakuumtrockenvorrichtung 49.
Vereinigung der Fabrikanten fettloser Waschmittel 11.
Vorbrecher 81.

Wäscherei, selbsttätige 68.
Walkfett 17, 34, 40.
Walkfettoleïn 41.
Walkfettstearin 41.
Walzenmaschine 82.
Waschkraft eines Waschmittels, Bestimmung der 155.
Waschmittel, Analysen fettloser 13.
— aus Carrageen und Quillajarinde 134.
— — Leim und Eiweißstoffen 136.
— — Sulfitzellstoffablauge 140.
— — — und Endlauge der Chlorkaliumfabriken 141.
— — Wasserglas und Ammoniaksalzen 142.
— Borchardt's Säuberbleiche 14.
— die Fabrikation der 95.
— Einzack 14.
Waschmittelfabrikation, die Rohstoffe für die 15.
Waschmittel, fettlose, Analysen von 13.
— — die Industrie der 10.
— Grundsätze für die Beurteilung fettloser 158.
— Hand in Hand 14.
— Hansa 14.
— Herstellung fester, aus Sulfitzellstoffablauge 140.
— Hoffmanns Hygiene 13.
Waschmittelindustrie, deutsche, die Lage der 1.
Waschmittel, kombinierte, Einfluß von
— auf die Gewebe 70.
— Nivit 14.
— Perbol 14.
— Petril II 14.
— Pugol 14.
— Pulgat 14.
— Saporbil 14.
— schmierseifenähnliches 141.

Waschmittel, seifenhaltige 95.
— Untersuchung der 143.
— Weiku 14.
— Wiener Wäschermädel 14.
Waschpasten 127.
— aus Chlormagnesium und Ätzkalk 127.
— — Wasserglas und Ätzkalikarbonat 127, 129.
— — — und Kalk 127.
Waschpulver aus Alkalikarbonaten ohne Wasserglas 122.
— — Wasserglas und Alkalikarbonaten 117.
— Blenfried 13.
— Dr. Greiners 13.
— Edelweiß 13.
— Garbodes 14.
— Ideal der Hausfrau 14.
— Leerin 14.
— Lilie 14.
— Ohm 14.
— Prestos Schneewittchen 13.
— Reseda 14.
— Saporbil 14.
— Saporex 14.
— Tangil 14.
— Taucher 14.
— unter Mitverwendung von Pottasche 121.
Waschsteine 115.
Waschstücke 133.
— Herstellung fester aus Sulfitzellstoffablauge 180.
Waschtestapparat 156.
Wasch- und Bleichextrakt Edelweiß 13.
Wassergehalt, Bestimmung des 145.
Wasserglas 56, 159.
— Bestimmung des 150.
Wasserglasgelatine 126.
Wasserglaskomposition 121.
Wasserglas, trockenes 160.
— Waschwirkung des 57.
Wasserstoffsuperoxyd 66.
Weißsenföl 17.
Wollfett 17, 23.
Wollfettoleïn 24.
Wollfettstearin 25.
Wollfett, Veredelung des 23.

Ziegelton 61.

Verlag von Julius Springer in Berlin W 9

Deites Handbuch der Seifenfabrikation. Unter Mitwirkung von Fachmännern neu herausgegeben von Dr. **Walther Schrauth,** Privatdozent an der Universität Berlin.

    I. Band: Hausseifen, Textilseifen und Seifenpulver. Vierte Auflage. Mit 90 Textabbildungen. 1917.   Gebunden Preis M. 16.—

    II. Band: Toiletteseifen, medizinische Seifen und andere Spezialitäten. Vierte Auflage.   In Vorbereitung

---

Die Kalkulation und Organisation in Färbereien und verwandten Betrieben. Ein kurzer Ratgeber für Chemiker, Koloristen, Techniker, Meister und Kaufleute in Färbereien, Druckereien, Bleichereien, Chemisch-Wäschereien, Appreturanstalten, Textilfabriken usw. von Dr. **W. Zänker,** Leiter der Färberei-Schule in Barmen. 1917.

    Gebunden Preis M. 2.40

Die medikamentösen Seifen. Ihre Herstellung und Bedeutung unter Berücksichtigung der zwischen Medikament und Seifengrundlage möglichen chemischen Wechselbeziehungen. Ein Handbuch für Chemiker, Seifenfabrikanten, Apotheker und Ärzte von Dr. **Walther Schrauth.** 1914.

    Preis M. 6.—; gebunden M. 6.60

Einheitsmethoden zur Untersuchung von Fetten, Ölen, Seifen und Glyzerinen sowie sonstigen Materialien der Seifenindustrie. Herausgegeben vom Verband der Seifenfabrikanten Deutschlands. Unveränderter Neudruck. 1918.   Preis M. 3.60

Zeitschrift für die gesamte Seifen-, Öl- und Fettindustrie „Der Seifenfabrikant". Organ des Verbandes der Seifenfabrikanten. Begründet von Dr. **C. Deite.** Unter Mitwirkung von Dr. Maximilian Pflücke herausgegeben von Dr. **Franz Goldschmidt.** Erscheint wöchentlich.   Preis vierteljährlich M. 6.—

Hierzu Teuerungszuschläge

Verlag von Julius Springer in Berlin W 9

Untersuchung der Kohlenwasserstofföle und Fette sowie der ihnen verwandten Stoffe. Von Professor Dr. **D. Holde**, Geh. Reg.-Rat, Dozent an der Technischen Hochschule Berlin-Charlottenburg. Fünfte, vermehrte und verbesserte Auflage. Bearbeitet unter Mitwirkung von Dr. **G. Meyerheim**, Assistent am Materialprüfungsamt zu Berlin-Lichterfelde. Mit 136 Abbildungen. 1918. Gebunden Preis M. 36.—

Technologie der Fette und Öle. Handbuch der Gewinnung und Verarbeitung der Fette, Öle und Wachsarten des Pflanzen- und Tierreichs. Unter Mitwirkung von G. Lutz (Augsburg), O. Heller (Berlin), Felix Kaßler (Galatz) und anderen Fachmännern herausgegeben von Fabrikdirektor Dr. **Gustav Hefter** (Triest).

    I. Band: Gewinnung der Fette und Öle. Allgemeiner Teil. Mit 346 Textabbildungen und 10 Tafeln. Unveränderter Neudruck. 1919.
    Gebunden Preis M. 56.—

    II. Band: Gewinnung der Fette und Öle. Spezieller Teil. Mit 155 Textabbildungen und 19 Tafeln. Unveränderter Neudruck. 1917.
    Gebunden Preis M. 60.—

    III. Band: Die Fett verarbeitenden Industrien mit Ausnahme der Seifenfabrikation. Mit 292 Textabbildungen und 13 Tafeln. Unveränderter Neudruck. 1918.
    Gebunden Preis M. 60.—

Analyse der Fette und Wachsarten. Von **Benedikt-Ulzer**. Fünfte, umgearbeitete Auflage, unter Mitwirkung hervorragender Fachmänner herausgegeben von Professor **Ferd. Ulzer**, Dipl.-Chem., **P. Pastrovich** und Dr. **A. Eisenstein** in Wien. Mit 113 Textabbildungen.
Preis M. 26.—; gebunden M. 28.60

Allgemeine und physiologische Chemie der Fette. Für Chemiker, Mediziner und Industrielle. Von **F. Ulzer** und **J. Klimont**. Mit 9 Textabbildungen. 1906. Preis M. 8.—

Die offizinellen ätherischen Öle und Balsame. Zusammenstellung der Anforderungen der 14 wichtigsten Pharmakopöen in wortgetreuer Übersetzung. Im Auftrage der Firma E. Sachsse & Co., Fabrik äther. Öle, Leipzig, bearbeitet von Apotheker **C. Rohden**, Chemiker bei der Firma E. Sachsse & Co. 1911. Preis M. 7.—; gebunden M. 8.—

Hierzu Teuerungszuschläge

MIX
Papier aus verantwortungsvollen Quellen
Paper from responsible sources
FSC® C105338

If you have any concerns about our products,
you can contact us on
ProductSafety@springernature.com

In case Publisher is established outside the EU,
the EU authorized representative is:
Springer Nature Customer Service Center GmbH
Europaplatz 3, 69115 Heidelberg, Germany

Printed by Libri Plureos GmbH
in Hamburg, Germany